1+X 职业技能等级证书（传感网应用开发）书证融通系列教材

物联网嵌入式技术

组　编　北京新大陆时代教育科技有限公司

主　编　顾振飞　张文静　张正球

副主编　周　波　聂佰玲　陈　锋　贾正松

　　　　张津铭　王剑峰　陈　铭

参　编　袁小燕　苏李果　曾维薇　徐群和

　　　　王鸿彬　李　玮　宋　芳　陈嵌釜

　　　　董明浩　魏美琴　邹宗冰

机 械 工 业 出 版 社

本书为传感网应用开发职业技能等级证书的书证融通教材，以职业岗位的"典型工作过程"为导向，融入行动导向教学法，将教学内容与职业能力相对接、单元项目与工作任务相对接，选用意法半导体（STMicroelectronics，ST）公司的 32 位基于 ARM Cortex-M3 内核的 STM32 微控制器为对象，构建 9 个嵌入式项目，驱动学生"做中学"，培养岗位职业能力，快速提升学生嵌入式技术的专业技能。

　　本书是新形态一体化教材，配有微课视频等资源，采用二维码技术，使学生可有兴趣、随时、主动、反复学习相关内容。本书可作为普通高等学校和职业技术院校物联网应用技术、电子信息工程技术等电子信息大类相关专业的"单片机原理与应用"和"嵌入式技术"等课程的教材，也可作为工程实训、电子制作与竞赛的实践教材和实验配套教材。

图书在版编目（CIP）数据

物联网嵌入式技术/北京新大陆时代教育科技有限公司组编；顾振飞，张文静，张正球主编.—北京：机械工业出版社，2021.3（2023.6重印）

1+X职业技能等级证书（传感网应用开发）书证融通系列教材

ISBN 978-7-111-67623-2

Ⅰ.①物… Ⅱ.①北…②顾…③张…④张… Ⅲ.①物联网—高等学校–教材 Ⅳ.①TP393.4②TP18

中国版本图书馆CIP数据核字（2021）第035568号

机械工业出版社（北京市百万庄大街22号　邮政编码100037）
策划编辑：赵红梅　责任编辑：赵红梅　高亚云
责任校对：赵　燕　封面设计：鞠　杨
责任印制：郜　敏
三河市宏达印刷有限公司印刷
2023年6月第1版第7次印刷
184mm×260mm·19印张·483千字
标准书号：ISBN 978-7-111-67623-2
定价：59.00元

电话服务　　　　　　　网络服务
客服电话：010-88361066　机　工　官　网：www.cmpbook.com
　　　　　010-88379833　机　工　官　博：weibo.com/cmp1952
　　　　　010-68326294　金　书　网：www.golden-book.com
封底无防伪标均为盗版　机工教育服务网：www.cmpedu.com

当今社会中，嵌入式技术的应用无处不在，随着人工智能等先进技术渗入各领域，嵌入式技术的应用将会更加广泛和深入。微控制器也经历了从最初的8位、16位到现在32位的演变。无论是从芯片性能、设计资源还是性价比方面，ARM架构的微控制器都优于其他微控制器，它已经占据了当前嵌入式微控制器应用领域的绝大多数市场。ARM系列微控制器在国内的广泛应用，始于ARM7系列微控制器，各大公司都设计了以ARM7内核为核心的微控制器，时至今日，在一些产品中仍然能看到它的身影。之后，ARM公司推出了全新的32位ARM Cortex-M系列内核，因其优秀的性能，迅速被市场接受，各大半导体厂商（如NXP、TI、ST、Atmel等）纷纷基于该内核针对不同的应用领域开发出了各具特色的MCU。不仅如此，ARM公司还与各大半导体厂商深度合作，在与芯片相关的开发工具和软件解决方案上形成了一条良好的、完整的生态产业链/生态系统，为嵌入式开发人员不仅提供了一系列高效、易用的开发工具（如Keil、IAR等），而且提供了丰富的资源（如OS、固件库、应用例程等），在提高开发效率、降低开发成本、缩短开发周期等关键环节具有明显的优势，如ST公司针对ARM Cortex-M内核开发的STM32系列产品，为STM32的开发提供了各种固件库，如标准外设库、HAL库、LL库等，这些位于嵌入式组成结构中间层的库文件屏蔽了复杂的寄存器开发，使得嵌入式开发人员通过调用API函数的方式就能迅速地搭建系统原型。目前，基于库的开发方式已成为嵌入式系统开发的主流模式。

本书以意法半导体（STMicroelectronics，ST）公司的STM32微控制器为对象，展开项目实践，具有以下"三个对接、三个驱动"的特色：

1. 以书证融通为出发点，对接行业发展

本书按照《国家职业教育改革实施方案》要求，落实"1+X"证书制度，参考专业教学标准，围绕书证融通模块化课程体系，对接行业发展的新知识、新技术、新工艺、新方法，聚焦传感网应用开发的岗位需求，将职业等级证书中的工作领域、工作任务、职业能力融入原有嵌入式技术的教学内容，改革传统嵌入式课程。

2. 以职业能力为本位，对接岗位需求

本书强调以能力作为教学的基础，而不是以学历或学术知识体系为基础，将所从事行业应具备的职业能力作为教材内容的最小组织单元，培养岗位群所需职业能力。

3. 以行动导向为主线，对接工作过程

本书优选嵌入式技术在行业中的典型应用场景，通过"学中做、做中学"，按照"资讯→计划→决策→实施→检查→评价"工作导向的思路展开教学与实践学习，循序渐进地介绍和构建若干典型嵌入式应用场景，遵循"资讯→计划→决策→实施→检查→评价"这一完整的工作过程序列，把STM32微控制器的内部

结构原理、片上外设资源、开发设计方法和应用软件编程等知识传授给学生。对传统的教学方法和教学体系进行创新，力求解决嵌入式技术课程抽象与难学的问题。

4. 以典型项目为主体，驱动课程教学实施

本书采用项目化的方式，将岗位典型工作任务与行业企业真实应用相结合，学生在学习单元项目的过程中，掌握岗位群所需的典型工作任务。

5. 以立体化资源为辅助，驱动课堂教学效果

本书以"信息技术+"助力新一代信息技术专业升级，满足职业院校学生多样化的学习需求，通过配备丰富的微课视频、PPT、教案、工具包等资源，大力推进"互联网+""智能+"教育新形态，推动教育教学变革创新。

6. 以校企合作为原则，驱动应用型人才培养

本书由南京信息职业技术学院、北京农业职业学院等院校与北京新大陆时代教育科技有限公司联合开发，充分发挥校企合作优势，利用企业对于岗位需求的认知及培训评价组织对于专业技能的把控，同时结合院校教材开发与教学实施的经验，保证本书的适应性与可行性。

本书从岗位典型工作任务出发，构建了9个典型嵌入式应用项目，分别训练学生嵌入式开发环境搭建、实时控制、定时器与数码管驱动开发、串口应用开发、液晶驱动开发、矩阵键盘驱动开发与数据采集、SPI总线驱动开发与实时控制、RTC驱动开发与数据采集、RTOS驱动开发及数据采集与实时控制等典型工作任务。本书参考学时为72学时，在使用时可酌情增减，具体学时建议见下表。

职业领域	教材领域		
工作任务	项目名称	项目任务名称	任务建议课时数
开发环境搭建	项目1 花样流水灯控制	任务1 开发环境搭建	4
		任务2 点亮一盏LED灯	2
		任务3 控制LED流水灯闪烁	2
实时控制	项目2 带夜视效果的电子门铃	任务1 按键轮询控制蜂鸣器发声	2
		任务2 按键中断控制蜂鸣器发声	2
		任务3 实现电子门铃夜视效果	2
定时器与数码管驱动开发	项目3 电子秒表	任务1 使用定时器定时1s	4
		任务2 STM32控制数码管显示	4
		任务3 实现电子秒表	2
串口应用开发	项目4 智能冰箱	任务1 智能冰箱数据上报	2
		任务2 冰箱查询方式接收外部命令	2
		任务3 冰箱中断方式接收外部命令	2
		任务4 智能冰箱保鲜检测	2
液晶驱动开发	项目5 数码相册	任务1 实现相册显示功能	4
		任务2 实现相册的存储功能	2
		任务3 实现数码相册功能	2

（续）

职业领域	教材领域		
工作任务	项目名称	项目任务名称	任务建议课时数
矩阵键盘驱动开发与数据采集	项目6 智能电子秤	任务1 电子秤采集称重传感器数据	2
		任务2 矩阵键盘的使用	2
		任务3 使用数码管显示称重数值	2
SPI 总线驱动开发与实时控制	项目7 医疗无线呼叫系统	任务1 实现基于 STM32 的 SPI 接口通信	4
		任务2 实现基于 SI4432 的无线通信	4
		任务3 实现按键无线呼叫功能	2
RTC 驱动开发与数据采集	项目8 多功能电子时钟	任务1 采集湿度、光照数据	4
		任务2 获取 RTC 时间	4
		任务3 实现多功能电子时钟功能	2
RTOS 驱动开发及数据采集与实时控制	项目9 智能家居防盗系统	任务1 配置 RTOS 操作系统	2
		任务2 用压电传感器实现入侵检测	2
		任务3 实现智能家居防盗系统	2
总计			72

本书由张正球提供真实项目案例，分析岗位典型工作任务等，全书由顾振飞统稿，聂佰玲编写项目 1~3，周波编写项目 4~6，顾振飞编写项目 7~9，张文静、周波、聂佰玲、陈锋、贾正松、张津铭、王剑峰、陈铭负责信息化资源的制作，袁小燕、苏李果、曾维薇、徐群和、王鸿彬、李玮、宋芳、陈钦鋆、董明浩、魏美琴、邹宗冰也参与了教材的编写及资源的制作。

由于作者水平有限，书中难免存在错误或不妥之处，恳请读者批评指正。

编 者

二维码清单

名称	二维码	页码
项目1任务2　点亮一盏 LED 灯（创建工程项目）		27
项目2任务2　按键中断控制蜂鸣器发声（代码完善及分析）		57
项目3任务3　实现电子秒表（修改任务2工程配置）		92
项目4任务2　冰箱查询方式接收外部命令（修改任务1工程配置并完善代码）		115
项目5任务3　实现数码相册功能（代码完善及分析）		159
项目6任务1　电子秤采集称重传感器数据（创建工程项目）		171

（续）

名称	二维码	页码
项目 7 任务 1　实现基于 STM32 的 SPI 接口通信（创建工程项目）		203
项目 8 任务 1　采集湿度、光照传感器数据（创建工程项目）		238
项目 9 任务 1　配置 RTOS 操作系统（创建工程项目）		273

目 录

项目 ①

花样流水灯控制

▶ 引导案例

流水灯是指一组灯在控制系统的控制下,按照设定的顺序和时间点亮和熄灭,形成一定的视觉效果。街上的很多店面招牌就安装了流水灯,看上去非常美观。使用流水灯可以让我们的城市更加绚丽多彩。

生活中的流水灯如图 1-1-1 所示,大家可以试想一下,你身边的流水灯还有哪些呢?

图 1-1-1　生活中的流水灯

任务 1　开发环境搭建

▶ 职业能力目标

- 能使用 STM32CubeMX 软件和 HAL 库,正确搭建 STM32 的开发环境。

▶ 任务描述与要求

任务描述: 客户需要制作流水灯作为装饰,微控制器使用 STM32F103VET6。根据需要完成 STM32 的开发环境的搭建。

任务要求：
- 正确安装 STM32CubeMX 软件。
- 正确安装嵌入式软件包。
- 创建工程。

任务分析与计划

根据所学相关知识，制订完成本次任务的实施计划，见表 1-1-1。

表 1-1-1　任务计划表

项目名称	花样流水灯控制
任务名称	开发环境搭建
计划方式	自我设计
计划要求	请用 8 个计划步骤完整描述如何完成本任务
序号	任务计划
1	
2	
3	
4	
5	
6	
7	
8	

知识储备

一、STM32 基础知识

1. 嵌入式系统概述

嵌入式系统是指嵌入到对象体系中，以应用为中心，以计算机技术为基础，软硬件可裁剪，适应应用系统对功能、可靠性、成本、体积、功耗等严格要求的专用计算机系统。

嵌入式系统是电子信息产业的基础，是智能系统的核心，广泛应用于工业控制、汽车电子、智能家居、医疗器械和智能穿戴设备等领域。伴随物联网和人工智能的快速发展，嵌入式系统在智能系统中发挥着越来越大的作用。

下面以咕咚手环为例讲述嵌入式系统的结构。如图 1-1-2 所示，拆解咕咚手环，可以看到它内部由柔性电路板构成，以阵列式发光二极管作为显示设备。整个控制设备包含以下几个模块：

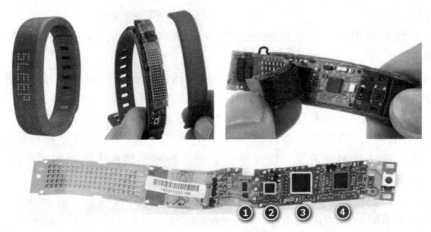

图 1-1-2　咕咚手环拆解

① 电源管理芯片，主要完成电池的管理。

② 加速度计，主要用于测量人体的姿态，并通过算法估算出人所走的步数。

③ 处理器，使用 STM32L 系列，完成整个系统的控制。

④ 蓝牙芯片，把采集到的数据传到手机端进行数据分析。

从咕咚手环我们可以看到，嵌入式系统硬件包含传感器、处理器和通信模块等各个单元，其中处理器是重要组成部分。嵌入式系统中的处理器可以分成以下四类。

（1）微处理器（MPU）

微处理器简称 MPU，由通用处理器演变而来，在通用性上有点类似通用处理器，但微处理器在功能、价格、功耗、芯片封装、温度适应性、电磁兼容性等方面更适合嵌入式系统应用要求，内部具有存储器管理单元。处理器有很多种类型，具有代表性的有 386Ex 和 MIPS 处理器。

（2）微控制器（MCU）

微控制器简称 MCU，内部集成处理器、RAM、各种非易失性存储器、总线控制器、定时/计数器、看门狗、I/O、串行口、脉宽调制输出、A/D 转换器、D/A 转换器等各种必要功能部件和外设。跟微处理器相比，微控制器的最大特点是将计算机最小系统所需要的部件及一些应用需要的控制器/外部设备集成在一个芯片上，实现单片化，使得芯片尺寸大大减小，从而使系统总功耗和成本下降、可靠性提高。微控制器的片上外设资源一般比较丰富，适于控制，因此称为微控制器。MCU 品种丰富、价格低廉，目前占嵌入式系统约 70% 以上的市场份额。典型的型号有 8051、MSP430、STM32 等。

（3）数字信号处理器（DSP）

数字信号处理器简称 DSP，DSP 的系统结构和指令系统针对数字信号处理进行了特殊设计，因而在执行相关操作时具有很高的效率，如数字滤波、FFT、谱分析、语音编码、视频编码等、数据编码及雷达目标提取等。典型的型号有 TI 公司的 C2000 和 C5000 系列。

（4）片上系统（SOC）

片上系统简称 SOC，主要由可编程逻辑器件实现，将微处理器、模拟 IP 核、数字 IP 核和存储器（或片外存储控制接口）集成在单一芯片上，它通常是客户定制的，或是面向特定用途的标准产品。

2. ARM 处理器

在嵌入式处理器中有一类特殊的处理器——ARM 处理器，占据嵌入式处理器近 40% 的市场份额。

"ARM" 有两层含义，第一层，"ARM" 是英国芯片设计公司的缩写（已于 2016 年被日本软银收购），是一家致力于半导体芯片设计研发的企业；第二层，"ARM" 是 Advanced RISC Machine 的缩写。ARM 是与 X86 平级的 CPU 架构，它和 X86 的差别是改用了 RISC （精简指令集计算机），虽然整体性能不如 X86 架构特有的 CISC（复杂指令集计算机），但却因为低成本、低功耗和高效率，恰好迎合了包括智能手机在内的诸多移动设备的发展潮流，从而广泛应用于非 PC 领域计算设备。

ARM 公司在经典处理器 ARM11 以后的产品改用 Cortex 命名，并分成 A、R 和 M 三类，旨在为各种不同的市场提供服务。Cortex 系列属于 ARMv7 架构，由于应用领域不同，基于 v7 架构的 Cortex 处理器系列所采用的技术也不相同，基于 v7A 的称为 Cortex-A 系列，基于 v7R 的称为 Cortex-R 系列，基于 v7M 的称为 Cortex-M 系列。Cortex-A 系列面向高端的基于虚拟内存的操作系统和多媒体应用，如智能手机、平板电脑等；Cortex-R 系列针对高性能实时控制系统，如汽车、打印机、硬盘等设备；Cortex-M 系列针对微控制器，针对成本和功耗敏感的 MCU 和终端应用，如人机接口设备、工业控制系统和医疗器械等。

ARM 公司的特点是只设计芯片，而不生产芯片，它将技术授权给世界上许多著名的半导体厂商，比如意法半导体、恩智浦、华为等，这些公司再集成不同的片内外设形成各具特色的 ARM 芯片。

3. STM32 微控制器

"STM32" 从字面上来理解，"ST" 是意法半导体，"M" 是 Microelectronics 的缩写，"32" 表示 32 位，所以 STM32 就是指 ST 公司开发的 32 位微控制器（Micro Controller Unit，MCU）。在如今的 32 位控制器当中，STM32 可以说是最璀璨的新星，深受工程师和市场的青睐。

STM32 微控制器基于 ARM Cortex®M0、M0+、M3、M4 和 M7 内核，这些内核是专门为高性能、低成本和低功耗的嵌入式应用设计的。STM32 微控制器按内核架构可以分为以下系列：

● 超低功耗产品系列：STM32L0、STM32L1、STM32L4、STM32L4+。
● 主流产品系列：STM32F0、STM32F1、STM32F3。
● 高性能产品系列：STM32F2、STM32F4、STM32F7、STM32H7。
● 无线产品系列：STM32WB。
● 微处理器（MPU）系列：STM32MP1。

图 1-1-3 展示了 STM32 微控制器的产品家族。

STM32 是一个通用微控制器产品系列，为了适应众多的应用需求和低成本的要求，在产品的规划和设计上遵循灵活多样、配置丰富和合理提供多种选项的原则，如齐全的 Flash 容量配值，提供 16~1024KB 的宽范围选择；每个外设都拥有多种配置选项，使用者可以按照具体的需要做出合理的选择，如 USART 可以实现普通 UART，还可以实现 LIN 通信协议等。

在嵌入式领域，STM32 芯片介于低端和高端之间，它相对于普通的 8/16 位机有更多的片上外设，更先进的内核架构，可以运行 μC/OS 等实时操作系统；相对于可运行 Linux 操作系统的高端 CPU，其成本低，实时性强。这个定位使得 STM32 不仅占领了大部分中端控制器的市场，更是成为提升开发者技术的优良过渡平台，为后续的学习打下坚实的基础。

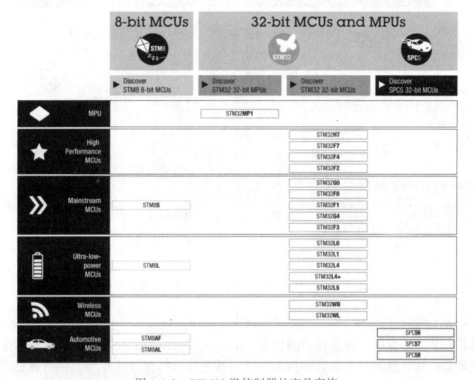

图 1-1-3　STM32 微控制器的产品家族

4. STM32 微控制器的命名规则

STM32 微控制器的各个型号在封装形式、引脚数量、SRAM 和闪存大小、最高工作频率（影响产品的性能）等方面有所不同，开发者可根据应用需求选择最合适的微控制器型号来完成项目设计。STM32 微控制器产品型号的各部分含义如图 1-1-4 所示。

下面以一个具体的微控制器型号（STM32F103VET6）为例来说明型号中各部分的含义，见表 1-1-2。

表 1-1-2　STM32F103VET6 微控制器产品型号中各部分的含义

序号	型号	具体含义
1	STM32	表示 ST 公司出品的基于 ARM Cortex®-M 内核的 32 位微控制器
2	F	表示"基础型"产品类别
3	103	表示"基础型"产品系列
4	V	表示 MCU 的引脚数，如 T 表示 36 脚，C 表示 48 脚，R 表示 64 脚，V 表示 100 脚，Z 表示 144 脚，I 表示 176 脚等
5	E	表示 MCU 的内存容量，如 6 表示 32KB，8 表示 64KB，B 表示 128KB，C 表示 256KB，D 表示 384KB，E 表示 512KB，G 表示 1MB
6	T	表示 MCU 的封装，如 T 表示 QFP 封装，U 表示 UFQFPN 封装
7	6	表示 MCU 的工作温度范围，如 6 和 A 表示 –40~85℃，7 和 B 表示 –40~105℃

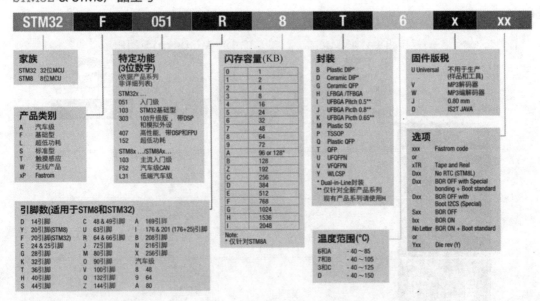

图 1-1-4　STM32 微控制器产品型号的各部分含义

5. STM32 的应用领域

随着电子、计算机、通信技术的发展，嵌入式技术应用无处不在。从随身携带的可穿戴智能设备，到智慧家庭中的远程抄表系统、智能洗衣机和智能音箱，再到智慧交通中的车辆导航、流量控制和信息监测等，各种创新应用及需求不断涌现。

电子产品更新换代，快速淘汰的背后，是其组成部分当中最基础的底层架构芯片——微控制器（MCU）在推动。正是这个犹如房屋建筑中"地基"的存在，MCU 成为电子产品、行业应用、解决方案中不可替代的一环。

ST 公司在 2007 年发布首款搭载 ARMCortex-M3 内核的 32 位 MCU，在十余年时间里，STM32 产品线相继加入了基于 ARM Cortex-M0、Cortex-M4 和 Cortex-M7 的产品，产品线覆盖通用型、低成本、超低功耗、高性能、低功耗以及更高性能类型。正是由于 STM32 拥有结构清晰、覆盖完整的产品家族线及简单易用的应用开发生态系统，越来越多的电子产品使用 STM32 微控制器作为主控芯片的解决方案，涵盖智能硬件、智能家居、智慧城市、智慧工业、智能驾驶等领域。图 1-1-5 是一些生活中常见的可以使用 STM32 微控制器作为主控芯片的电子产品。

图 1-1-5　STM32 的应用

二、STM32 软件开发库

在学习 STM32 的软件开发模式之前，我们有必要先了解 STM32 的软件开发库。ST 公司为开发者提供了多个软件开发库，如标准外设库、HAL 库与 LL 库等。另外，ST 公司还针对 F0 与 L0 系列 MCU 推出了 STM32Snippets 示例代码集合。上面提到的几种软件开发库中，标准外设库推出时间最早，HAL 库次之，而 LL 库是近几年才新增的。ST 公司为这些软件开发库配套了齐备的开发文档，为开发者的使用提供了极大的方便。接下来分别对以上几种软件开发库进行介绍。

1. STM32Snippets

STM32Snippets 是 ST 公司推出的高度优化且立即可用的寄存器级代码段集合，可最大限度地发挥 STM32 微控制器应用设计的性能和能效。但由于处在最底层，因此需要开发者直接操作外设寄存器，对开发者要求比较高，需要开发者花费很多时间精力研究产品手册，通常针对对汇编程序比较了解的资深嵌入式工程师。另外，这种开发模式的缺点是代码在不同系列的 STM32 微控制器之间没有可移植性。

2. STM32 标准外设库

STM32 标准外设库（Standard Peripheral Library）是对 STM32 微控制器的完整封装，它包括了 STM32 微控制器所有外设的驱动描述和应用实例，为开发者访问底层硬件提供了一个中间 API。通过标准外设库，开发者无需深入掌握底层硬件的细节就可以轻松地驱动外设，快速部署应用。因此，使用标准外设库可以减少开发者驱动片内外设的编程工作量，降低时间成本。

标准外设库早期的版本也称固件函数库或简称固件库，它是目前使用最多的库，缺点是不支持 L0、L4 和 F7 等近期推出的 MCU 系列。

ST 公司为不同系列的 MCU 提供的标准外设库的内容是存在一些区别的。例如：STM32F1×× 的库和 STM32F4×× 的库在文件结构与内部实现上有所不同，因此基于标准外设库开发的程序在不同系列的 MCU 之间的可移植性较差。

3. STM32Cube、HAL 库与 LL 库

为了减少开发者的工作量，提高程序开发的效率，ST 公司发布了一个新的软件开发工具产品——STM32Cube。这个产品由 PC 端的图形化配置与代码生成工具 STM32CubeMX、嵌入式软件库函数（HAL 库与 LL 库）以及一系列的中间件集合（RTOS、USB 库、文件系统、TCP/IP 协议栈和图形库等）构成。

HAL（Hardware Abstraction Layer，硬件抽象层）库是 ST 公司为 STM32 系列微控制器推出的硬件抽象层嵌入式软件，它可以提高程序在跨系列产品之间的可移植性。

与标准外设库相比，HAL 库表现出更高的抽象整合水平。HAL 库的 API 集中关注各外设的公共函数功能，它定义了一套通用的用户友好的 API 函数接口，开发者可以轻松地实现将程序从 STM32 微控制器的一个系列移植到另一个系列。目前，HAL 库已经支持 STM32 全系列产品，作为目前 ST 主推的外设库，HAL 库相关的文档还是非常详细的。

LL（Low Layer）库是 ST 最近新增的库，与 HAL 库捆绑发布，其说明文档也与 HAL 文档编写在一起。例如：在 STM32L4×× 的 HAL 库说明文档中，新增了 LL 库。LL 库文件的命名方式和 HAL 库基本相同。使用 LL 库编程和使用标准外设库的方式基本一样，但是却会得到比标准外设库更高的效率。

接下来本节从移植性、程序优化、易用性、程序可读性和支持硬件系列等方面对上述各软件开发库进行比较，比较结果如图 1-1-6 所示。

目前几种库对不同芯片的支持情况如图 1-1-7 所示。

软件开发库名称		移植性	程序优化	易用性	程序可读性	支持硬件系列
STM32Snippets			+++			+
Standard Peripheral Library		++	++	+	++	+++
STM32Cube	HAL APIs	+++	+	++	+++	+++
	LL APIs	+	+++	+	++	++

说明："+"号表示支持程度。

图 1-1-6　开发库性能对比

软件开发库名称	对STM32的支持情况									
	STM32 F0	STM32 F1	STM32 F3	STM32 F2	STM32 F4	STM32 F7	STM32 H7	STM32 L0	STM32 L1	STM32 L4
STM32Snippets	Now	N.A.	N.A.	N.A.	N.A.	N.A.	N.A.	Now	N.A.	N.A.
Standard Peripheral Library	Now	Now	Now	Now	Now	N.A.	N.A.	N.A.	Now	N.A.
STM32Cube HAL	Now	Now	Now	Now	Now	Now	Now	Now	Now	Now
STM32Cube LL	Now	Now	Now	Now	Now	2018	Now	Now	Now	Now

注："Now"表示某软件开发库已支持相应的 MCU 系列，"N.A."反之。

图 1-1-7　库对不同芯片的支持情况对比

三、STM32 软件开发模式

基于 STM32Cube 的开发流程如下：

● 开发者根据应用需求使用图形化配置与代码生成工具对 MCU 片上外设进行配置。

● 生成基于 HAL 库或 LL 库的初始化代码。

● 将生成的代码导入集成开发环境进行编辑、编译和运行。

基于 STM32Cube 的开发模式有以下优点：

1）初始代码框架是自动生成的，这简化了开发者新建工程、编写初始代码的过程。

2）图形化配置与代码生成工具操作简单、界面直观，这为开发者节省了查询数据手册了解引脚与外设功能的时间。

3）HAL 库的特性决定了基于 STM32Cube 的开发模式编写的代码移植性最好。

这种开发模式的缺点是函数调用关系比较复杂、程序可读性较差、执行效率偏低以及对初学者不友好等。

另外，图形化配置与代码生成工具的"简单易用"是建立在使用者已经熟练掌握了

STM32 微控制器的基础知识和外设工作原理的前提下的，否则在使用该工具的过程中将会处处碰壁。

基于 STM32Cube 的开发模式是 ST 公司目前主推的一种模式，对于近年来推出的新产品，ST 公司已不为其配备标准外设库。因此，为了顺应技术发展的潮流，本书选取了基于 STM32Cube 的开发模式，后续的任务实施的讲解都是基于这种开发模式。

四、STM32 的集成开发环境的选择

根据 ST 公司官网显示，支持 STM32 开发的 IDE（Integrated Development Environments，集成开发环境）有 20 余种，其中包括商业版软件和纯免费软件。目前比较常用的商业版 IDE 有 MDK-ARM 与 IAR-EWARM，免费 IDE 包括 SW4STM32、TrueSTUDIO 和 CoIDE 等。另外，ST 官方推荐使用 STM32CubeMX 软件可视化地进行芯片资源和引脚的配置，然后生成项目的源程序，最后导入 IDEs 中进行编译、调试与下载。在 2019 年 4 月，ST 公司还发布了 STM32CubeIDE 1.0，它将 TrueSTUDIO 和 STM32CubeMX 工具整合在一起，是一个基于 Eclipse 和 GCC 的 IDE 工具。常见的支持 STM32 开发的 IDE 如图 1-1-8 所示。

图 1-1-8 支持 STM32 开发的 IDE

综合评估各种开发工具，本书采用"STM32CubeMX + MDK-ARM"的开发工具组合，MDK-ARM 能和 STM32CubeMX 很好地融合，程序编译、下载和调试都非常方便，具体的应用开发流程为：

- 根据任务要求，利用 STM32CubeMX 进行功能配置。
- 生成基于 MDK-ARM 集成开发环境的初始代码。
- 添加功能逻辑，完成应用开发。

任务实施

任务实施前必须先准备好表 1-1-3 所列设备和资源。

表 1-1-3 设备清单表

序号	设备 / 资源名称	数量	是否准备到位（√）
1	STM32CubeMX 安装包	1	
2	MDK-ARM 集成开发环境安装包	1	

要完成本任务，可以将实施步骤分成以下 6 步：

- 下载 STM32CubeMX 安装包。
- 安装 STM32CubeMX。
- 下载 MDK-ARM 安装包。
- 安装 MDK-ARM 集成开发环境。
- 利用 STM32CubeMX 进行功能配置。
- 生成初始化代码。

具体实施步骤如下：

1. 下载 STM32CubeMX 安装包

STM32CubeMX 软件的运行依赖 Java Run Time Environment（简称 JRE），因此建议安装前到 Java 的官网（https://www.java.com）下载 JRE。开发者应根据自己的操作系统选择 32 位或 64 位版本进行下载安装。Java 环境安装包如图 1-1-9 所示，双击运行安装，安装过程使用默认配置，直到出现图 1-1-10 所示界面，表示安装完成。

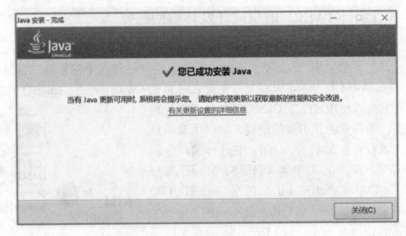

jdk-10.0.2_wind
ows-x64_bin

图 1-1-9　Java 环境安装包　　　　　　　图 1-1-10　Java 环境安装完成

STM32CubeMX 软件可访问其主页（https://www.st.com/stm32cube）获取，如图 1-1-11 所示，在标号①处选择工具与软件，在标号②处输入"STM32CubeMx"，单击"搜索"按钮，在搜索结果处单击标号③处，出现界面如图 1-1-12 所示。

图 1-1-11　搜索软件

单击图 1-1-12 中标号①，进入界面 1-1-13，单击"获取软件"即可下载软件。

2. 安装 STM32CubeMX

STM32CubeMX 安装包如图 1-1-14 所示，双击运行安装，安装过程采用默认配置，注意勾选图 1-1-15 所示界面时标号①处，才能继续单击"Next"，直至安装完成。

打开安装好的 STM32CubeMX 软件，选择"Help"菜单命令（图 1-1-16 中标号①处），选择"Manage embedded software packages"选项（图 1-1-16 中标号②处），进入嵌入式软件包管理界面。

选择相应的 STM32 微控制器系列，如 STM32F1 Series（图 1-1-16 中的标号③处），然后单击"Install Now"按钮（图 1-1-16 中的标号④处）即可下载并安装嵌入式软件包（需要提前注册)。

图 1-1-12　搜索结果

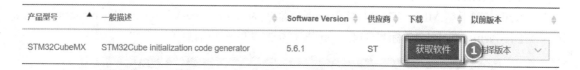

图 1-1-13　下载链接

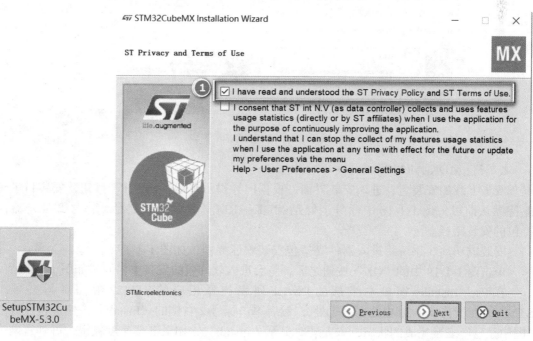

图 1-1-14　安装包　　　　　　　　　　　　图 1-1-15　安装界面

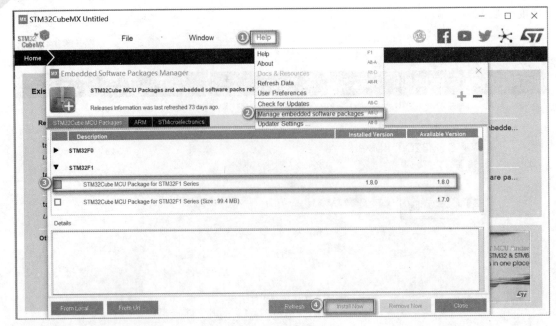

图 1-1-16　嵌入式软件包的安装

3. 下载 MDK-ARM 安装包

从 Keil 官网下载 MDK-ARM 安装包，下载地址为 https：//www.keil.com/download/product/，选择 MDK-Arm（图 1-1-17 标号①处）下载（需要填写一些信息）。

图 1-1-17　MDK-Arm 下载

4. 安装 MDK-ARM 集成开发环境

双击下载的安装包，进入安装界面，根据向导提示单击 "NEXT" 按钮，安装目录建议保持默认即可。图 1-1-18 中标号①处是 MDK-ARM 软件的安装路径，标号②处是器件支持包的安装路径。

安装成功后，系统将进入器件支持包安装欢迎界面，如图 1-1-19 所示。

单击图 1-1-19 中的 "OK" 按钮之后，将会进入软件包的安装主界面，如图 1-1-20 所示。

在 Pack Installer 窗口左半部的 Device 列表选择相应的 STM32 微控制器型号，如 STM32F103（图 1-1-20 中的标号①处），然后单击标号②右侧的 "Install" 按钮进行在线安装（图中是已经安装完成的状态，未安装时显示 "Install"），如果下载速度较慢，可到官网进行器件支持包的下载，下载地址为 https：//www.keil.com/dd2/pack/，界面如图 1-1-21 所示，在下载列表里找到 keil 栏，再找到图 1-1-22 所需型号，下载器件支持包，然后安装即可。

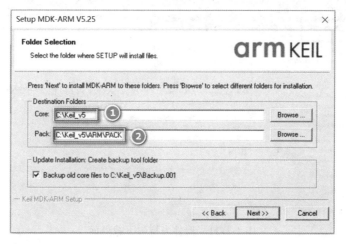

图 1-1-18　安装路径

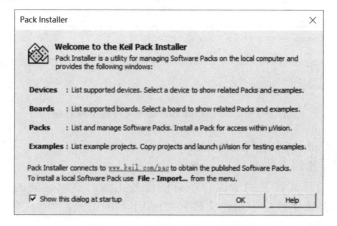

图 1-1-19　软件包安装欢迎界面

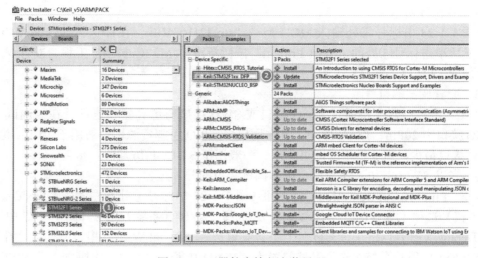

图 1-1-20　器件支持包安装界面

图 1-1-21　器件支持包下载界面

> STMicroelectronics STM32F0 Series Device Support, Drivers and　BSP DFP 2.1.0

> STMicroelectronics STM32F1 Series Device Support, Drivers and　①　BSP DFP 2.3.0

> STMicroelectronics STM32F2 Series Device Support, Drivers and　BSP DFP 2.9.0

> STMicroelectronics STM32F3 Series Device Support and Examples　BSP DFP 2.1.0

> STMicroelectronics STM32F4 Series Device Support, Drivers and　BSP DFP 2.14.0

图 1-1-22　STM32F103 器件支持包下载界面

5. 利用 STM32CubeMX 进行功能配置

（1）建立工程存放的文件夹

在 D 盘根目录新建文件夹用于保存所有的任务工程，这里建立的文件夹为"STM32_WorkSpace"，然后在该文件夹下新建文件夹"task1-1"用于保存本任务工程。

（2）新建 STM32CubeMX 工程

打开 STM32CubeMX 工具，如图 1-1-23 所示，单击标号①处按钮，进入 MCU 选择界面，如图 1-1-24 所示。

在图 1-1-24 中标号①处输入 MCU 型号"stm32f103VE"，在标号②处选择 MCU 具体型号，然后单击标号③处的"Start Project"按钮新建 STM32CubeMX 工程，或者双击标号②处，新建 STM32CubeMX 工程。

（3）配置调试端口

STM32 微控制器支持通过 JTAG 接口或 SWD 接口与仿真器相连进行在线调试。完整的 JTAG 接口为 20Pin，JTAG 体积大且占用较多 GPIO 引脚资源，一般用于 J-Link 仿真器。而 SWD 接口最少只需 3 根连线即可实现，一般用于 ST-Link 仿真器。

接下来以 ST-Link 仿真器为例，讲解调试端口的配置过程。

展开"Pinout&Configuration"标签页（图 1-1-25 中标号①处）左侧的"System Core"（系统内核）选项（图 1-1-25 中标号②处），选择"SYS"（系统）选项（图 1-1-25 中标号③处），"Debug"（图 1-1-25 中标号④处）下拉菜单选择"Serial Wire"（串口）选项（图 1-1-25 中标号⑤处），即可将"PA13"引脚配置为 SWDIO 功能，"PA14"引脚配置为 SWCLK 功能（图 1-1-25 中标号⑥处）。

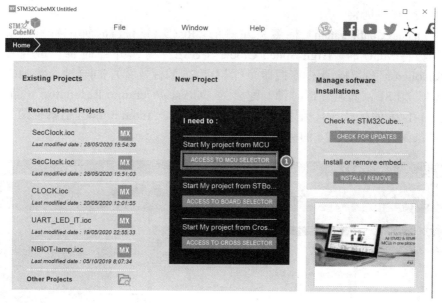

图 1-1-23　新建工程

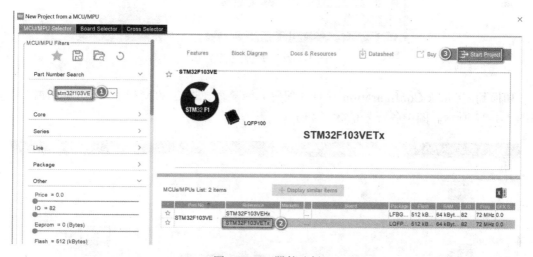

图 1-1-24　器件选择

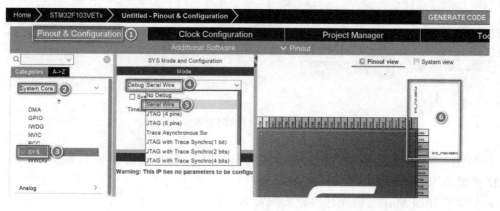

图 1-1-25　调试方式配置

（4）配置 MCU 时钟

选择"Pinout&Configuration"标签页左侧的"RCC"（复位、时钟配置）选项（图 1-1-26 的标号①）。将 MCU 的"High Speed Clock"（HSE，高速外部时钟）配置为"Crystal/ Ceramic Resonator"（晶体 / 陶瓷谐振器）（图 1-1-26 的标号②）。同样地，将 MCU 的"Low Speed Clock"（LSE，低速外部时钟）配置为"Crystal/Ceramic Resonator"（晶体 / 陶瓷谐振器）（图 1-1-26 的标号③）。配置完毕后，MCU 的"Pinout View（引脚视图）"中相应的引脚功能将被配置（图 1-1-26 的标号④和⑤）。

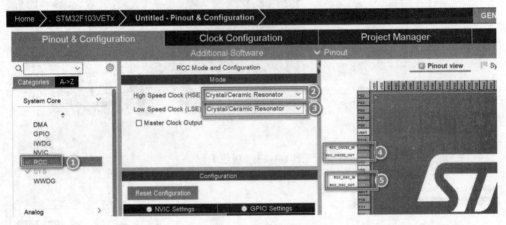

图 1-1-26　时钟源配置

切换到"Clock Configuration"（时钟配置）标签页，进行 STM32 控制器的时钟树配置，如图 1-1-27 所示。图中各标号的含义如下：

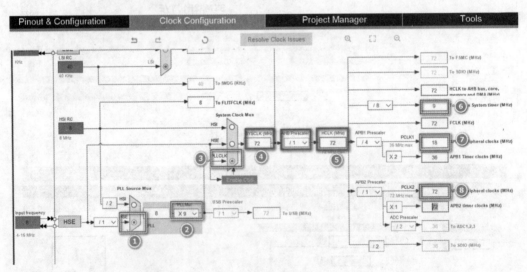

图 1-1-27　时钟配置界面

标号①："PLL Source MUX"（锁相环时钟源选择器）的时钟源选择为"HSE"，即 8MHz 外部晶体谐振器。

标号②："PLLMul"（锁相环倍频）配置为"9"。

标号③："System Clock MUX"（系统时钟选择器）的时钟源选择为"PLL"。

标号④：配置"SYSCLK"（系统时钟）为72MHz。

标号⑤：配置"HCLK"（高性能总线时钟）为72MHz。

标号⑥：配置"Cortex system timer"（Cortex内核系统嘀嗒定时器）的时钟源为HCLK的八分之一，即9MHz。

标号⑦：配置"APB1 Peripheral clocks"（低速外设总线时钟）为HCLK的四分频，即18MHz。

标号⑧：配置"APB2 Peripheral clocks"（高速外设总线时钟）为HCLK的一分频，即72MHz。

（5）保存STM32CubeMX工程

选择"File"→"Save Project"菜单命令，如图1-1-28中标号①和标号②所示。然后定位到工程要保存的文件夹，工程相关的所有文件都将保存到该文件夹内，这里使用的是"D:\STM32_WorkSpace\task1-1"，单击"保存"按钮保存STM32CubeMX工程，文件夹名称"task1-1"即为STM32CubeMX工程名称。

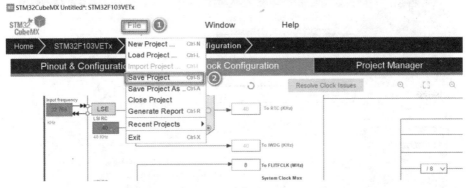

图1-1-28　保存工程

（6）生成代码

切换到"Project Manager"标签页，选择标号①工程，如图1-1-29所示，标号②处是工程名称，标号④处是工程保存的文件夹，所以工程的保存也可以在这里进行，在此处保存工程时不需要提前建立文件夹"task1-1"，只需要在③处选择工程文件夹的所在路径。标号⑤处选择开发环境为MDK-ARM V5。

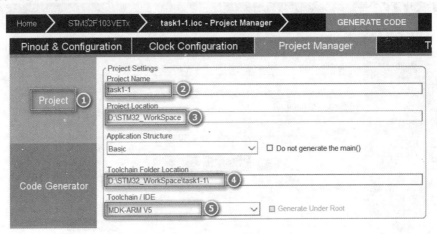

图1-1-29　工程设置

单击左侧"Code Generator"，将"STM32Cube MCU packages and embedded software packs"

单选框的选项改为"Copy only the necessary library files"，如图 1-1-30 中标号②所示。在"Generated files"复选框中增加勾选"Generate peripheral initialization as a pair of '.c/.h' files per peripheral"选项，如图 1-1-30 中标号③所示。

最后单击"GENERATE CODE"按钮，即可生成相应的 C 代码工程。代码生成成功后弹出询问对话框，单击图 1-1-31 中标记①处打开 MDK-ARM 工程，若工程已经生成并打开，此时选择标记②处，关闭对话框。

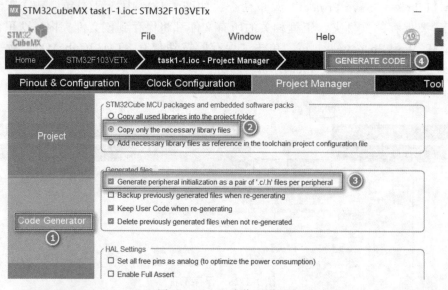

图 1-1-30　生成代码设置

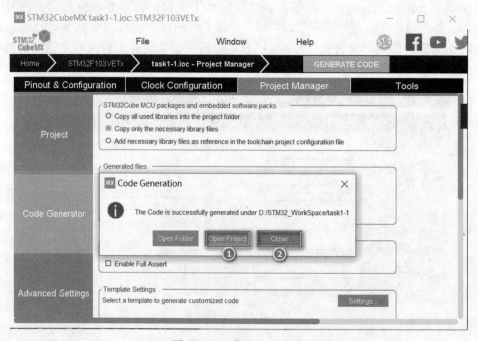

图 1-1-31　代码生成成功

打开的 **MDK-ARM** 工程如图 1-1-32 所示。我们将在这个集成开发环境里完善代码，实现任务需求。

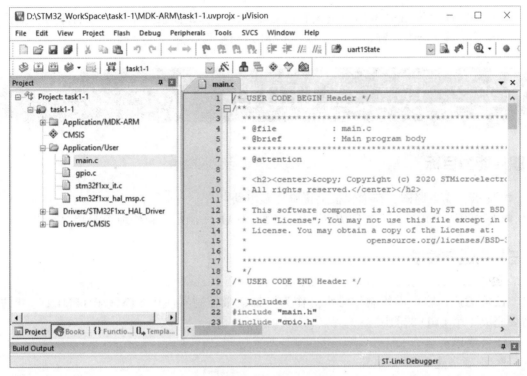

图 1-1-32　MDK-ARM 工程

任务检查与评价

完成任务实施后，进行任务检查与评价，任务检查与评价表存放在书籍配套资源中。

任务小结

通过开发环境的搭建，读者可了解 STM32 微控制器的基础知识和软件开发模式，并掌握 STM32 开发环境的搭建能力（见图 1-1-33）。

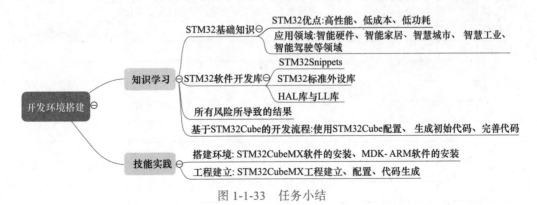

图 1-1-33　任务小结

任务拓展

在 MDK-ARM 集成开发环境里我们经常要使用注释，如果使用中文作为注释，默认状态下会出现乱码，请查找资料，对 MDK-ARM 进行配置，解决这个问题。

任务 2　点亮一盏 LED 灯

职业能力目标

- 能够依据电路图，在面包板上正确搭建电路。
- 能够依据 MCU 的 GPIO 驱动技术，使用 HAL 库函数，正确地控制端口输出。

任务描述与要求

任务描述：客户需要制作流水灯作为装饰，微控制器使用 STM32F103VET6。根据需要完成 1 个 LED 的测试。

任务要求：
- 正确搭建 LED 灯电路。
- 完成工程的建立和代码的完善。
- 正确下载程序到 M3 主控模块，并验证效果。

任务分析与计划

根据所学相关知识，制订完成本次任务的实施计划，见表 1-2-1。

表 1-2-1　任务计划表

项目名称	花样流水灯控制
任务名称	点亮一盏 LED 灯
计划方式	自我设计
计划要求	请用 8 个计划步骤完整描述如何完成本任务
序号	任务计划
1	
2	
3	
4	
5	
6	
7	
8	

知识储备

一、认识 STM32Cube 嵌入式软件包

在 STM32CubeMX 中以 STM32CubeF1 为例，介绍 STM32Cube 嵌入式软件包的构成。选择 "Help"→"Updater Setting.." 菜单命令，在弹出的设置框中可找到软件包的存放地址，如图 1-2-1 中标号①处所示，默认安装路径为：C：\Users\×××\STM32Cube\Repository，其中 ××× 为用户名。

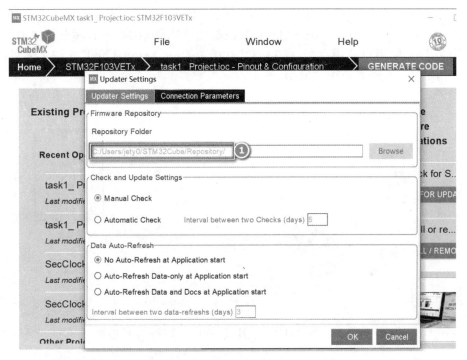

图 1-2-1　STM32Cube 嵌入式软件包的存放地址

进入 STM32Cube 嵌入式软件包的存放地址，可以看到软件包由 6 个文件夹和 4 个文件构成，如图 1-2-2 所示。

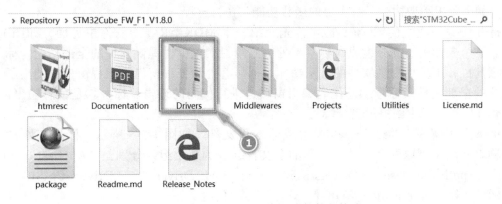

图 1-2-2　STM32Cube 嵌入式软件包构成

在 STM32Cube 嵌入式软件包中，"_htmresc" 文件夹、"package.xml" 文件、"Release_Notes.html" 文件、"License.md" 文件和 "Readme.md" 文件存放的是软件包发布记录、图标资源、许可信息等。其余 5 个文件夹的作用如下：

● Documentation 文件夹：存放关于 MCU 固件包和 HAL 库使用的官方文档。
● Middlewares 文件夹：存放中间件组件。
● Projects 文件夹：存放官方开发板的各种例程。
● Utilities 文件夹：各类支撑文件，如字体文件和图形应用例程中使用的图片文件等。
● Drivers 文件夹：标号①处有 3 个文件夹，"BSP" 存放基于 HAL 库开发的官方开发板的板级支持包，提供指示灯、按键等外围电路的驱动程序；"CMSIS" 存放由 ARM 公司提供的 Cortex 微控制器软件接口标准，包括 Cortex 内核寄存器定义、启动文件等；"STM32F1xx_HAL_Driver" 存放 STM32 微控制器片内外设的 HAL 库驱动文件，这里有非常重要的 HAL 库用户使用手册 "STM32F100xE_User_Manual.hml"，图 1-2-3 中标注①为 STM32F103VET6 所要使用的 HAL 库手册。

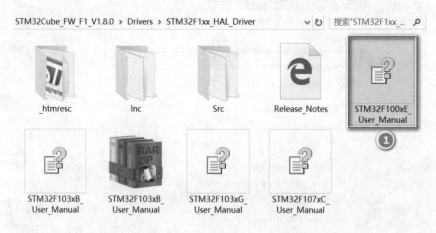

图 1-2-3 STM32F1xx_HAL_Driver 文件夹中的内容

二、认识工程框架

在进行应用开发之前，我们有必要对 STM32CubeMX 软件生成的初始 C 代码工程进行了解，如了解工程架构、了解主要的函数功能与执行过程。

打开任务一建立的 "task1-1"。首先介绍一下 MDK-ARM 的软件主界面，如图 1-2-4 所示。整个界面由 5 部分组成，标号①处为菜单栏，菜单栏提供软件的全部功能。标号②处为工具栏，工具栏提供软件的常用功能。标号③处为工程窗口，工程窗口中列出了工程所包含的全部文件。标号④是代码编辑窗口，进行代码的编辑。标号⑤是信息输出窗口，显示软件操作过程中的提示信息。

接下来了解由 STM32CubeMX 生成的工程文件。如图 1-2-5 所示，标号①处是工程的名称。从图中可以看到，整个工程的源文件被分为 4 个组，分别是 "Application/MDK-ARM" "Application/User" "Drivers/STM32F1xx_HAL_Driver" 和 "Drivers/CMSIS"。

标号②处为 Application/MDK-ARM 组：启动代码文件。

标号③处为 Application/User 组：用户编程文件。

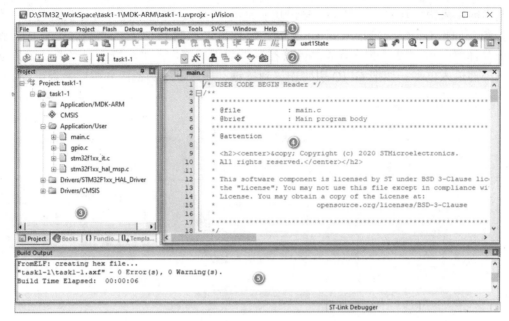

图 1-2-4　MDK-ARM 界面

标号④处为 Drivers/STM32F1xx_HAL_Driver 组：HAL 库驱动文件。

标号⑤处为 CMSIS 组：系统的初始化文件。

用户需要编写的程序主要位于"Application/User"组中，如图 1-2-5 中的标号③处所示。其中"main.c"为主程序所在文件，"gpio.c"主要包含 GPIO 初始化相关程序，"stm32f1xx_it.c"存放各种中断服务函数。

双击"main.c"打开程序，如图 1-2-6 所示，STM32CubeMX 已经生成了很多初始化文件，标号③ HAL_Init（）为系统外设初始化函数，标号④ SystemClock_Config（）为系统时钟初始化函数，标号⑤ MX_GPIO_Init（）为 GPIO 功能初始化函数，标号⑥ while（1）{}为无限主循环。用户自编程序可添加于各个"USER CODE BEGIN"与"USER CODE END"标识之间，如图 1-2-6 中标号②处所示。用户根据代码的功能添加到不同位置的"USER CODE BEGIN"与"USER CODE END"标识之间。

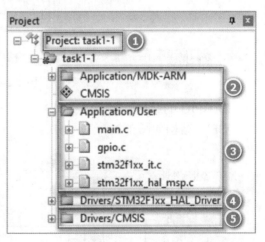

图 1-2-5　工程窗口

三、认识 STM32GPIO

1. GPIO 介绍

GPIO 是通用输入输出端口的简称，STM32 芯片的 GPIO 引脚与外部设备连接起来，从而实现与外部通信、控制以及数据采集的功能。STM32 芯片的 GPIO 被分成很多组，每组有 16 个引脚，如型号为 STM32F103VET6 型号的芯片有 GPIOA、GPIOB、GPIOC 至 GPIOE 共 5 组 GPIO，芯片一共 100 个引脚，其中 GPIO 就占了一大部分，所有 GPIO 引脚都有基本的输入输出功能。最基本的输出功能是由 STM32 控制引脚输出高、低电平,实现开关控制,如把 GPIO 引脚接入到 LED 灯,那就可以控制 LED 灯的亮灭,引脚接入到继电器或晶体管,可以通过继电器或晶体管控制外部大功率电路的通断。最基本的输入功能是检测外部输入电平,如把 GPIO 引脚连接到按键,通过电平高低区分按键是否被按下。

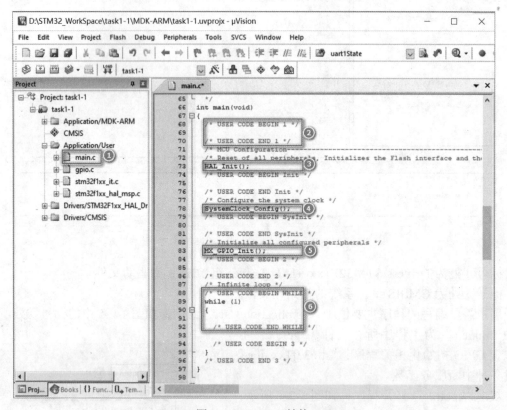

图 1-2-6 main.c 结构

2. GPIO 的结构

GPIO 结构如图 1-2-7 所示。

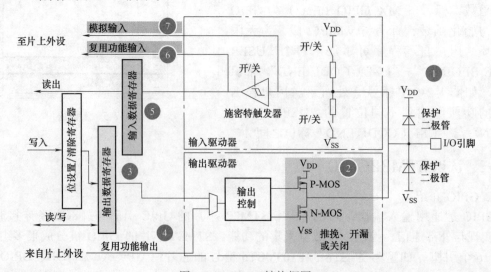

图 1-2-7 GPIO 结构框图

标号①处是 STM32 芯片引出的 GPIO 引脚，其余部件都位于芯片内部。引脚的两个保护二极管可以防止引脚外部过高或过低的电压输入，当引脚电压高于 V_{DD} 时，上方的二极管导通；当引脚电压低于 V_{SS} 时，下方的二极管导通，防止不正常电压引入芯片导致芯片烧毁。

标号②处是一个由 P-MOS 管和 N-MOS 管组成的单元电路。这个结构使 GPIO 具有了"推挽输出"和"开漏输出"两种模式。所谓的推挽输出模式，是指在该结构中输入高电平时，经过反向后，上方的 P-MOS 导通，下方的 N-MOS 关闭，对外输出高电平；而在该结构中输入低电平时，经过反向后，N-MOS 管导通，P-MOS 关闭，对外输出低电平。当引脚高低电平切换时，两个管子轮流导通，P-MOS 管负责灌电流，N-MOS 管负责拉电流，使其负载能力和开关速度都比普通的模式有很大的提高。推挽输出的低电平为 0V，高电平为 3.3V。

而在开漏输出模式时，上方的 P-MOS 管完全不工作。如果控制输出为 0（低电平），则 P-MOS 管关闭，N-MOS 管导通，使输出接地；若控制输出为 1（无法直接输出高电平），则 P-MOS 管和 N-MOS 管都关闭，所以引脚既不输出高电平，也不输出低电平，为高阻态。正常使用时必须外部接上拉电阻。

推挽输出模式一般应用在输出电平为 0 和 3.3V 而且需要高速切换开关状态的场合。在 STM32 的应用中，除了必须用开漏模式的场合，我们都习惯使用推挽输出模式。开漏输出模式一般应用在 I²C、SMBUS 通信等需要"线与"功能的总线电路中。除此之外，还用在电平不匹配的场合，如需要输出 5V 的高电平，就可以在外部接一个上拉电阻，上拉电源为 5V，并且把 GPIO 设置为开漏模式，当输出高阻态时，由上拉电阻和电源向外输出 5V 的电平。

标号③处为输出数据寄存器，通过修改输出数据寄存器的值就可以修改 GPIO 引脚的输出电平。

标号④处为复用功能输出，"复用"是指 STM32 的其他片上外设对 GPIO 引脚进行控制，此时 GPIO 引脚用作该外设功能的一部分，为第二用途。例如我们使用 USART 串口通信时，需要用到某个 GPIO 引脚作为通信发送引脚，这时就可以把该 GPIO 引脚配置为 USART 串口复用功能。

标号⑤处为输入数据寄存器，GPIO 引脚经过内部的上、下拉电阻，可以配置成上 / 下拉输入，然后再连接到施密特触发器，信号经过触发器后，模拟信号转化为数字信号 0、1，然后存储在输入数据寄存器中，通过读取该寄存器就可以了解 GPIO 引脚的电平状态。

标号⑥处为复用功能输入，在复用功能输入模式时，GPIO 引脚的信号传输到 STM32 其他片上外设，由该外设读取引脚状态。如我们使用 USART 串口通信时，需要用到某个 GPIO 引脚作为通信接收引脚，这时就可以把该 GPIO 引脚配置成 USART 串口复用功能，使 USART 可以通过该通信引脚的接收远端数据。

标号⑦处为模拟输入输出，当 GPIO 引脚用于 ADC 采集电压的输入通道时，用作模拟输入功能。

3. GPIO 工作模式

GPIO 工作模式配置相关的函数 API 主要位于"stm32f1xx_hal_gpio.c"和 stm32f1xx_hal_gpio.h"文件中。利用 HAL 库进行应用开发时，各外设的初始化一般通过对初始化结构体的成员赋值来完成。某个 GPIO 端口的初始化函数原型如下：

```
HAL_GPIO_Init(LED_GPIO_Port,&GPIO_InitStruct);
```

第一个参数是需要初始化的 GPIO 端口，对于 STM32F103VET6 型号来说，取值范围是 GPIOA~GPIOE。第二个参数是初始化参数的结构体指针，结构体类型为 GPIO_InitTypeDef，其原型定义如下：

```
1.    typedef struct
2.    {
3.      uint32_t Pin;          // 要初始化的 GPIO 引脚编号
4.      uint32_t Mode;         //GPIO 引脚的工作模式
5.      uint32_t Pull;         //GPIO 引脚的上拉 / 下拉形式
6.      uint32_t Speed;        //GPIO 引脚的输出速度
7.    } GPIO_InitTypeDef;
```

GPIO 引脚的工作模式 "Mode" 主要有以下几种：

● GPIO_MODE_INPUT：输入模式。

● GPIO_MODE_OUTPUT_PP：推挽输出模式。

● GPIO_MODE_OUTPUT_OD：开漏输出模式。

● GPIO_MODE_AF_PP：推挽复用模式。

● GPIO_MODE_AF_OD：开漏复用模式。

● GPIO_MODE_AF_INPUT：复用输入模式。

● GPIO_MODE_ANALOG：模拟量输入模式。

四、分析 LED 灯电路

本任务要求完成点亮 1 盏 LED 灯的操作，就需要设计 LED 灯电路。LED 灯电路如图 1-2-8 所示。LED 灯的阳极连接 1kΩ 电阻（该电阻的取值范围为几百欧到几千欧）的一端，电阻另外一端连接到 3.3V 电源上。

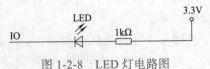

图 1-2-8　LED 灯电路图

当 IO 为高电平时发光二极管截止，LED 灯不发光；当 IO 为低电平时发光二极管导通，LED 灯发光。IO 连接 STM32 的一个 GPIO 口，输出低电平可以使 LED 灯点亮，输出高电平可以使 LED 灯熄灭。

M3 核心模块的有些引脚没有对外开放，例如 PA8 脚连接到了蜂鸣器上，所以不能使用 PA8 来点亮 LED 灯。可以使用 J5 上的 PC6 来连接 LED 灯。

任务实施

任务实施前必须准备好表 1-2-2 所列设备和资源。

表 1-2-2　设备清单表

序号	设备 / 资源名称	数量	是否准备到位（√）
1	M3 核心模块	1	
2	NEWLab 实训平台	1	
3	USB 转串口线	1	
4	1kΩ 电阻	1	
5	LED	1	
6	杜邦线	2	

要完成本任务，可以将实施步骤分成以下 6 步：

- 搭建 LED 灯电路。
- 建立工程并生成初始代码。
- 完善代码实现功能。
- 编译程序，生成 HEX 文件。
- 烧写程序到 M3 核心模块。
- 观察效果。

具体实施步骤如下：

1. 搭建 LED 灯电路

把 M3 核心模块正确放置到 NEWLab 实训平台，按照图 1-2-8 在 NEWLab 实训平台的面包板上搭建 LED 灯电路，为测试电路是否搭建成功，可以先把 LED 灯阴极先连接到 GND，打开 NEWLab 实训平台电源，如果 LED 灯点亮，说明电路正确，再使用杜邦线将其连接到 PC6。搭建好的电路如图 1-2-9 所示。

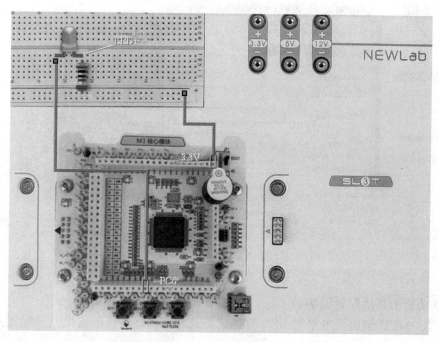

图 1-2-9　LED 灯电路

2. 建立工程并生成初始代码

（1）建立工程存放的文件夹

在 D 盘文件夹"STM32_WorkSpace"下新建文件夹"task1-2"用于保存本任务工程。

（2）新建 STM32CubeMX 工程

参考任务 1。

点亮一盏 LED 灯
（创建工程项目）

（3）配置调试端口

参考任务 1，选择"Pinout&Configuration"标签页左侧的"RCC"选项，将 MCU 的"High Speed Clock"配置为"Crystal/Ceramic Resonator"（晶体/陶瓷谐振器），将 MCU 的"Low Speed Clock"配置为"Crystal/Ceramic Resonator"。

（4）配置 MCU 时钟树

参考任务 1 相关内容，将 HCLK 配置为 72MHz，PCLK1 配置为 36MHz，PCLK2 配置为 72MHZ。

（5）配置 LED 灯相关的 GPIO 功能

本任务的 LED 灯与 MCU 的 PC6 相连。在 STM32CubeMX 工具的配置主界面，鼠标左键单击 MCU 的 "PC6" 引脚，选择功能 "GPIO_Output"，如图 1-2-10 标号①所示。

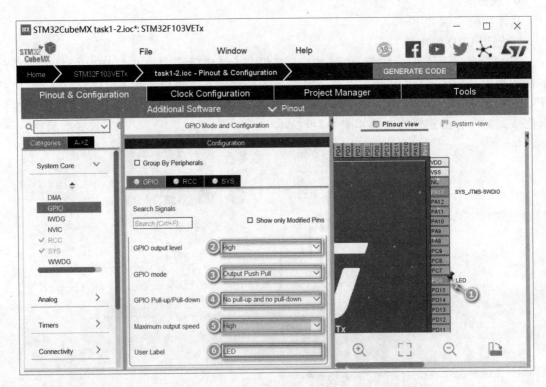

图 1-2-10　LED 灯相关的 GPIO 配置

GPIO 功能的其他配置说明如下：

标号②：MCU 输出低电平时 LED 灯亮，因此将 GPIO 默认的输出电平配置为 "High"（高电平）。

标号③：GPIO 模式配置为 "Output Push Pull"（输出推挽功能）。

标号④：GPIO 上拉下拉功能配置为 "No pull-up and no pull-down"（无上拉下拉）。

标号⑤：GPIO 最大输出速度配置为 "High"（高速）。

标号⑥：用户标签分别配置成 "LED"。

（6）保存工程并生成初始化代码

按照任务 1 任务实施，选择 "File" → "Save Project" 菜单命令，然后定位到工程要保存的文件夹，这里使用的是 "D:\STM32_WorkSpace\task1-2"，单击 "保存" 保存 STM32CubeMX 工程。切换到 "Project Manager" 标签页，按照任务 1 任务实施进行 "C 代码生成" 与 "Project" 和 "Code Generator" 的配置。单击 "GENERATE CODE" 按钮，即可生成相应的 C 代码工程。

3. 完善代码实现功能

编写 main（ ）函数的主循环程序，如图 1-2-11 中标号②所示。

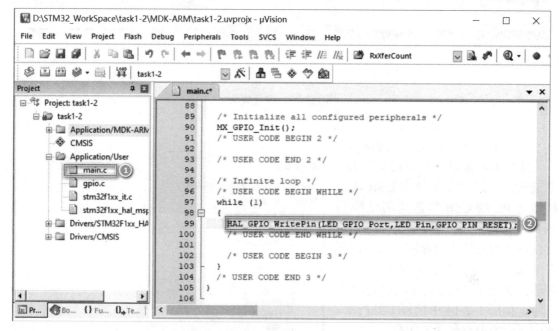

图 1-2-11　主函数中添加代码

4. 编译程序，生成 HEX 文件

在编译程序之前需要对 C 代码工程进行一些配置。因为 NEWLab 实训平台采用串口 ISP 下载程序，因此需要生成 HEX 文件。单击图 1-2-12 标号①图标，切换到 "Output" 选项卡（标号②处），确定标号③处勾选了 "Create HEX File"，标号④处为 HEX 文件的名称。

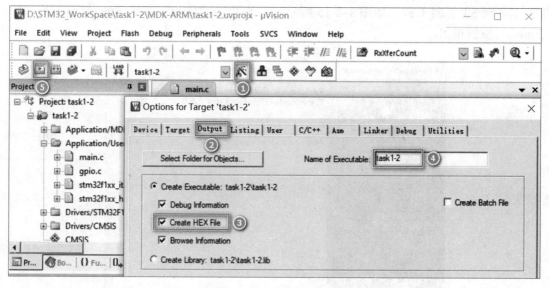

图 1-2-12　Output 配置

关闭 Options 对话框，单击标号⑤处的编译按钮进行编译，编译成功后，信息显示窗口会显示图 1-2-13 中标号①所示信息。如果编译未通过，应根据提示信息进行相应的排错，直到编译通过。

```
Build Output                                                    📌 ☒
Program Size: Code=2600 RO-data=352 RW-data=16 ZI-data=1024
FromELF: creating hex file...
"task1_Project\task1_Project.axf" - 0 Error(s), 0 Warning(s).①
Build Time Elapsed:  00:00:03
<
                                              ST-Link Debugger
```

图 1-2-13　编译成功

5. 烧写程序到 M3 核心模块

（1）安装下载 USB 串口驱动

NEWLab 实训平台采用串口 ISP 下载程序，因此需要使用 USB 转串口线将 PC 的 USB 口连接到试验箱串口。把 USB 转串口线连接到 PC 上就可自动安装驱动程序，如果没有安装成功，请手动安装驱动。安装好驱动后可以在设备管理器查看串口号，如图 1-2-14 中标号①处所示，图中显示的串口号为 COM9。

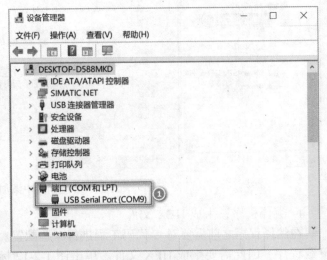

（2）安装 Flash 烧写工具

为了把编译好的程序烧写到 STM32 芯片内部的 Flash 中，可采用 ST 公司官方的串行烧写软件程序 "FlashLoader Demonstrator"，其最新版本可到 ST 官网下载。如图 1-2-15 所示，一直单击 "Next" 按钮，安装完成后，单击 "Finish" 按钮退出。

图 1-2-14　查看串口号

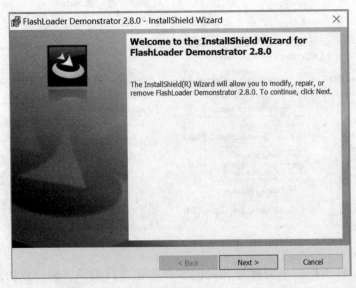

图 1-2-15　安装 FlashLoader Demonstrator

（3）烧写程序

烧写前先把 NEWLab 实训平台右上角旋钮旋至"通信模式"，M3 核心模块右上角 JP1 拨到"BOOT"，打开 NEWLab 实训平台电源。打开"Flash Loader Demonstrator"，在图 1-2-16 中标号①处选择的串口号应和图 1-2-14 一致，本任务为 COM9；标号②处选择"115200"；标号③处选择"Even"。单击"Next"按钮，进入 1-2-17 所示的器件选择界面。

在器件选择界面中选择图 1-2-17 中标号①所示器件类型，单击"Next"按钮进入选择烧写文件界面。

在图 1-2-18 中单击标号①处选择烧写文件，按前面的工程设置，HEX 文件的路径为"用户文件夹\工程文件夹\MDK-ARM\工程名"，本任务用户文件夹为"D:\STM32_WorkSpace" 工程文件夹为"task1-2"，所以 HEX 文件路径为"D:\STM32_WorkSpace\task1-2\MDK-ARM\task1-2"，选择"task1-2.hex"，单击"Next"按钮继续，直至出现图 1-2-19 所示界面，烧写成功。

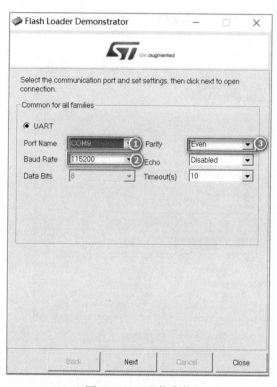

图 1-2-16　通信参数

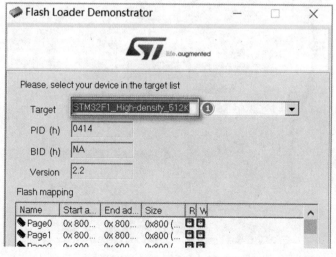

图 1-2-17　器件选择界面

6. 观察效果

将 JP1 拨到"NC"，按下复位键，观察 LED 灯状态，效果应为 LED 灯长亮，如图 1-2-20 所示。如果不正确检查电路和程序，直至现象正确。

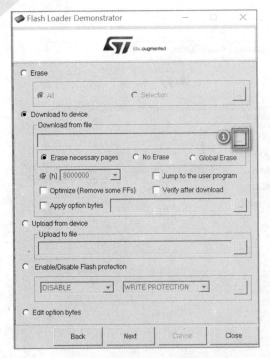

图 1-2-18　选择烧写文件

图 1-2-19　烧写成功

图 1-2-20　点亮一盏 LED 灯效果

任务检查与评价

完成任务实施后，进行任务检查与评价，任务检查与评价表存放在书籍配套资源中。

任务小结

通过开发环境的搭建，读者可了解 STM32 微控制器的基础知识和软件开发模式，并掌握 STM32 开发环境的搭建能力（见图 1-2-21）。

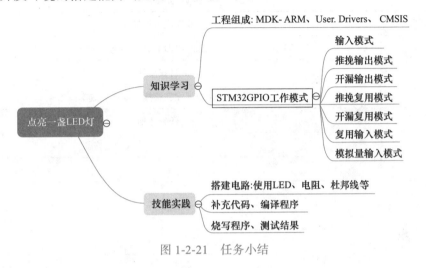

图 1-2-21　任务小结

任务拓展

更换 GPIO 端口为 PC8，控制 LED 灯长亮。

任务3　控制 LED 流水灯闪烁

职业能力目标

- 能够依据电路图，在面包板上正确搭建电路。
- 能够依据 MCU 的 GPIO 驱动技术，正确使用 HAL 库函数控制端口输出。

任务描述与要求

任务描述：制作流水灯作为装饰，微控制器使用 STM32F103VET6，采用 4 个 LED 灯实现，LED1 亮 1s 后熄灭，LED2 亮 1s 后熄灭，LED3 亮 1s 后熄灭，LED4 亮 1s 后熄灭，LED1 亮 1s 后熄灭……不断循环。

任务要求：
- 正确搭建 LED 流水灯电路。
- 完成工程的建立和代码的完善。

任务分析与计划

根据所学相关知识，制订完成本次任务的实施计划，见表 1-3-1。

表 1-3-1　任务计划表

项目名称	花样流水灯控制
任务名称	控制 LED 流水灯闪烁
计划方式	自我设计
计划要求	请用 8 个计划步骤完整描述如何完成本任务
序号	任务计划
1	
2	
3	
4	
5	
6	
7	
8	

知识储备

一、认识 GPIO 外设接口函数

在 stm32f1xx_hal_gpio.c 里定义了 8 个 GPIO 外设接口函数，可分为 4 类：

- 初始化函数：HAL_GPIO_Init（　）和 HAL_GPIO_DeInit（　）；
- 控制函数：HAL_GPIO_ReadPin（　）、HAL_GPIO_WritePin（　）和 HAL_GPIO_TogglePin（　）；
- 配置函数：HAL_GPIO_LockPin（　）；
- 中断相关函数：HAL_GPIO_EXTI_IRQHandler（　）和 HAL_GPIO_EXTI_Callback（　）。

8 个 GPIO 外设接口函数原型如下：

```
•   void HAL_GPIO_Init(GPIO_TypeDef*GPIOx,GPIO_InitTypeDef*GPIO_Init);
•   void HAL_GPIO_DeInit(GPIO_TypeDef*GPIOx,uint32_t GPIO_Pin);
•   GPIO_PinState HAL_GPIO_ReadPin(GPIO_TypeDef*GPIOx,uint16_t GPIO_Pin);
•   void HAL_GPIO_WritePin(GPIO_TypeDef*GPIOx,uint16_t GPIO_Pin,GPIO_
PinState PinState);
•   void HAL_GPIO_TogglePin(GPIO_TypeDef*GPIOx,uint16_t GPIO_Pin);
•   HAL_StatusTypeDef HAL_GPIO_LockPin(GPIO_TypeDef*GPIOx,uint16_t GPIO_
Pin);
•   void HAL_GPIO_EXTI_IRQHandler(uint16_t GPIO_Pin);
•   void HAL_GPIO_EXTI_Callback(uint16_t GPIO_Pin);
```

HAL_GPIO_Init 在 STM32CubeMX 生成代码时已经调用，无需再调用。本任务重点介绍 HAL_GPIO_WritePin 和 HAL_GPIO_TogglePin。

1）HAL_GPIO_Init 函数说明见表 1-3-2。

表 1-3-2 HAL_GPIO_Init 函数说明

函数原型	void HAL_GPIO_Init（GPIO_TypeDef *GPIOx，GPIO_InitTypeDef *GPIO_Init）;
功能描述	引脚初始化
入口参数 1	GPIOx：引脚端口号，取值范围是 GPIOA~GPIOG
入口参数 2	GPIO_Init：指向引脚初始化类型 GPIO_InitTypeDef 的结构体指针，该结构体包含指定引脚的配置参数
返回值	无
注意事项	该函数可以由 CubeMX 软件自动生成，不需要用户自己调用

2）HAL_GPIO_DeInit 函数说明见表 1-3-3。

表 1-3-3 HAL_GPIO_DeInit 函数说明

函数原型	void HAL_GPIO_DeInit（GPIO_TypeDef *GPIOx，uint32_t GPIO_Pin）;
功能描述	复位引脚到初始状态
入口参数 1	GPIOx：引脚端口号，取值范围是 GPIOA~GPIOG
入口参数 2	GPIO_Pin：引脚号，取值范围是 GPIO_PIN_0~GPIO_PIN_15
返回值	无
注意事项	需要用户自己调用

3）HAL_GPIO_ReadPin 函数说明见表 1-3-4。

表 1-3-4 HAL_GPIO_ReadPin 函数说明

函数原型	GPIO_PinState HAL_GPIO_ReadPin（GPIO_TypeDef *GPIOx，uint16_t GPIO_Pin）;
功能描述	读取引脚状态
入口参数 1	GPIOx：引脚端口号，取值范围是 GPIOA~GPIOG
入口参数 2	GPIO_Pin：引脚号，取值范围是 GPIO_PIN_0~GPIO_PIN_15
返回值	GPIO_PinState：表示引脚电平状态的枚举类型变量，取值为 ● GPIO_PIN_SET：表示读到高电平 ● GPIO_PIN_RESET：表示读到低电平
注意事项	需要用户自己调用

4）HAL_GPIO_WritePin 函数说明见表 1-3-5。

表 1-3-5 HAL_GPIO_WritePin 函数说明

函数原型	void HAL_GPIO_WritePin（GPIO_TypeDef *GPIOx，uint16_t GPIO_Pin，GPIO_PinState PinState）;
功能描述	设置引脚输出高 / 低电平
入口参数 1	GPIOx：引脚端口号，取值范围是 GPIOA~GPIOG
入口参数 2	GPIO_Pin：引脚号，取值范围是 GPIO_PIN_0~GPIO_PIN_15

（续）

入口参数 3	GPIO_PinState：表示引脚电平状态的枚举类型变量，取值为： ● GPIO PIN SET：表示输出高电平 ● GPIO PIN RESET：表示输出低电平
返回值	无
注意事项	需要用户自己调用

5）HAL_GPIO_TogglePin 函数说明见表 1-3-6。

表 1-3-6　HAL_GPIO_TogglePin 函数说明

函数原型	void HAL_GPIO_TogglePin（GPIO_TypeDef *GPIOx，uint16_t GPIO_Pin）
功能描述	反转引脚电平
入口参数 1	GPIOx：引脚端口号，取值范围是 GPIOA~GPIOG
入口参数 2	GPIO_Pin：引脚号，取值范围是 GPIO_PIN_0~GPIO_PIN_15
返回值	无
注意事项	需要用户自己调用

中断相关的两个函数将会放到项目 2 介绍。

二、HAL 库延时函数

在 stm32f1xx_hal.c 里提供了一个延时函数 void HAL_Delay（），可以产生软件延时，其函数说明见表 1-3-7。

表 1-3-7　HAL_Delay 函数说明

函数原型	void HAL_Delay（uint32_t Delay）
功能描述	ms 延时
入口参数	Delay：延时时间
返回值	无
注意事项	需要用户自己调用

三、端口初始化

为了便于编写代码在 main.h 里定义了端口的别名，例如任务 2 定义了 PC6 的名称为"LED"，则有如下宏定义。

```
1.  /*Private defines——————————*/
2.  #define LED_Pin GPIO_PIN_6
3.  #define LED_GPIO_Port GPIOC
4.  /*USER CODE BEGIN Private defines*/
```

在 gpio.c 里有 GPIO 初始化函数，第 11 行处定义了 GPIO 的模式为推挽输出，第 12 行定义不上拉、不下拉，第 13 行定义速率为低速。

```
1.  void MX_GPIO_Init(void)
2.  {
```

```
3.  GPIO_InitTypeDef GPIO_InitStruct={0};
4.  /*GPIO Ports Clock Enable*/
5.  __HAL_RCC_GPIOC_CLK_ENABLE( );
6.  __HAL_RCC_GPIOA_CLK_ENABLE( );
7.  /*Configure GPIO pin Output Level*/
8.  HAL_GPIO_WritePin(LED_GPIO_Port,LED_Pin,GPIO_PIN_RESET);
9.  /*Configure GPIO pin:PtPin*/
10. GPIO_InitStruct.Pin=LED_Pin;
11. GPIO_InitStruct.Mode=GPIO_MODE_OUTPUT_PP;
12. GPIO_InitStruct.Pull=GPIO_NOPULL;
13. GPIO_InitStruct.Speed=GPIO_SPEED_FREQ_LOW;
14. HAL_GPIO_Init(LED_GPIO_Port,&GPIO_InitStruct);
15. }
```

四、LED 流水灯电路设计

LED 流水灯电路如图 1-3-1 所示。4 个 LED 灯的阳极分别连接 1kΩ 电阻（该电阻的取值范围为几百欧到几千欧）的一端，电阻另外一端连接到 3.3V 电源上。当 PC6~PC9 为高电平时，对应的发光二极管截止，LED 灯不发光；当 PC6~PC9 为低电平时，对应的发光二极管导通，LED 灯发光。所以只要控制 PC6~PC9 的电平变化时序，就可以实现 LED 流水灯效果。

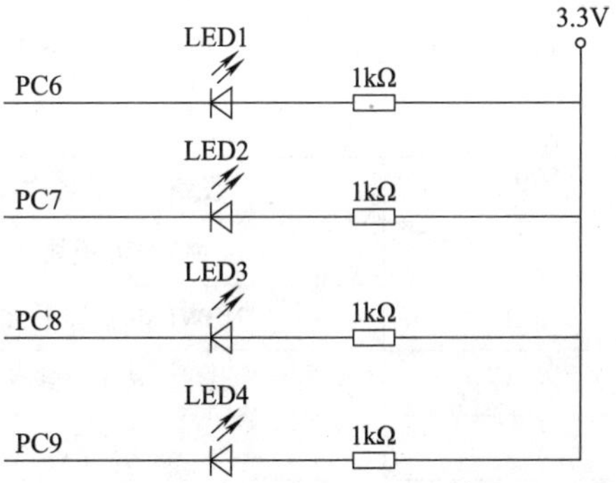

图 1-3-1 LED 流水灯电路

五、GPIO 引脚定义

在 "stm32f1xx_hal_gpio.h" 文件中给出了引脚的写法，定义如下：

```
1.  #define GPIO_PIN_0      ((uint16_t)0x0001)/*Pin 0 selected*/
2.  #define GPIO_PIN_1      ((uint16_t)0x0002)/*Pin 1 selected*/
3.  #define GPIO_PIN_2      ((uint16_t)0x0004)/*Pin 2 selected*/
4.  #define GPIO_PIN_3      ((uint16_t)0x0008)/*Pin 3 selected*/
5.  #define GPIO_PIN_4      ((uint16_t)0x0010)/*Pin 4 selected*/
6.  #define GPIO_PIN_5      ((uint16_t)0x0020)/*Pin 5 selected*/
7.  #define GPIO_PIN_6      ((uint16_t)0x0040)/*Pin 6 selected*/
8.  #define GPIO_PIN_7      ((uint16_t)0x0080)/*Pin 7 selected*/
9.  #define GPIO_PIN_8      ((uint16_t)0x0100)/*Pin 8 selected*/
10. #define GPIO_PIN_9      ((uint16_t)0x0200)/*Pin 9 selected*/
11. #define GPIO_PIN_10     ((uint16_t)0x0400)/*Pin 10 selected*/
12. #define GPIO_PIN_11     ((uint16_t)0x0800)/*Pin 11 selected*/
13. #define GPIO_PIN_12     ((uint16_t)0x1000)/*Pin 12 selected*/
14. #define GPIO_PIN_13     ((uint16_t)0x2000)/*Pin 13 selected*/
15. #define GPIO_PIN_14     ((uint16_t)0x4000)/*Pin 14 selected*/
16. #define GPIO_PIN_15     ((uint16_t)0x8000)/*Pin 15 selected*/
17. #define GPIO_PIN_All    ((uint16_t)0xFFFF)/*All pins selected*/
```

GPIO_PIN_6~GPIO_PIN9 可通过左移得到。

STM32CubeMX 软件在 main.h 中生成了 LED1~LED4 引脚的宏定义，定义如下：

```
1.  #define LED1_Pin GPIO_PIN_6
2.  #define LED1_GPIO_Port GPIOC
3.  #define LED2_Pin GPIO_PIN_7
4.  #define LED2_GPIO_Port GPIOC
5.  #define LED3_Pin GPIO_PIN_8
6.  #define LED3_GPIO_Port GPIOC
7.  #define LED4_Pin GPIO_PIN_9
8.  #define LED4_GPIO_Port GPIOC
```

所以 LED1~LED4 引脚可以用 LEDx_Pin（x：1~4）来表示，端口可以用 LEDx_GPIO_Port（x：1~4）来表示。

任务实施

任务实施前必须准备好表 1-3-8 所列设备和资源。

表 1-3-8　设备清单表

序号	设备 / 资源名称	数量	是否准备到位（√）
1	M3 核心模块	1	
2	NEWLab 实训平台	1	
3	USB 转串口线	1	
4	1kΩ 电阻	4	
5	LED	4	
6	杜邦线	5	

要完成本任务，可以将实施步骤分成以下 6 步：

- 搭建 LED 电路。
- 建立工程并生成初始代码。
- 完善代码实现功能。
- 编译程序，生成 HEX 文件。
- 烧写程序到 M3 核心模块。
- 观察效果。

具体实施步骤如下：

1. 搭建 LED 电路

把 M3 核心模块正确放置到 NEWLab 实训平台，按照图 1-3-1 在 NEWLab 实训平台的面包板上搭建 LED 流水灯电路，为测试电路是否搭建成功，可以先把 LED 灯阴极先连接到 GND，打开 NEWLab 实训平台电源，如果 LED 灯点亮，说明电路正确，再使用杜邦线将其连接到 PC6~PC9。搭建好的电路如图 1-3-2 所示。

2. 建立工程并生成初始代码

（1）建立工程存放的文件夹

在 D 盘文件夹"STM32_WorkSpace"下新建文件夹"task1-3"用于保存本任务工程。

（2）新建 STM32CubeMX 工程

参考任务 1 相关内容。

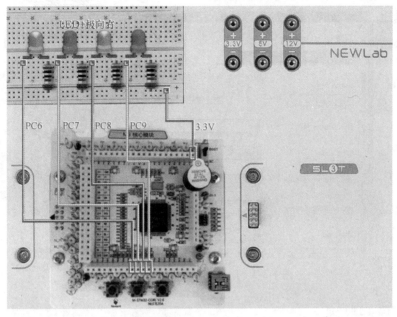

图 1-3-2　电路接线图

（3）配置调试端口

参考任务 1 相关内容。

（4）配置 MCU 时钟树

参考任务 1 相关内容，将 HCLK 配置为 72MHz，PCLK1 配置为 36MHz，PCLK2 配置为 72MHz。

（5）配置 LED 灯相关的 GPIO 功能

本任务的 4 个 LED 灯分别与 MCU 的 PC6~PC9 相连。在 STM32CubeMX 工具的配置主界面，分别用鼠标左键单击 MCU 的"PC6~PC9"引脚，选择功能"GPIO_Output"，如图 1-3-3 标号①所示。

GPIO 功能的其他配置说明如下：

标号②：MCU 输出低电平时 LED 灯亮，因此将 GPIO 默认的输出电平配置为"High"（高电平）。

标号③：GPIO 模式配置为"Output Push Pull"（输出推挽功能）。

标号④：GPIO 上拉下拉功能配置为"No pull-up and no pull-down"（无上拉下拉）。

标号⑤：GPIO 最大输出速度配置为"High"（高速）。

标号⑥：用户标签分别配置成"LED1"~"LED4"。

（6）保存工程并生成初始化代码

参照任务 1 相关内容，选择"File"→"Save Project"菜单命令，然后定位到工程要保存的文件夹，这里使用的是"D:\STM32_WorkSpace\task1-3"，单击"保存"按钮保存 STM32CubeMX 工程。切换到"Project Manager"标签页，参照任务 1 相关内容进行"C 代码生成"与"Project"和"Code Generator"的配置。单击"GENERATE CODE"按钮，即可生成相应的 C 代码工程。

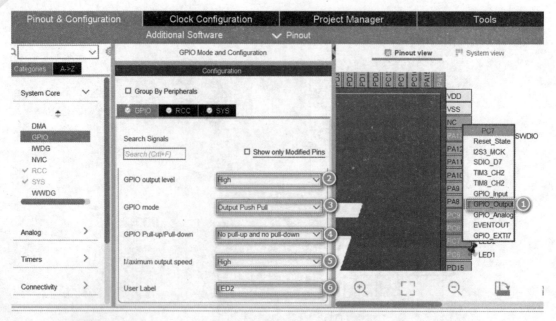

图 1-3-3　LED 灯相关的 GPIO 配置

3. 完善代码实现功能

（1）在 main.c 中定义公共变量 num

```
1.  /*USER CODE BEGIN PV*/
2.    uint16_t num=0x0040;
3.  /*USER CODE END PV*/
```

（2）编写 main( ) 函数的主循环程序

```
1.  /*USER CODE BEGIN WHILE*/
2.  while(1)
3.  {
4.      HAL_GPIO_WritePin(GPIOC,LED1_Pin|LED2_Pin|LED3_Pin|LED4_Pin,GPIO_
        PIN_SET);
5.      HAL_GPIO_WritePin(GPIOC,num,GPIO_PIN_RESET);
6.      HAL_Delay(1000);
7.        num=num<<1;
8.        if(num==0x400)
9.        num=0x0040;
10. /*USER CODE END WHILE*/
```

4. 编译程序，生成 HEX 文件

参考任务 2 相关内容对工程进行配置，确保编译通过，生成 HEX 文件。

5. 烧写程序到 M3 核心模块

参考任务 2 相关内容，使用 FlashLoader Demonstrator 工具将 HEX 文件烧写到 M3 核心模块。

6. 观察效果

将 JP1 拨到 "NC"，按下复位键，观察 LED 流水灯状态，按前面增加的代码，效果为 LED1 亮 1s 后熄灭，LED2 亮 1s 后熄灭，LED3 亮 1s 后熄灭，LED4 亮 1s 后熄灭，LED1

亮 1s 后熄灭，如此不断循环。如果不正确，则检查电路和程序，直至效果正确。

任务检查与评价

完成任务实施后，进行任务检查与评价，任务检查与评价表存放在书籍配套资源中。

任务小结

通过开发环境的搭建，读者可了解 STM32 微控制器的基础知识和软件开发模式，并掌握 STM32 开发环境的搭建能力（见图 1-3-4）。

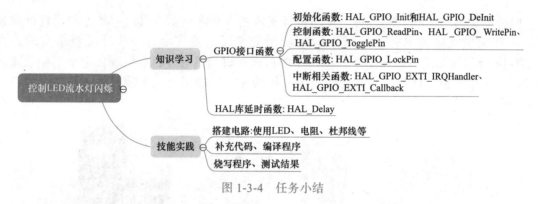

图 1-3-4　任务小结

任务拓展

增加 LED 的数量为 8 个，控制 8 个 LED 灯每隔 0.5s 闪烁 1 次，即 LED1 亮 0.5s 后熄灭，LED2 亮 0.5s 后熄灭，直至 LED8 点亮 0.5s 后熄灭，如此不断循环。

带夜视效果的电子门铃

引导案例

门铃英文为"Doorbell"，可以发出声音提醒主人有客到访。目前市场上的门铃种类繁多，既有功能比较简单的，如图 2-1-1a 所示的普通门铃；也有一些功能较丰富的，如图 2-1-1b 所示的无线门铃和图 2-1-1c 所示的可视对讲门铃等。目前可视化电子门铃系统已经发展成为集提醒、防盗、可视等功能为一体的完整智能系统。本项目将制作一个带夜视效果的电子门铃。

a) 普通门铃   b) 无线门铃   c) 可视对讲门铃

图 2-1-1   生活中常见的门铃

任务 1　按键轮询控制蜂鸣器发声

职业能力目标

- 能根据功能需求，正确添加代码，使用 STM32 实现按键检测。
- 能根据功能需求，正确添加代码，使用 GPIO 驱动蜂鸣器发声。

任务描述与要求

任务描述：制作一个电子门铃，按下按键门铃发声，按键抬起门铃停止。
任务要求：
- 正确使用轮询方式检测按键。
- 正确进行按键消抖。
- 使用方波驱动蜂鸣器发声。

任务分析与计划

根据所学相关知识，制订完成本任务的实施计划，见表 2-1-1。

表 2-1-1　任务计划表

项目名称	带夜视效果的电子门铃
任务名称	按键轮询控制蜂鸣器发声
计划方式	自我设计
计划要求	请用 7 个计划步骤完整描述如何完成本任务
序号	任务计划
1	
2	
3	
4	
5	
6	
7	

知识储备

一、STM32 的 GPIO 端口的数据输入功能

1. GPIO 端口位的数据输入通道

在项目 1 任务 2 中已经学过 STM32 的 I/O 引脚有 4 个功能，分别是输入、输出、复用和模拟信号输入 / 输出，其中，输出功能已经介绍过了，这里来介绍它的输入功能。

如图 2-1-2 所示，阴影部分为 STM32 的 GPIO 端口位的数据输入通道框图。由图可见，GPIO 端口的数据输入通道由一对保护二极管、受控制的上 / 下拉电阻、一个施密特触发器和输入数据寄存器构成。端口的输入数据被保存于输入数据寄存器中，处理器读取该寄存器某位的值即可得到对应的引脚的外部状态。

举例来说，假设 I/O 引脚为 PC13，当这个引脚为输入时，PC13 的状态就被置于 GPIOC 输入寄存器的 bit13 中，要读取 PC13 的状态，实际上就是读取 GPIOC 输入寄存器的 bit13 的值。如果 GPIOC 输入寄存器的 bit13 为 0，则说明 PC13 的状态是低电平；如果 bit13 为 1，则说明 PC13 是高电平。而读取 I/O 的状态可以采用下面的语句实现：

GPIO_PinState HAL_GPIO_ReadPin（GPIO_TypeDef　*GPIOx，uint16_t　GPIO_Pin）

● GPIOx 是引脚端口号，取值范围是 GPIOA~GPIOG。

● GPIO_Pin 是引脚号，取值范围是 GPIO_PIN_0~GPIO_PIN_15。

● GPIO_PinState：表示引脚电平状态的枚举类型变量，取值为：

① GPIO_PIN_SET：表示读到高电平。

② GPIO_PIN_RESET：表示读到低电平。

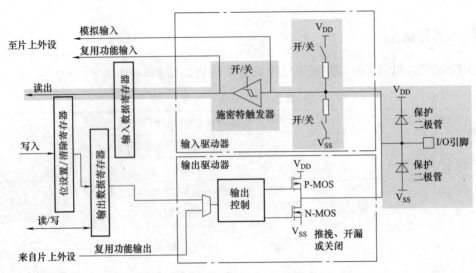

图 2-1-2　GPIO 端口位的数据输入通道框图

2. GPIO 端口位的输入配置及上 / 下拉电阻使能

在使用 I/O 端口的输入功能时要先配置 I/O 端口为输入，然后再配置使用上拉电阻还是下拉电阻。接下来讨论何时采用上拉电阻和何时采用下拉电阻。

下面以图 2-1-3 为例介绍上下拉电阻如何使用。在图 2-1-3 中，虚线左边是处理器外部电路，虚线右边是处理器内部的上 / 下拉控制电路，当 S_1 闭合时为上拉使能，当 S_2 闭合时为下拉使能。

由图 2-1-3 可见，当 KEY 被按下时，由于引脚与地端相连，所以 CPU 将会读到 0，但如果 KEY 没有被按下，而 S_1 和 S_2 又未闭合的话，CPU 既没有跟高电平连接、又没有跟低电平连接，此时它读到的将是一个不确定的值，所以这种电路区分不出按键被按下与弹起的状态，不适合用于判断按键状态；但如果 S_1 是闭合的，也就是上拉有效，这时 CPU 与 V_{CC} 相连，读到的将是高电平 1，由于这种电路可以区别出按键被按下与弹起的状态，所以可以用于判断按键状态；反过来，如果闭合的不是 S_1 而是 S_2，也就是下拉有效，当 KEY 弹起时，由于 CPU 与地端相连，所以读到的将是低电平 0，这意味着无论 KEY 按下与否，CPU 读到的都是低电平 0，很明显这种情况不能用于判断按键状态；如果 S_1 和 S_2 都闭合，则 CPU 读到的是 R_2 的分压值，该值不一定是高电平，所以这种情况也不适合用于判断按键状态。所以，在判断按键是否闭合时，如果按键一端接低电平，而外部电路又没有上拉电阻，此时应该使能对应位的上拉电阻，否则电路区分不出按键被按下与弹起的状态。与之相反，如果电路连接如图 2-1-4 所示，按键的一端接高电平，且外部没有上拉电阻，则此时应该使能内部下拉。

二、按键状态的判断

按键机械触点断开、闭合时，由于触点的弹性作用，按键开关不会马上稳定接通或突然断开，使用按键时会产生带波纹信号。

假设按键电路如图 2-1-5 所示，按键一端接地，另一端接处理器的 PC13 引脚，同时这一端接一个上拉电阻。当电路中的按键被按下时，PC13 端电信号变化过程如图 2-1-6 所示。由图 2-1-6 可见，按键没有被按下时，PC13 端通过上拉电阻与高电平相连，此时 PC13 端为高电平；当按键被按下时，按键所在电路的电平先抖动、然后趋于稳定，稳定时为低电平，弹起时也会有抖动然后才稳定。不同的机械键盘这两个抖动持续时间不同，一般为5~20ms，所以在识别按键被按下时一定要消除按下和弹起的两个抖动，而且要防止重复判断。消抖既可以采用硬件处理，也可以使用软件进行处理。如果采用软件消抖，可以检测按键是否为低电平，如果为低电平，先延时 10ms，然后再判断按键状态，如果仍然为低电平，则说明按键真的被按下了，按键抬起时采用同样的处理办法。

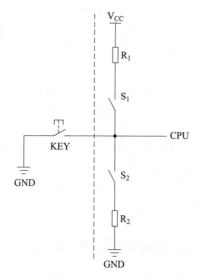

图 2-1-3　KEY 接低电平电路

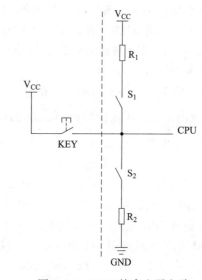

图 2-1-4　KEY 接高电平电路

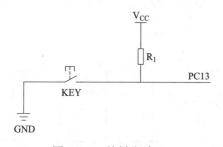

图 2-1-5　按键电路

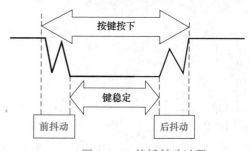

图 2-1-6　按键抖动过程

三、蜂鸣器电路

蜂鸣器按结构不同分为压电式蜂鸣器和电磁式蜂鸣器。压电式蜂鸣器为压电陶瓷片发音，电流比较小一些；电磁式蜂鸣器为线圈通电振动发音，体积比较小。

按照驱动方式不同，蜂鸣器分为有源蜂鸣器和无源蜂鸣器。这里的"有源"和"无源"不是指电源，而是指振荡源。有源蜂鸣器内部自带振荡源，如图 2-1-7 所示，给PA8_BUZZ 引脚一个高电平，蜂鸣器就会直接发声。而无源蜂鸣器内部不带振荡源，要

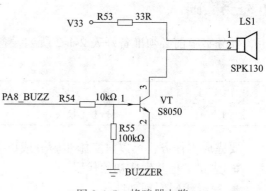

图 2-1-7　蜂鸣器电路

使其发声必须给 500Hz~4.5kHz 脉冲频率信号驱动。有源蜂鸣器往往比无源蜂鸣器贵一些，因为多了振荡电路，驱动发音也简单，靠电平就可以驱动；无源蜂鸣器价格比较便宜，此外无源蜂鸣器声音频率可以控制，而音阶与频率又有确定的对应关系，因此可以做出"do re mi fa sol la si"的效果，可以制作出简单的音乐曲目，比如生日歌《两只老虎》等。

四、按键轮询控制蜂鸣器发声代码分析

本任务要使用 1 个按键控制蜂鸣器的状态，所以需要完成按键的检测和蜂鸣器的控制。按键的检测采用轮询的方式，即在主程序里不断查询按键状态，如果按键按下，则给蜂鸣器方波信号，控制蜂鸣器鸣叫；如果按键抬起，控制蜂鸣器停止鸣叫。本任务方波信号的频率设置为 500Hz。

按键电路如图 2-1-8 所示，按键连接在 PC13 引脚上，则检测按键状态使用的语句是：

```
HAL_GPIO_ReadPin(GPIOC,GPIO_PIN_13);
```

如图 2-1-8 所示，M3 核心模块上的按键电路带硬件消抖功能，它利用电容充放电的延时，消除了波纹，从而简化软件的处理，软件只需要直接检测引脚的电平即可。按键在没有被按下时，PC13 引脚的输入状态为高电平（按键所在的电路不通，引脚接 3.3V）；按键按下时，GPIO 引脚的输入状态为低电平（按键所在的电路导通，引脚接地）。只要判断读到的状态是否为低电平，即可判断按键是否被按下。

500kHz 的方波如图 2-1-9 所示，采用延时的方法，每隔 1ms 输出 I/O 口翻转一次。蜂鸣器电路如图 2-1-7 所示，所以使用的语句为：

```
HAL_GPIO_TogglePin(GPIOA,GPIO_Pin_8);
```

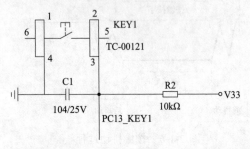

图 2-1-8　M3 核心模块上的按键电路

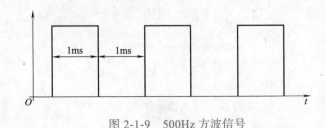

图 2-1-9　500Hz 方波信号

任务实施

任务实施前必须准备好表 2-1-2 所列设备和资源。

表 2-1-2　设备清单表

序号	设备 / 资源名称	数量	是否准备到位（√）
1	M3 核心模块	1	

要完成本任务，可以将实施步骤分成以下 5 步：

- 建立工程并生成初始代码。
- 完善代码实现功能。

- 编译程序，生成 HEX 文件。
- 烧写程序到 STM32F103VET6。
- 测试效果。

具体实施步骤如下：

1. 建立工程并生成初始代码

（1）建立工程存放的文件夹

在 D 盘文件夹 "STM32_WorkSpace" 下新建文件夹 "task2-1"，用于保存该任务的工程。

（2）新建 STM32CubeMX 工程

参考项目 1 任务 1 的相关内容，选择 MCU 型号为 "STM32F103VETx"。

（3）配置调试端口

参考项目 1 任务 1 的相关内容。

（4）配置 MCU 时钟树

参考项目 1 任务 1 的相关内容，将 HCLK 配置为 72MHz，PCLK1 配置为 36MHz，PCLK2 配置为 72MHz。

（5）配置按键相关的 GPIO 功能

本任务的 1 个按键连接 PC13，蜂鸣器连接 PA8。在 STM32CubeMX 工具的配置主界面，鼠标左键单击 MCU 的 "PC13" 引脚，选择功能 "GPIO_Input"，如图 2-1-10 标号①所示。由于外部电路已经连接上拉电阻，内部不需要上拉、下拉，如标号②所示。用户标号设为 KEY1，如标号③所示。

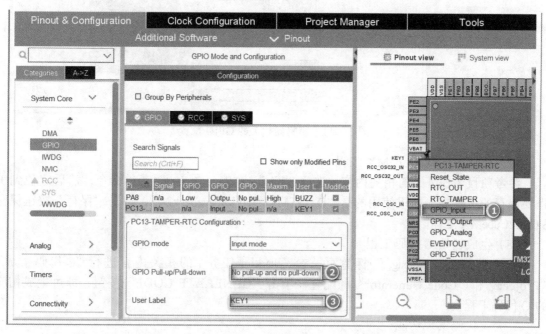

图 2-1-10　按键相关的 GPIO 配置

（6）配置蜂鸣器相关的 GPIO 功能

如图 2-1-11 所示。

- 标号①：鼠标左键单击 MCU 的 "PA8" 引脚，选择功能为 "GPIO_Output"。
- 标号②：MCU 输出低电平时蜂鸣器不鸣叫，因此将 GPIO 默认的输出电平配置为

"Low（低电平）"。

- 标号③：GPIO 模式配置为 "Output Push Pull（输出推挽功能）"。
- 标号④：GPIO 上拉下拉功能配置为 "No pull-up and no pull-down（无上拉下拉）"。
- 标号⑤：GPIO 最大输出速度配置为 "Low（低速）"。
- 标号⑥：用户标签分别配置成 "BUZZ"。

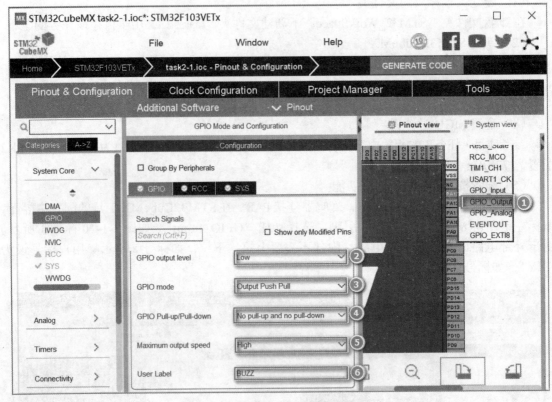

图 2-1-11　蜂鸣器相关的 GPIO 配置

（7）保存 STM32CubeMX 工程

参考项目 1 任务 1 的相关内容，选择 "File"→"Save Project" 菜单命令，然后定位到工程要保存的文件夹，这里使用的是 "D:\STM32_WorkSpace\task2-1"，单击 "保存" 按钮保存 STM32CubeMX 工程。

（8）生成初始 C 代码工程

切换到 "Project Manager" 标签页，参考项目 1 任务 1 的相关内容进行 "C 代码生成""Project" 和 "Code Generator" 的配置。单击 "GENERATE CODE" 按钮，即可生成相应的 C 代码工程。

2. 完善代码实现功能

在 main（）函数的 "USER CODE BEGIN WHILE" 和 "USER CODE END WHILE" 之间添加代码段。

```
1.  /*USER CODE BEGIN WHILE*/
2.  while(1)
3.  {
```

```
4.  if(HAL_GPIO_ReadPin(GPIOC,GPIO_PIN_13)==GPIO_PIN_RESET)
5.  {
6.    HAL_GPIO_TogglePin(GPIOA,GPIO_PIN_8);
7.  }
8.  else
9.  {
10.   HAL_GPIO_WritePin(GPIOA,GPIO_PIN_8,GPIO_PIN_RESET);
11. }
12. HAL_Delay(1);
13. /*USER CODE END WHILE*/
```

3. 编译程序，生成 HEX 文件

在编译程序之前需要对 C 代码工程进行一些配置。因为 NEWLab 实训平台采用串口 ISP 下载程序，因此需要生成 HEX 文件。单击图 2-1-12 中标号①所示图标，切换到 "Output" 选项卡（标号②处），确定标号③处勾选了 "Create HEX File"，标号④处为生成的 HEX 文件名称。

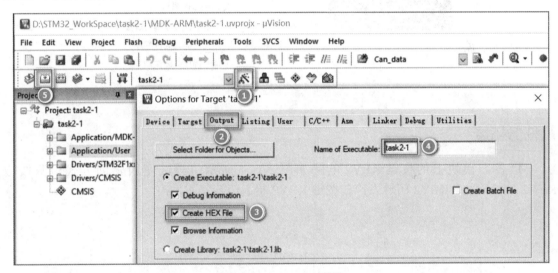

图 2-1-12　Output 配置

关闭 Options 对话框，单击标号⑤处的编译按钮进行编译，编译成功后，信息显示窗口会显示图 2-1-13 中标号①所示信息。如果编译未通过，应根据提示信息进行排错，直到编译通过。

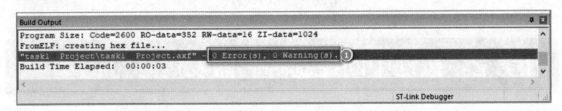

图 2-1-13　编译成功

4. 烧写程序到 STM32F103VET6

参考项目 1 任务 2 的相关内容，完成固件下载。

HEX 文件的路径为 "D:\STM32_WorkSpace\task2-1\MDK-ARM\task2-1\task2-1.hex"。

5. 测试效果

将 JP1 拨到"NC",按下复位键,蜂鸣器不鸣叫,按下按键 KEY1,蜂鸣器鸣叫,释放按键,蜂鸣器停止鸣叫。

任务检查与评价

完成任务实施后,进行任务检查与评价,任务检查与评价表存放在书籍配套资源中。

任务小结

通过开发环境的搭建,读者可了解 STM32 微控制器的基础知识和软件开发模式,并掌握 STM32 开发环境的搭建能力(见图 2-1-14)。

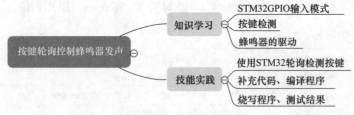

图 2-1-14　任务小结

任务拓展

M3 核心模块上的按键 KEY2 电路如图 2-1-15 所示,尝试使用轮询方式检测按键 KEY2,按下按键 KEY2 门铃发声,按键 KEY2 抬起门铃停止发声。

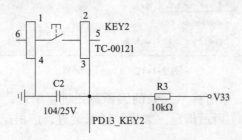

图 2-1-15　KEY2 电路

任务 2　按键中断控制蜂鸣器发声

职业能力目标

● 能根据功能需求,使用 STM32 外部中断,实现外部中断检测的能力。

任务描述与要求

任务描述：制作一个电子门铃，按下按键门铃发声，按键抬起门铃停止。
任务要求：
- 正确使用外部中断方式检测按键。
- 使用方波驱动蜂鸣器发声。

任务分析与计划

根据所学相关知识，制订完成本次任务的实施计划，见表 2-2-1。

表 2-2-1 任务计划表

项目名称	带夜视效果的电子门铃
任务名称	按键中断控制蜂鸣器发声
计划方式	自我设计
计划要求	请用 7 个计划步骤完整描述如何完成本任务
序号	任务计划
1	
2	
3	
4	
5	
6	
7	

知识储备

一、STM32 中断和异常

1. 中断概述

中断是处理器处理外部突发事件的重要手段。中断是指处理器在执行某一程序的过程中，由于处理器系统内外的某种原因，而必须终止原程序的执行，转去执行相应的处理程序，待处理结束后，再回来继续执行被终止原程序的过程。有关中断的几个概念如下：

（1）中断响应

当某个中断来临时，会将相应的中断标志位置位。当 CPU 查询到置位的中断标志位时，将响应此中断，并执行相应的中断服务函数。

（2）中断优先级

每个中断都具有优先级，一般优先级编号较小者拥有较高优先级。

（3）中断嵌套

当某个较低优先级的中断服务正在执行时，另一个优先级较高的中断来临，则当前优先级较低的中断将被打断，CPU 转而执行较高优先级的中断服务。

（4）中断挂起

当某个较低优先级的中断服务正在执行时，另一个优先级较低的中断来临，则因为优先级的关系，较低优先级无法立即获得响应，则进入挂起状态。

2. STM32 中断概述

STM32F103 在内核水平上搭载了一个异常响应系统，支持很多系统异常和外部中断。其中系统异常有 8 个（如果把 Reset 和 HardFault 也算上，则有 10 个），外部中断有 60 个。除了个别异常的优先级无法更改外，其他异常的优先级都是可编程的。有关具体的系统异常和外部中断可在 HAL 库文件 stm32f103xe.h 头文件查询到，在 IRQn_Type 结构体里包含了 F103 系列的全部异常声明。表 2-2-2 列出了系统异常清单，表 2-2-3 列出了 0~16 号外部中断清单，17~59 号请参考 STM32F10× 参考手册。

表 2-2-2　STM32F10× 系统异常清单

位置	优先级	优先级类型	名称	说明	地址
—	—	—	—	保留	0x0000_0000
	−3	固定	Reset	复位	0x0000_0004
	−2	固定	NMI	不可屏蔽中断 RCC 时钟安全系统（CSS）连接到 NMI 向量	0x0000_0008
	−1	固定	硬件失效 （HardFault）	所有类型的失效	0x0000_000C
	0	可设置	存储管理 （MemManage）	存储器管理	0x0000_0010
	1	可设置	总线错误 （BusFault）	预取指失败，存储器访问失败	0x0000_0014
	2	可设置	错误应用 （UsageFault）	未定义的指令或非法状态	0x0000_0018
	—	—		保留	0x0000_001C ~0x0000_002B
	3	可设置	SVCall	通过 SWI 指令的系统服务调用	0x0000_002C
	4	可设置	调试监控 （DebugMonitor）	调试监控器	0x0000_0030
				保留	0x0000_0034
	5	可设置	PendSV	可挂起的系统服务	0x0000_0038
	6	可设置	SysTick	系统嘀嗒定时器	0x0000_003C

3. NVIC 简介

NVIC 英文全称是 Nested Vectored Interrupt Controller，其中文含义是嵌套向量中断控制器，它属于 M3 内核的一个外设，控制着芯片的中断相关功能。

在 NVIC 中有一个 8 位中断优先级寄存器 NVIC IPR，理论上可以配置 0~255 共 256 级中断。STM32 只使用了其中的高 4 位，并分成抢占优先级和子优先级两组中断优先级寄存器，用来配置外部中断的优先级。

表 2-2-3　STM32F10x 外部中断部分清单

位置	优先级	优先级类型	名称	说明	地址
0	7	可设置	WWDG	窗口定时器中断	0x0000_0040
1	8	可设置	PVD	连到 EXTI 的电源电压检测（PVD）中断	0x0000_0044
2	9	可设置	TAMPER	侵入检测中断	0x0000_0048
3	10	可设置	RTC	实时时钟（RTC）全局中断	0x0000_004C
4	11	可设置	FLASH	闪存全局中断	0x0000_0050
5	12	可设置	RCC	复位和时钟控制（RCC）中断	0x0000_0054
6	13	可设置	EXTI0	EXTI 线 0 中断	0x0000_0058
7	14	可设置	EXTI1	EXTI 线 1 中断	0x0000_005C
8	15	可设置	EXTI2	EXTI 线 2 中断	0x0000_0060
9	16	可设置	EXTI3	EXTI 线 3 中断	0x0000_0064
10	17	可设置	EXTI4	EXTI 线 4 中断	0x0000_0068
11	18	可设置	DMA1 通道 1	DMA1 通道 1 全局中断	0x0000_006C
12	19	可设置	DMA1 通道 2	DMA1 通道 2 全局中断	0x0000_0070
13	20	可设置	DMA1 通道 3	DMA1 通道 3 全局中断	0x0000_0074
14	21	可设置	DMA1 通道 4	DMA1 通道 4 全局中断	0x0000_0078
15	22	可设置	DMA1 通道 5	DMA1 通道 5 全局中断	0x0000_007C
16	23	可设置	DMA1 通道 6	DMA1 通道 6 全局中断	0x0000_0080

多个中断同时提出中断申请时，先比较抢占优先级，抢占优先级高的中断先执行；如果抢占优先级相同，则比较子优先级，子优先级高的中断先执行。两者都相同时，比较中断编号。编号越小，优先级越高。

STM32 支持 16 级优先级，使用 4 位表示，分组方式如下：
- 第 0 组：所有 4 位用于指定子优先级。
- 第 1 组：最高 1 位用于指定抢占优先级，最低 3 位用于指定子优先级。
- 第 2 组：最高 2 位用于指定抢占优先级，最低 2 位用于指定子优先级。
- 第 3 组：最高 3 位用于指定抢占优先级，最低 1 位用于指定子优先级。
- 第 4 组：所有 4 位用于指定抢占优先级。

STM32CubeMX 在初始化时默认优先级分组为第 4 组，如图 2-2-1 中标号②所示，即有 0~15 共 16 级抢占优先级，没有子优先级。编号越小的优先级越高：0 号为最高，15 号为最低。标号③处是抢占优先级，标号④处是子优先级。可根据需要修改优先级组、抢占优先级和子优先级。

二、STM32 外部中断 / 事件控制器

对于互联型产品，外部中断 / 事件控制器由 20 个产生事件 / 中断请求的边沿检测器组成，对于其他产品，则有 19 个能产生事件 / 中断请求的边沿检测器。每个输入线可以独立地配置输入类型（脉冲或挂起）和对应的触发事件（上升沿、下降沿或者双边沿都触发）。

每个输入线都可以独立地被屏蔽。挂起寄存器保持着状态线的中断请求。

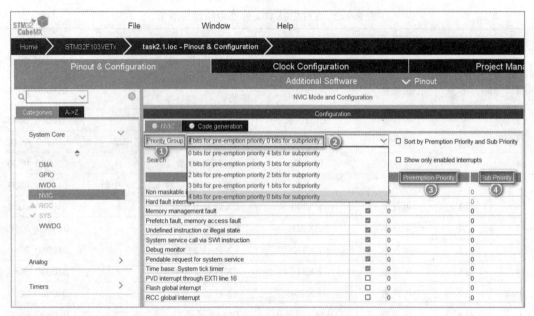

图 2-2-1　NVIC 中断优先级设置

STM32 的每个 I/O 口都可以作为外部中断的中断输入口。普通 I/O 口作为中断使用时需要指定中断线，即 EXTI 接口。STM32F103 的中断控制器支持 19 个外部中断 / 事件请求，EXTI0~EXTI15 用于 GPIO，通过编程控制可以实现任意一个 GPIO 作为 EXTI 的输入源；EXTI16 用于 PVD 输出；EXTI17 用于 RTC 闹钟事件；EXTI 18 用于 USB 唤醒事件；EXTI19 用于以太网唤醒事件（只适用于互联型产品）。

中断线与 GPIO 的映射关系如图 2-2-2 所示。尾号相同的引脚一组，接入 1 个外部中断线，同组引脚只能有一个设置为外部中断功能。EXTI0~EXTI4 分别具有独立的中断通道，EXTI5~EXTI9 共享同一个中断通道，EXTI10~EXTI15 共享同一个中断通道。

图 2-2-2　中断线与 GPIO 的映射关系

三、HAL 库对中断的封装处理

HAL 库统一规定处理各外设的中断服务程序的名称为 HAL_PPP_IRQHandler，其中 PPP 代表外设的名称。在中断服务程序 HAL_PPP_IRQHandler 中完成中断标志的判断和清除，用户不需要手动清除，并将中断中需要执行的操作以回调函数的形式提供给用户使用，用户只需要编写回调函数。

由 STM32CubeMX 生成的 MDK 工程中与中断相关的编程文件主要有两个：

1）启动文件 startup stm32fxxx.s，该文件存放在 Application/MDK-ARM 组中。在该文件中初始化中断向量表，图 2-2-3 中标号②和标号③所示为外部中断线 0 的中断服务程序入口地址和外部中断线 5~9 共用的中断服务程序入口地址。

2）中断服务程序文件 stm32fxxx it.c，该文件存放在 User 组中，用于存放各中断的中断服务程序；在使用 STM32CubeMX 软件进行初始化配置时，如果使能了某一个外设的中断功能，那么在生成代码时，相应的外设中断服务程序 HAL_PPP_IRQHandler 就会自动添加到该文件中，用户只需要在该函数中添加相应的中断处理代码即可。

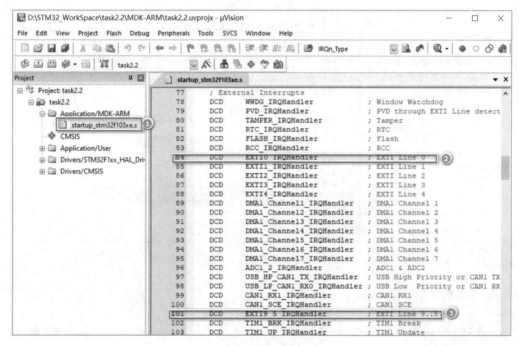

图 2-2-3　启动文件中断向量表

四、STM32 外部中断处理流程

STM32 外部中断处理流程可以分为以下四步：

（1）中断跳转

跳转到该中断相应的中断服务程序。

（2）执行中断服务程序

执行在 stm32f1xx_it.c 中对应的中断服务程序。

（3）外部中断通用处理函数

中断服务程序会调用外部中断通用处理函数，判断中断标志位并清除，调用外部中断回调函数。

（4）执行用户编写的回调函数

完成具体的中断任务处理。

例如使能 PC13 引脚的外部中断以后，如发生中断会跳转到对应的中断服务程序，中断服务程序名为 EXTI15_10_IRQHandler，为外部中断线 10~15 的共用中断服务程序。该程序在图 2-2-4 中标号①所示的 stm32f1xx_it.c 文件中，如标号②所示。在中断服务程序里调用外部中断通用处理函数 HAL_GPIO_EXTI_IRQHandler，如标号③所示。外部中断通用处理函数是所有外部中断服务程序共用的处理函数。HAL_GPIO_EXTI_IRQHandler 的定义在图 2-2-5 中标号①处的 stm32f1xx_hal_gpio.c 文件中，如标号②所示。在函数内部首先检测中断标志位，如果中断标志位置位，则清除中断标志位，然后调用回调函数，完成具体的中断处理任务。

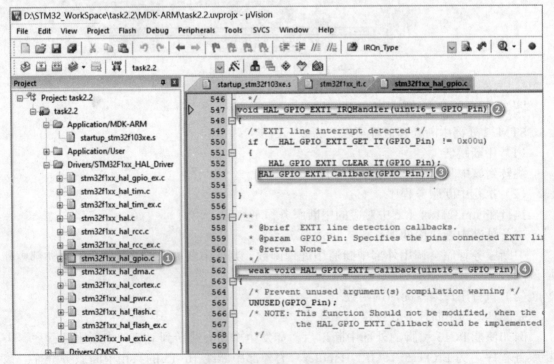

图 2-2-4　中断服务程序

图 2-2-5　外部中断通用处理函数

STM32CubeMX 自动生成的回调函数的属性定义为"weak"，如标号④处所示。weak 属性的函数表示如果该函数没有在其他文件中定义，则使用该函数；如果用户定义了该函数，则使用用户定义的函数。所以用户的任务是编写回调函数。

任务实施

任务实施前必须准备好表 2-2-4 所列设备和资源。

表 2-2-4　设备清单表

序号	设备 / 资源名称	数量	是否准备到位（√）
1	M3 核心模块	1	

要完成本任务，可以将实施步骤分成以下 5 步：
- 建立工程并生成初始代码。
- 完善代码实现功能。
- 编译程序，生成 HEX 文件。
- 烧写程序到 STM32F103VET6。
- 测试效果。

具体实施步骤如下：

1. 建立工程并生成初始代码

（1）建立工程存放的文件夹

在 D 盘文件夹"STM32_WorkSpace"下新建文件夹"task2-2"，用于保存本任务工程。

（2）新建 STM32CubeMX 工程

参考项目 1 任务 1 的相关内容，选择 MCU 型号为 STM32F103VETx。

（3）配置调试端口

参考项目 1 任务 1 的相关内容。

（4）配置 MCU 时钟树

参考项目 1 任务 1 的相关内容，将 HCLK 配置为 72MHz，PCLK1 配置为 36MHz，PCLK2 配置为 72MHz。

（5）配置按键相关的 GPIO 功能

本任务的 1 个按键连接 PC13，蜂鸣器连接 PA8。在 STM32CubeMX 工具的配置主界面，鼠标左键单击 MCU 的"PC13"引脚，选择功能"GPIO_EXTI13"，如图 2-2-6 标号①所示。设置外部中断触发方式为上升沿和下降沿，如标号②所示。由于外部电路已经连接上拉电阻，内部不需要上拉、下拉，如标号③所示。用户标号设为 KEY1，如标号④所示。

单击图 2-2-7 标号①处的 NVIC，勾选标号②处，使能外部中断线。抢占优先级和子优先级按默认设置。

（6）配置蜂鸣器相关的 GPIO 功能

参考项目 2 任务 1 的相关内容。

（7）保存 STM32CubeMX 工程

参考项目 1 任务 1 的相关内容。

按键中断控制蜂鸣器发声（代码完善及分析）

（8）生成初始代码

参考项目 1 任务 1 的相关内容，正确设置后单击 "GENERATE CODE" 按钮，即可生成相应的初始 C 代码工程。

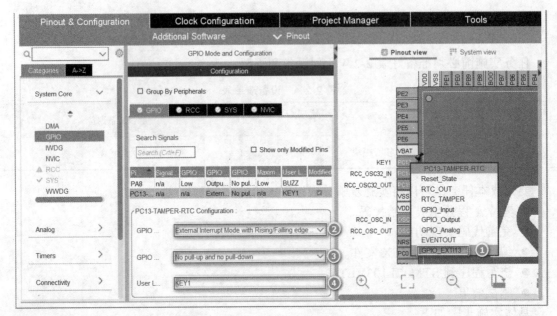

图 2-2-6　按键相关的 GPIO 配置

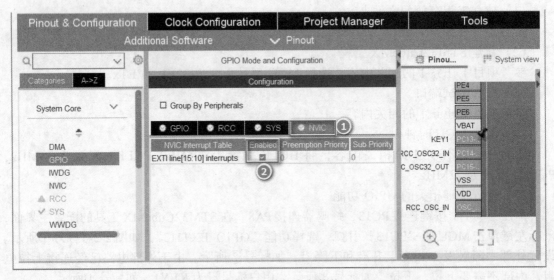

图 2-2-7　外部中断使能

2. 完善代码实现功能

（1）定义按键状态变量

在 main.c 中添加按键状态变量定义：

```
1.  /*USER CODE BEGIN PV*/
2.  uint8_t KeyDown_Flag=0;// 按键的状态,0 按键抬起,1 按键按下
3.  /*USER CODE END PV*/
```

（2）编写回调函数

```
1.  /*USER CODE BEGIN 4*/
2.  void HAL_GPIO_EXTI_Callback(uint16_t GPIO_Pin)
3.  {
4.     if(GPIO_Pin==KEY1_Pin)
5.     {
6.        if(KeyDown_Flag==0)
7.        {
8.           KeyDown_Flag=1;
9.        }
10.        else
11.       {
12.          KeyDown_Flag=0;
13.       }
14.    }
15. }
16. /*USER CODE END 4*/
```

（3）编写主循环程序

```
1.  /*USER CODE BEGIN WHILE*/
2.  while(1)
3.  {
4.  if(KeyDown_Flag==1)
5.  {
6.     HAL_GPIO_TogglePin(BUZZ_GPIO_Port,BUZZ_Pin);
7.  }
8.  else
9.  {
10.     HAL_GPIO_WritePin(BUZZ_GPIO_Port,BUZZ_Pin,GPIO_PIN_SET);
11. }
12. HAL_Delay(1);
13.  /*USER CODE END WHILE*/
```

3. 编译程序，生成 HEX 文件

参考项目 1 任务 2 的编译程序部分，完成项目配置，并根据提示信息进行相应的排错，直到编译通过，生成 HEX 文件。

4. 烧写程序到 STM32F103VET6

参考项目 1 任务 2 "烧写程序到 M3 核心模块"部分内容，完成程序的下载。

5. 测试效果

将 JP1 拨到 "NC"，按下复位键，蜂鸣器不鸣叫；按下按键 KEY1，蜂鸣器鸣叫；释放按键，蜂鸣器停止鸣叫。

任务检查与评价

完成任务实施后，进行任务检查与评价，任务检查与评价表存放在书籍配套资源中。

任务小结

通过开发环境的搭建，读者可了解 STM32 微控制器的基础知识和软件开发模式，并掌握 STM32 开发环境的搭建能力（见图 2-2-8）。

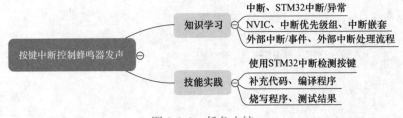

图 2-2-8　任务小结

任务拓展

M3 核心模块上的按键 KEY2 电路如图 2-2-9 所示，尝试使用中断方式检测按键 KEY2。要求：按下按键 KEY2 门铃发声，按键 KEY2 抬起门铃停止。

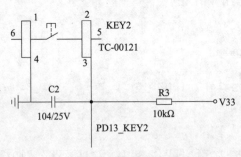

图 2-2-9　KEY2 电路

任务 3　实现电子门铃夜视效果

职业能力目标

能根据功能需求，使用延时方法输出 PWM 信号。

任务描述与要求

任务描述：制作一个电子门铃，按下按键门铃发声并且有呼吸灯的效果，按键抬起门铃停止并且呼吸灯也停止。

任务要求：

正确使用延时方式实现呼吸灯，LED 灯的显示效果为逐渐变亮然后逐渐变暗，依此循环。

任务分析与计划

根据所学相关知识，制订完成本任务的实施计划，见表 2-3-1。

表 2-3-1　任务计划表

项目名称	带夜视效果的电子门铃
任务名称	实现电子门铃夜视效果
计划方式	自我设计
计划要求	请用 8 个计划步骤完整描述如何完成本任务
序号	任务计划
1	
2	
3	
4	
5	
6	
7	
8	

知识储备

一、PWM 概念

PWM（Pulse Width Modulation）即脉冲宽度调制，是一种对模拟信号电平进行数字编码的技术，广泛应用于电机控制、灯光亮度调节、功率控制等领域。

下面是 PWM 的几个相关概念。

周期（Period）：一个完整 PWM 波形所持续的时间。

占空比（Duty）：输出的 PWM 波形中，一个周期内高电平保持的时间（T_{on}）与周期之比，通常用百分比来表示。占空比的计算公式为

$$Duty= \frac{T_{on}}{Period} \times 100\%$$

例如，某 PWM 信号的频率是 1000Hz，那么它的周期就是 1ms，即 1000μs，如果一个周期内高电平出现的时间是 200μs，那么占空比就是 20%。

二、PWM 信号的电压调节原理

处理器只能输出 0 或 3.3V 的数字电压值而不能输出模拟电压，如果想获得一个模拟电压值（介于 0~3.3V 的电压值），则需通过使用高分辨率计数器，改变方波的占空比来对一个模拟信号的电平进行编码。电压是以连接（1）或断开（0）的重复脉冲序列被加到模拟负载上去的，连接即直流供电输出，断开即直流供电断开。通过对连接和断开时间的控制，只要带宽足够，就可以输出任意不大于最大电压值的模拟电压。

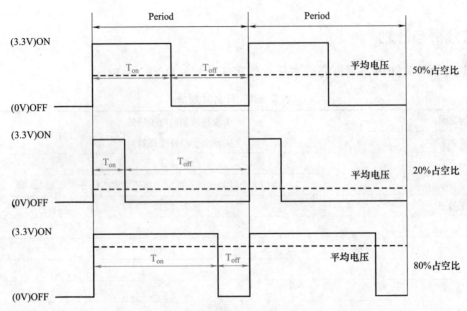

图 2-3-1　PWM 信号不同占空比等效电压示意图

图 2-3-1 所示为三个周期相同、占空比不同的 PWM 信号。高电平电压都为 3.3V，低电平电压均为 0V。粗虚线表示三个 PWM 信号的平均电压，平均电压的计算公式为

$$平均电压 = 高电平电压 \times 占空比$$

占空比为 50% 的信号，其等效平均电压为 1.65V；占空比为 20% 的信号，其等效平均电压为 0.66V；占空比为 80% 的信号，其等效平均电压为 2.64V。因此 PWM 电压调节的原理就是不同占空比的 PWM 信号等效于不同的平均电压。

三、使用延时方式实现呼吸灯

LED 灯电路如图 2-3-2 所示，要想实现呼吸灯，需要 PC6 输出的 PWM 信号占空比不断变化。当 PWM 信号占空比不断变小时，平均电压不断变低，LED 灯不断变亮；PWM 信号占空比不断变大时，平均电压不断升高，LED 灯不断变暗。

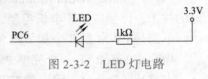

图 2-3-2　LED 灯电路

使用延时方式实现 PWM 信号，先固定周期 Period，输出 T_{on} 时间高电平，再输出（Period$-T_{on}$）时间低电平，不断改变 T_{on}，即可实现 PWM 信号占空比变化。

任务实施

任务实施前必须准备好表 2-3-2 所列设备和资源。

表 2-3-2　设备清单表

序号	设备 / 资源名称	数量	是否准备到位（√）
1	M3 核心模块	1	
2	NEWLab 实训平台	1	
3	1kΩ 电阻	1	
4	LED	1	

（续）

序号	设备 / 资源名称	数量	是否准备到位（√）
5	杜邦线	2	
6	USB 转串口线	1	

要完成本任务，可以将实施步骤分成以下 6 步：

● 搭建 LED 灯电路。

● 建立工程并生成初始代码。

● 完善代码实现功能。

● 编译程序，生成 HEX 文件。

● 烧写程序到 STM32F103VET6。

● 测试效果。

具体实施步骤如下：

1. 搭建 LED 灯电路

把 M3 核心模块正确放置到 NEWLab 实训平台，按照图 2-3-2 在 NEWLab 实训平台的面包板上搭建 LED 灯电路，为测试电路是否搭建成功，可以先把 LED 阴极先连接到 GND，打开 NEWLab 实训平台电源，如果 LED 灯点亮，说明电路正确，再使用杜邦线将其连接到 PC6。搭建好的电路如图 2-3-3 所示。

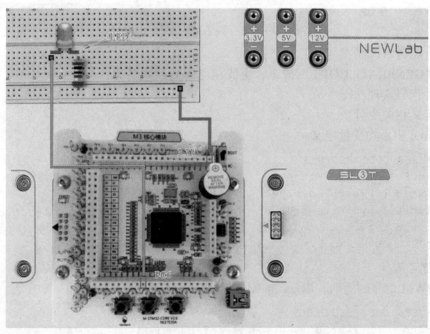

图 2-3-3　LED 灯电路

2. 建立工程并生成初始代码

（1）打开 STM32CubeMX 工程

（2）配置 LED 引脚

如图 2-3-4 所示。

● 标号①：设置引脚 PC6 为输出引脚。

● 标号②：因为 MCU 输出低电平时 LED 灯亮，所以 GPIO 默认输出电平为 "High"（高电平）。

物联网嵌入式技术

- 标号③：输出模式为"Output Push Pull"（推挽）。
- 标号④：最大输出速度为"High"（高速）。
- 标号⑤：用户标签为"LED"。

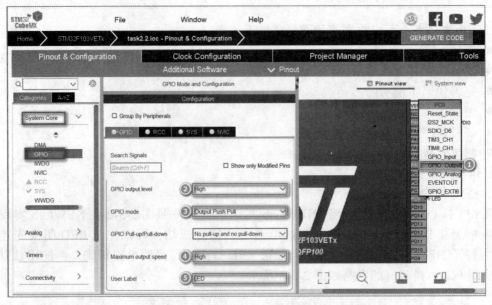

图 2-3-4　配置 LED 引脚

（3）生成初始代码

单击"GENERATE CODE"按钮，生成相应的 C 代码工程。

3. 完善代码实现功能

（1）定义相关变量

在 main.c 中添加变量定义：

```
1.  /*USER CODE BEGIN PV*/
2.  uint8_t KeyDown_Flag=0;        // 按键的状态,0:按键抬起,1:按键按下
3.  uint16_t breath_enable=0;      // 呼吸灯使能
4.  uint16_t pwm_direct=0;         //0:占空比增;1:占空比减
5.  uint16_t pwm_value=0;          // 占空比的值
6.  /*USER CODE END PV*/
```

（2）宏定义

定义 PWM 信号的周期，以 μs 为单位：

```
1.  /*USER CODE BEGIN PD*/
2.  #define PWM_PERIOD 1000        //PWM 信号的周期,以 μs 为单位
3.  /*USER CODE END PD*/
```

（3）回调函数

回调函数与任务 2 一样，不做修改：

```
1.  /*USER CODE BEGIN 4*/
2.  void HAL_GPIO_EXTI_Callback(uint16_t GPIO_Pin)
3.  {
4.      if(GPIO_Pin==KEY1_Pin)
```

```
5.      {
6.         if(KeyDown_Flag==0)
7.         {
8.             KeyDown_Flag=1;
9.         }
10.        else
11.        {
12.            KeyDown_Flag=0;
13.        }
14.     }
15.  }
16.  /*USER CODE END 4*/
```

（4）编写微秒量级的软件延时函数

```
1.   void delay_us(uint32_t time)
2.   {
3.       uint16_t i=0;
4.       while(time--)
5.           {
6.               i=18;// 需要调整
7.               while(i--);
8.           }
9.   }
```

（5）编写主循环程序

```
1.   /*USER CODE BEGIN WHILE*/
2.   while(1)
3.   {
4.   if(KeyDown_Flag==1)
5.   {
6.      HAL_GPIO_TogglePin(BUZZ_GPIO_Port,BUZZ_Pin);
7.      breath_enable=1;
8.   }
9.   else
10.  {
11.     HAL_GPIO_WritePin(BUZZ_GPIO_Port,BUZZ_Pin,GPIO_PIN_SET);
12.     breath_enable=0;
13.  }
14.  if(breath_enable==1)
15.  {
16.     if(pwm_value==0)
17.     {
18.         pwm_direct=0;
19.     }
20.     else if(pwm_value==PWM_PERIOD)
21.     {
22.         pwm_direct=1;
23.     }
24.     if(pwm_direct==0)
```

```
25.    {
26.        pwm_value++;
27.    }
28.    if(pwm_direct==1)
29.    {
30.        pwm_value--;
31.    }
32.    HAL_GPIO_WritePin(LED_GPIO_Port,LED_Pin,GPIO_PIN_RESET);
33.    delay_us(PWM_PERIOD-pwm_value);
34.    HAL_GPIO_WritePin(LED_GPIO_Port,LED_Pin,GPIO_PIN_SET);
35.    delay_us(pwm_value);
36. }
37.    /*USER CODE END WHILE*/
```

4. 编译程序，生成 HEX 文件

参考本项目任务 1 的编译程序部分，完成项目配置，并根据提示信息进行相应的排错，直到编译通过，生成 HEX 文件。

5. 烧写程序到 STM32F103VET6

参考本项目任务 1 的"烧写程序到 STM32F103VET6"部分，完成程序的下载。

6. 测试效果

将 JP1 拨到"NC"，按下复位键后，蜂鸣器不鸣叫；按下按键 KEY1 时，蜂鸣器鸣叫，且 LED 灯不断变亮，再不断变暗，依此循环；释放按键，蜂鸣器停止鸣叫，LED 灯熄灭。

任务检查与评价

完成任务实施后，进行任务检查与评价，任务检查与评价表存放在书籍配套资源中。

任务小结

通过开发环境的搭建，读者可了解 STM32 微控制器的基础知识和软件开发模式，并掌握 STM32 开发环境的搭建能力（见图 2-3-5）。

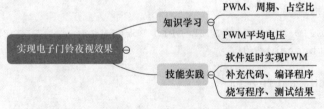

图 2-3-5　任务小结

任务拓展

M3 核心模块上的按键 KEY2 电路如图 2-2-9 所示，使用中断方式检测按键 KEY2，KEY2 按下蜂鸣器鸣叫，且 LED 灯不断变亮，再不断变暗，依此循环；释放按键 KEY2，蜂鸣器停止鸣叫，LED 灯熄灭。

项目 ③

电子秒表

引导案例

　　秒表旧称马表、跑表，是一种常用的测时仪器，多在竞赛中计时用。秒表主要有机械和电子两大类，电子秒表又可分为三按键和四按键两大类。机械秒表如图 3-1-1a 所示，电子秒表如图 3-1-1b 所示，常见的电子秒表一般都是采用 6 位液晶数字显示时间，具有显示直观、读取方便、功能多等优点。绝大部分体育教师使用的是电子秒表。

a) 机械秒表　　　　　　　b) 电子秒表

图 3-1-1　生活中常见的秒表

任务 1　使用定时器定时 1s

职业能力目标

● 能根据功能需求，使用 STM32CubMX 软件，正确配置 STM32 定时器。
● 能根据功能需求，正确添加代码，操控 STM32 定时器实现基本定时。

任务描述与要求

　　任务描述： 电子秒表的制作需要产生精确的 1s 时间，本任务要求使用定时器定时 1s 的时间，并控制 LED 灯 1s 闪烁 1 次。
　　任务要求：
● 正确配置定时器。
● 使用定时器中断方式定时 1s 时间。

任务分析与计划

　　根据所学相关知识，制订完成本次任务的实施计划，见表 3-1-1。

表 3-1-1　任务计划表

项目名称	电子秒表
任务名称	使用定时器定时 1s
计划方式	自我设计
计划要求	请用 8 个计划步骤完整描述如何完成本任务
序号	任务计划
1	
2	
3	
4	
5	
6	
7	
8	

知识储备

一、STM32 定时 / 计数器

1. 定时 / 计数器分类

STM32F1 系列中，除了互联型产品，共有 8 个定时器：2 个基本定时器 TIM6 和 TIM7，4 个通用定时器 TIM2、TIM3、TIM4、TIM5，2 个高级定时器 TIM1 和 TIM8。基本定时器是 16 位的只能向上计数的定时器，只能定时，产生时基，没有外部 I/O；通用定时器是 16 位的可以向上 / 下计数的定时器，除了包含基本定时器的功能外，还有输入捕捉、输出比较和 PWM 功能，每个定时器有 4 个外部 I/O；高级定时器是 16 位的可以向上 / 下计数的定时器，除了具有通用定时器的功能外，还可以有三相电机互补输出信号，每个定时器有 8 个外部 I/O。更加具体的分类见表 3-1-2。

表 3-1-2　STM32F1 定时器分类

定时器类型	定时器编号	计数器位数	计数器类型	捕获 / 比较通道数	挂载总线 /接口时钟	定时器时钟
高级定时器	TIM1、TIM8	16 位	递增、递减、递增 / 递减	4	APB2/72MHz	72MHz
通用定时器	TIM2、TIM3、TIM4、TIM5	16 位	递增、递减、递增 / 递减	4	APB1/36MHz	72MHz
基本定时器	TIM6、TIM7	16 位	递增	无	APB1/36MHz	72MHz

2. 定时 / 计数工作原理

通过表 3-1-2 可以发现，通用定时器和高级定时器的功能项基本相同，只是高级定时器针对电动机的控制增加了一些功能，如制动信号输入、死区时间可编程的互补输出等。基本定时器是三种定时器中实现功能最简单的定时器，因而阅读 STM32F10××× 参考手册时应从最简单的基本定时器去理解其工作原理，在使用时只要掌握了一个定时器的使用方法，其他定时器可以类推。

下面通过基本定时器的框图（见图 3-1-2）来学习定时器的工作原理。

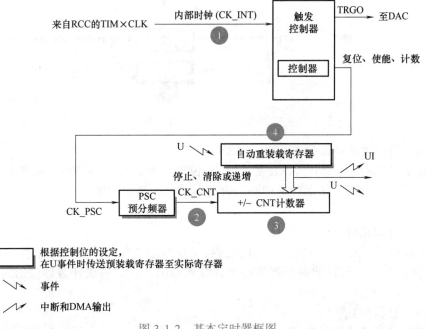

图 3-1-2　基本定时器框图

通过图 3-1-2 可以发现，其工作原理是：定时器使能后，时钟源通过预分频器分频后驱动计数器，计数器具有自动重装载寄存器。另外，基本定时器还可以为数 - 模转换器（DAC）提供时钟、在溢出事件时产生 DMA 请求等。四个重要功能如下：

标号①：时钟源，如图 3-1-3 所示。

定时器时钟 TIMxCLK，即内部时钟 CK_INT，HCLK 经 APB1 预分频器分频后提供，如果 APB1 预分频系数（图 3-1-3 标号①处可以为 2、4、8、16）等于 1，则频率不变，否则频率乘以 2（图 3-1-3 标号②处），得到定时器的时钟源 TIMxCLK，如图 3-1-3 标号③所示。如 HCLK 为 72MHz，预分频系数为 2，通用定时器 TIM2~TIM5 和基本定时器的时钟源一样。高级定时器 TIM1 和 TIM8 的挂载总线为 APB2，时钟源设置方法相同，如图 3-1-3 标号④所示。

标号②：计数器时钟 CK_CNT。

定时器时钟经过 TIMx_PSC 预分频器之后，即 CK_CNT，用来驱动计数器计数。PSC 是一个 16 位的预分频器，可以对定时器时钟 TIMxCLK 进行 1~65536 之间的任意分频。具体计算方式为

$$CK\_CNT=TIMxCLK/(PSC+1)$$

标号③：计数器 TIMx_CNT。

计数器 TIMx_CNT 是一个 16 位的计数器，只能往上计数，最大计数值为 65535。当计数达到自动重装载寄存器的值时产生更新事件，并清零从头开始计数。如果是高级定时器和通用定时器，则既可递增计数也可递减计数。

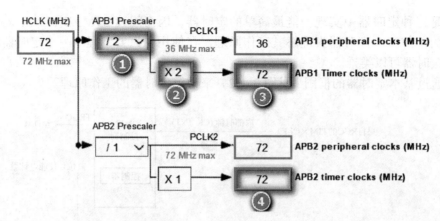

图 3-1-3　定时器时钟源

标号④：自动重装载寄存器 TIMx_ARR。

自动重装载寄存器 TIMx_ARR 是一个 16 位寄存器，里面装载计数器能计数的最大数值。当计数到最大值时，如果使能中断，定时器就产生溢出中断。

3. 三种计数模式

（1）向上计数模式

在向上计数模式中，计数器从 0 计数到自动加载值（自动重装载寄存器 TIMx_ARR 的值），然后重新从 0 开始计数并且产生一个计数器溢出事件，每次计数器溢出时可以产生更新事件。

（2）向下计数模式

在向下计数模式中，计数器从自动装入的值（TIMx_ARR 计数器的值）开始向下计数到 0，然后重新从自动装入的值开始计数，并且产生一个计数器向下溢出事件。每次计数器溢出时可以产生更新事件。

（3）中央对齐模式（向上 / 向下计数）

在中央对齐模式中，计数器从 0 开始计数到自动加载的值（TIMx_ARR 寄存器）–1，产生一个计数器溢出事件，然后向下计数到 1 并且产生一个计数器下溢事件，然后再从 0 开始重新计数。可以在每次计数上溢和每次计数下溢时产生更新事件。

4. 定时时间的计算

定时器的定时时间等于计数器的中断周期。计数器在 CK_CNT 的驱动下，计一个数的时间则是 CK_CLK 的倒数，即

$$\frac{1}{CK\_CLK} = \frac{1}{TIMxCLK/(PSC+1)} = \frac{PSC+1}{TIMxCLK}$$

所以产生一次中断的时间为

$$T = \frac{(PSC+1) \times (ARR+1)}{TIMxCLK}$$

二、定时 / 计数功能的数据类型和接口函数

1. 时基单元初始化类型

在头文件 stm32f1xx_hal_tim.h 中对定时器外设建立一个 TIM_Base_InitTypeDef（时基单元的初始化类型）结构体，它完成了定时器工作参数的配置，其定义如下：

```
1.  typedef struct
2.  {
3.    uint32_t Prescaler;           // 表示预分频系数 PSC，即 TIMx_PSC 寄存器的内容
4.    uint32_t CounterMode;         // 设置计数模式
5.    uint32_t Period;              //表示自动重装载值 ARR，即 TIMx_ARR 寄存器的
                                    内容
6.    uint32_t ClockDivision;       //设置定时器时钟 TIM_CLK 分频值，用于输入信号
                                    滤波
7.    uint32_t RepetitionCounter;   // 表示重复定时器的值，只针对高级定时器
8.    uint32_t AutoReloadPreload;   // 设置自动重装载寄存器 TIMx_ARR 内容的生效时刻
9.  }TIM_Base_InitTypeDef;
```

2. 定时器定时相关接口函数

在 stm32f1xx_hal_tim.c 里定义了 10 个与定时器定时功能有关的接口函数，可分为四类：

● 时基单元初始化函数：HAL_TIM_Base_Init 和 HAL_TIM_Base_Deinit。

● 定时器启动函数：HAL_TIM_Base_Start、HAL_TIM_Base_Start_IT 和 HAL_TIM_Base_Start_DMA。

● 定时器停止函数：HAL_TIM_Base_Stop、HAL_TIM_Base_Stop_IT 和 HAL_TIM_Base_Stop_DMA。

● 中断相关函数：HAL_TIM_IRQHandler 和 HAL_TIM_PeriodElapsedCallback。

其中部分函数说明见表 3-1-3。

表 3-1-3　定时器相关接口函数

HAL_TIM_Base_Init 函数	
函数原型	HAL_StatusTypeDef　HAL_TIM_Base_Init（TIM_HandleTypeDef　*htim）
功能描述	按照定时器句柄中指定的参数初始化定时器时基单元
入口参数	*htim：定时器句柄的地址
返回值	HAL_StatusTypeDef：HAL_OK 初始化成功，HAL_ERROR：初始化失败
注意事项	该函数可以由 CubeMX 软件自动生成，不需要用户自己调用
HAL_TIM_Base_Start 函数	
函数原型	HAL_StatusTypeDef　HAL_TIM_Base_Start（TIM_HandleTypeDef　*htim）
功能描述	在轮询方式下启动定时器运行
入口参数	*htim：定时器句柄的地址
返回值	HAL_StatusTypeDef：固定返回 HAL_OK 表示启动成功
注意事项	该函数在定时器初始化完成之后调用 需要用户自己调用
HAL_TIM_Base_Start_IT 函数	
函数原型	HAL_StatusTypeDef　HAL_TIM_Base_Start_IT（TIM_HandleTypeDef　*htim）
功能描述	使能定时器的更新中断，并启动定时器运行
入口参数	*htim：定时器句柄的地址
返回值	HAL_StatusTypeDef：固定返回 HAL_OK 表示启动成功
注意事项	该函数在定时器初始化完成之后调用 需要用户自己调用

（续）

HAL_TIM_Base_Stop 函数	
函数原型	HAL_StatusTypeDef HAL_TIM_Base_Stop（TIM_HandleTypeDef *htim）
功能描述	轮询方式下停止定时器运行
入口参数	*htim：定时器句柄的地址
返回值	HAL_StatusTypeDef：固定返回 HAL_OK 表示停止成功
注意事项	该函数在定时器初始化完成之后调用 需要用户自己调用
HAL_TIM_Base_Stop_IT 函数	
函数原型	HAL_StatusTypeDef HAL_TIM_Base_Stop_IT（TIM_HandleTypeDef *htim）
功能描述	中断方式下停止定时器运行
入口参数	*htim：定时器句柄的地址
返回值	HAL_StatusTypeDef：固定返回 HAL_OK 表示停止成功
注意事项	该函数在定时器初始化完成之后调用 需要用户自己调用
HAL_TIM_IRQHandler 函数	
函数原型	void HAL_TIM_IRQHandler（TIM_HandleTypeDef *htim）
功能描述	所有定时器中断发生后的通用处理函数
入口参数	*htim：定时器句柄的地址
返回值	无
注意事项	函数内部先判断中断类型，并清除对应的中断标志，最后调用回调函数完成中断处理 该函数可以由 CubeMX 软件自动生成，不需要用户自己调用
HAL_TIM_PeriodElapsedCallback 函数	
函数原型	void HAL_TIM_PeriodElapsedCallback（TIM_HandleTypeDef *htim）
功能描述	所有定时器中断发生后的通用处理函数
入口参数	*htim：定时器句柄的地址
返回值	无
注意事项	1. 该函数由定时器中断通用处理函数 HAL_TIM_IRQHandler 调用，完成所有定时器的更新中断的任务处理 2. 函数内部需要根据定时器句柄的实例来判断是哪一个定时器产生的本次更新中断 3. 函数由用户根据具体的处理任务编写

三、使用定时器定时 1s

项目 1 使用延时的方法控制 LED 灯 1s 闪烁 1 次，本任务需要使用定时器控制 LED 灯 1s 闪烁 1 次。任务实现的关键在如何定时 1s 的时间。定时器在上溢和下溢时会产生更新事件，因此只需要设定定时器的参数，使得定时器的溢出时间为 1s 即可。

定时时间计算公式为

$$T = \frac{(PSC+1) \times (ARR+1)}{TIMxCLK}$$

本任务使用定时器 TIM6，挂接在 APB1 总线，计数器时钟频率为 72MHz，合理选择两个寄存器的值，由定时时间计算公式，就可以设定定时器定时时间为 1s，如设定 PSC=7200-1，则依据公式可以得到 ARR=10000-1。

注意：PSC 和 ARR 参数的选取，以不超过其计数范围为准。PSC 为 16 位寄存器，最大预分频系数为 65536。TIMx_ARR 寄存器的位数由定时器位数决定：16 位定时器 ARR 的最大值为 65535。

四、定时器中断流程

定时器中断按照以下流程进行：

● TIM6 递增计数，从 0 开始记到自动重装载值 ARR 时，产生计数器上溢事件，触发更新中断。

● 在启动文件中找到对应的中断服务程序 TIM6_IRQHandler。

● 在中断服务程序中调用定时器通用处理函数 HAL_TIM_IRQHandler。

● 在 HAL_TIM_IRQHandler 函数内部先判断中断类型，并清除对应的中断标志，然后调用更新中断回调函数 HAL_TIM_PeriodElapsedCallback，完成具体的任务处理。

所以要做的是使能定时器的更新中断，并启动定时器运行，编写回调函数完成任务功能。

任务实施

任务实施前必须准备好表 3-1-4 所列设备和资源。

表 3-1-4　设备清单表

序号	设备 / 资源名称	数量	是否准备到位（√）
1	M3 核心模块	1	
2	1kΩ 电阻	1	
3	LED	1	
4	杜邦线	2	

要完成本任务，可以将实施步骤分成以下 6 步：

● 搭建 LED 灯电路。
● 建立工程并生成初始代码。
● 完善代码实现功能。
● 编译程序，生成 HEX 文件。
● 烧写程序到 STM32F103VET6。
● 测试效果。

具体实施步骤如下：

1. 搭建 LED 灯电路

把 M3 核心模块正确放置到 NEWLab 实训平台，按照图 3-1-4a 在 NEWLab 实训平台的面包板上搭建 LED 电路，为测试电路是否搭建成功，可以先把 LED 阴极连接到 GND，打开 NEWLab 实训平台电源，如果 LED 点亮，说明电路正确，再使用杜邦线连接到 PC6。搭建好的电路如图 3-1-4b 所示。

2. 建立工程并生成初始代码

（1）建立工程存放的文件夹

在 D 盘文件夹 "STM32_WorkSpace" 下新建文件夹 "task3-1" 用于保存本任务工程。

（2）新建 STM32CubeMX 工程

参考项目 1 任务 1 的相关内容，选择 MCU 型号为 STM32F103VETx。

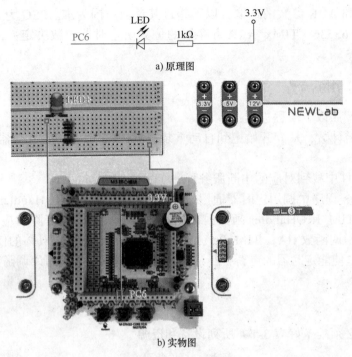

a) 原理图

b) 实物图

图 3-1-4　LED 灯电路

（3）配置调试端口

参考项目 1 任务 1 的相关内容。

（4）配置 MCU 时钟树

参考项目 1 任务 1 的相关内容，将 HCLK 配置为 72MHz，PCLK1 配置为 36MHz，PCLK2 配置为 72MHz，得到 APB1 Timer clocks 为 72MHz，即 TIM2~TIM7 的 TIMxCLK 为 72MHz，如图 3-1-5 标号①处所示。

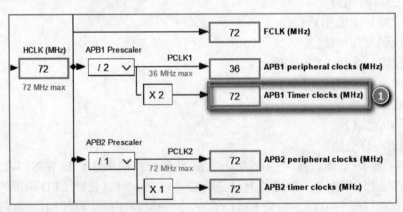

图 3-1-5　定时器时钟配置

（5）配置 LED 的 GPIO 功能

LED 应连接 PC6。在 STM32CubeMX 工具的配置主界面，单击 MCU 的"PC6"引脚，选择功能"GPIO_Output"，如图 3-1-6 标号③所示。

GPIO 功能的其他配置说明如下：

● 标号④：MCU 输出高电平时 LED 灯不亮，因此将 GPIO 默认的输出电平配置为

"High"（高电平）。

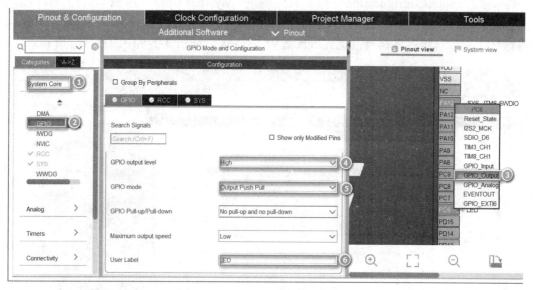

图 3-1-6　LED 相关的 GPIO 配置

● 标号⑤：GPIO 模式配置为 "Output Push Pull"（输出推挽功能）。
● 标号⑥：用户标签配置为 "LED"。

（6）配置 TIM6 的参数

展开 "Pinout&Configuration" 标签页左侧的 "Timers" 选项，选择 "TIM6"（图 3-1-7
标号①处），勾选 Mode 下 "Activated" 复选框（图 3-1-7 中的标号②处）。"Parameter
Settings"→"Prescaler（PSC-16bits value）" 配置为 "7200-1"（图 3-1-7 中的标号③处），将
TIM6 的时钟频率配置为 10kHz。将 "Counter Period（AutoReload Register-16bits value）"
配置为 "10000-1"（图 3-1-7 中的标号④处），即将定时器的更新周期设置为 1s。

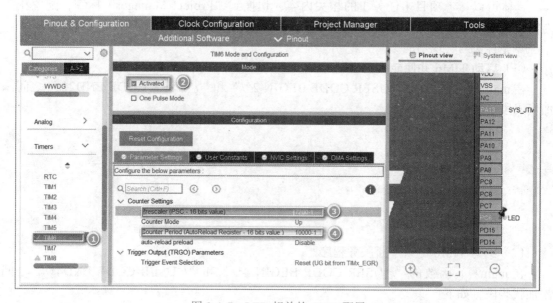

图 3-1-7　LED 相关的 GPIO 配置

（7）配置 TIM6 的中断

展开"Pinout&Configuration"标签页左侧的"System Core"选项，选择"NVIC"选项（图 3-1-8 中标号①处）。勾选"TIM6 global interrupt"（定时器 6 全局中断），如图 3-1-8 中的标号②所示。然后将其抢占优先级配置为"1"级，如图 3-1-8 中的标号③所示。

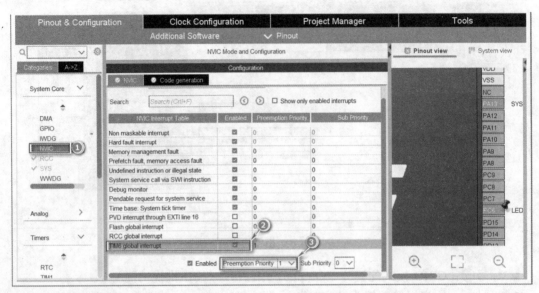

图 3-1-8　TIM6 的中断配置

（8）保存 STM32CubeMX 工程

具体可以参考项目 1 任务 1 的相关内容完成工程的保存，选择"File"→"Save Project"，然后定位到文件夹"D：\SIM32_WorkSpace\Task3-1"，单击"确定"按钮保存 SIM32CubeMX 工程。

（9）生成初始 C 代码工程

具体可以参考项目 1 任务 1 的相关内容，切换到"Project Manager"标签，配置相关内容，单击"GENERATE CODE"按钮生成代码。

3. 完善代码实现功能

（1）启动 TIM6 并使能更新中断

在 main（ ）函数的"/*USER CODE BEGIN 2*/"和"/*USER CODE END2*/"之间添加代码段，如下：

```
1.  /*USER CODE BEGIN 2*/
2.  if(HAL_TIM_Base_Start_IT(&htim6)!=HAL_OK)
3.  {
4.      Error_Handler( );
5.  }
6.  /*USER CODE END 2*/
```

（2）编写 TIM6 更新中断服务程序

在 main（ ）函数的"/*USER CODE BEGIN 4*/"和"/*USER CODE END4*/"之间添加代码段，如下：

```
1.  /*USER CODE BEGIN 4*/
2.  void HAL_TIM_PeriodElapsedCallback(TIM_HandleTypeDef*htim)
3.  {
4.      if(htim->Instance==TIM6)  // 判断发生更新中断的定时器
5.      {
6.          HAL_GPIO_TogglePin(LED_GPIO_Port,LED_Pin);// 翻转 LED 状态
7.      }
8.  }
9.  /*USER CODE END 4*/
```

第 4 行的语句使用句柄的实例来判断发生更新中断的定时器。每隔 1s 定时器产生一次更新中断，调用一次更新中断回调函数。第 6 行的语句执行一次，使 LED 状态翻转一次。

4. 编译程序，生成 HEX 文件

参考前述任务，编译程序。如果编译未通过，请根据提示信息进行相应的排错，直到编译通过，生成 HEX 文件。

5. 烧写程序到 STM32F103VET6

烧写前先把 NEWLab 实训平台右上角旋钮旋至"通信模式"，M3 核心模块右上角 JP1 拨到"BOOT"，打开 NEWLab 实训平台电源。使用 Flash Loader Demonstrator，参考前述任务将 Task3-1 烧写到 STM32F103VET6 里。

6. 测试效果

将 JP1 拨到"NC"，按下复位键，可以看到 LED 每隔 1s 亮灭一次。

▶ 任务检查与评价

完成任务实施后，进行任务检查与评价，任务检查与评价表存放在书籍配套资源中。

▶ 任务小结

通过使用定时器控制 LED 灯 1s 闪烁 1 次，了解 STM32 微控制器的定时器的工作原理、定时时间的设置方法，并掌握使用 STM32 定时器定时指定时间的能力（见图 3-1-9）。

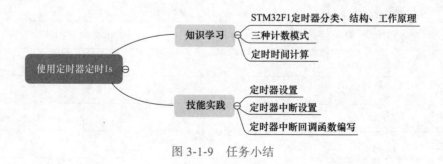

图 3-1-9　任务小结

▶ 任务拓展

使用 TIM2 控制 LED 灯 0.5s 闪烁 1 次。

任务 2　STM32 控制数码管显示

职业能力目标

- 能根据功能需求，依据电路图，正确搭建数码管显示电路。
- 能根据功能需求，正确添加代码，操控 STM32 进行数码管动态显示控制。

任务描述与要求

任务描述： 电子秒表的制作需要使用数码管作为显示器件，本任务要求使用数码管作为显示器件，显示不断累加的数字。

任务要求：
- 数码管使用动态显示方式。
- 使用 8 位数码管。

任务分析与计划

根据所学相关知识，制订完成本次任务的实施计划，见表 3-2-1。

表 3-2-1　任务计划表

项目名称	电子秒表
任务名称	STM32 控制数码管显示
计划方式	自我设计
计划要求	请用 8 个计划步骤完整描述如何完成本任务
序号	任务计划
1	
2	
3	
4	
5	
6	
7	
8	

知识储备

一、LED 数码管的结构及显示原理

1. LED 数码管的结构

LED 数码管（LED Segment Display）一般指由多个发光二极管封装在一起组成的"8"字形显示器件。常用的 LED 数码管如图 3-2-1 所示。显示模块中有 8 个发光二极管，7 个发光二极管组成字符"8"，1 个发光二极管组成小数点，8 个发光二极管分别由字母 a、b、c、d、e、f、g、dp 表示。

数码管依据内部连接的形式分为共阴极和共阳极两种，如图 3-2-2 所示。

1）共阴极：见图 3-2-2a，LED 数码管的发光二极管的阴极连接在一起作为公共引脚，若公共引脚接地，当某个发光二极管的阳极电压为高电平时，该发光二极管发光。

2）共阳极：见图 3-2-2b，LED 数码管的发光二极管的阳极连接在一起作为公共引脚，若公共引脚接电源，当某个发光二极管的阴极电压为低电平时，该发光二极管发光。

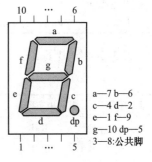

图 3-2-1　一位数码管
引脚排列

a—7 b—6
c—4 d—2
e—1 f—9
g—10 dp—5
3—8:公共脚

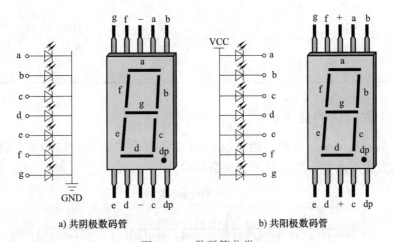

a) 共阴极数码管　　　　　　　　b) 共阳极数码管

图 3-2-2　数码管分类

2. LED 数码管的显示原理

如果把数码管的引脚和微控制器的输出口相连，控制输出口的数据就可以使数码管显示不同的数字和字符。如显示"2"，则要 a、b、d、e、g 同时发光。由于发光二极管的连接方式不一样，对数码管各显示字段的编码也不同。

对于共阴极数码管，要使这五个发光二极管发光，则这五个发光二极管的阳极要给高电平"1"，见表 3-2-2，则输出的 8 位字节数据为 0101 1011B=5BH。

对于共阳极数码管，要使这五个发光二极管发光，则这五个发光二极管的阴极要给低电平"0"，见表 3-2-3，则输出的 8 位字节数据为 1010 0100B=A4H。

表 3-2-2　共阴极数码管显示"2"的段码配置

dp	g	f	e	d	c	B	a
0	1	0	1	1	0	1	1

表 3-2-3　共阳极数码管显示"2"的段码配置

dp	g	f	e	d	c	b	A
1	0	1	0	0	1	0	0

表 3-2-4 给出了 8 段数码管的字段编码。

表 3-2-4　8 段数码管的字段编码

显示字符	共阴极字段编码	共阳极字段编码	显示字符	共阴极字段编码	共阳极字段编码
0	3FH	C0H	b	7CH	83H
1	06H	F9H	C	39H	C6H
2	5BH	A4H	D	5EH	A1H
3	4FH	B0H	E	79H	86H
4	66H	99H	F	71H	8EH
5	6DH	92H	U	3EH	C1H
6	7DH	82H	r	31H	CEH
7	07H	F8H	Y	6EH	91H
8	7FH	80H	8.	FFH	00H
9	6FH	90H	"灭"	00H	FFH
A	77H	88H			

二、LED 数码管的显示方式

在数码管显示系统中，一般利用多块 LED 显示器件构成多位 LED 显示器，如图 3-2-3 所示。其显示方式有两种：静态显示、动态显示。

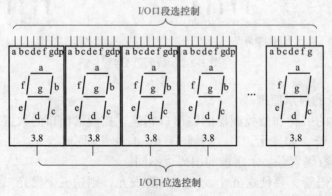

图 3-2-3　多位 LED 显示器

1. 数码管的静态显示

图 3-2-4 所示为一个 4 位静态 LED 数码管显示电路。

可以看出，每位数码管的位选端（公共端）均已连接好，数码管都处于选通状态，只要 I/O 口给出对应的字段编码，就可以显示相应的字符。这些字符一致处于点亮状态，而不是处于周期性点亮状态。不难发现静态显示需要的 I/O 口线较多，4 位数码管需要 32 根 I/O 口线，占用资源较多，线路复杂，成本较高，显示位数较多时不适合使用。

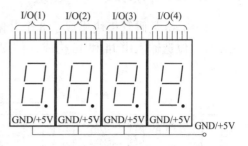

图 3-2-4 4 位静态 LED 数码管显示电路

2. 数码管的动态显示

图 3-2-5 所示为一个 8 位动态 LED 数码管显示电路。电路里将段选线并联在一起，由一个 8 位 I/O 口控制，而位选线由另一个 8 位 I/O 口控制，实现各位数码管的分时选通。控制位选线使每一时刻只有一位数码管选通，然后段选线送出该位数码管的字段编码，该位数码管点亮。逐个点亮各位数码管，虽然每一时刻只有一个数码管点亮，但是由于人眼的视觉暂留作用，看到的是多个数码管同时显示的效果。就像我们看的电影是一帧一帧画面进行显示的，但速度是够快时人眼看到就是动态的。

不难发现动态显示需要的 I/O 口线较少，8 位数码管需要 16 根 I/O 口线，占用资源较少，所以数码管显示大多使用的是动态显示方式。

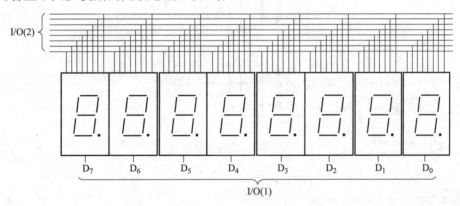

图 3-2-5 8 位动态 LED 数码管显示电路

三、数码管动态显示的思路

① 送清屏段码数据，也就是让数码管不显示数据，否则输出位选信号就会导致某位数码管显示乱码。

② 通过位选信号选定特定编号的数码管，由于步骤①的存在，此时该位数码管不显示数据。

③ 将该位数码管要显示数据的字段编码送出。

④ 延迟一段时间以保证该位数码管在每轮显示周期中被点亮足够的时间，否则该位数码管最终显示的效果会比较暗。

⑤ 送清屏段码数据，否则进入到⑥时，刚刚显示的图样会在下一位数码管上被短暂显示。

⑥ 改变位选信号，使得下一位数码管开始显示属于它的数据。

⑦ 返回③，不断循环。

四、NEWLab 数码管模块

NEWLab 数码管模块集成了 8 个共阳极数码管。如图 3-2-6 所示，8 个数码管共用段选输入 J7，位选输入由 J4 和 J6 构成，如图 3-2-7 所示，S1~S8 分别控制从左到右 8 个数码管。

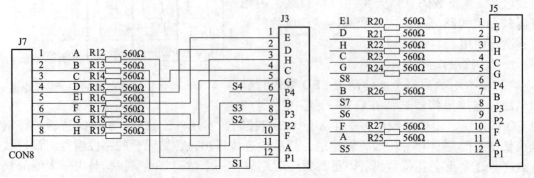

图 3-2-6　段选输入接口

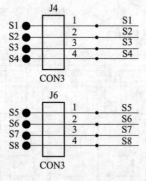

图 3-2-7　位选输入接口

任务实施

任务实施前必须准备好表 3-2-5 所列设备和资源。

表 3-2-5　设备清单表

序号	设备 / 资源名称	数量	是否准备到位（√）
1	M3 核心模块	1	
2	显示模块	1	
3	杜邦线	16	

要完成本任务，可以将实施步骤分成以下 6 步：

- 搭建电路。
- 建立工程并生成初始代码。
- 完善代码实现功能。
- 编译程序，生成 HEX 文件。
- 烧写程序到 STM32F103VET6。

● 测试效果。

具体实施步骤如下：

1. 搭建电路

把 M3 核心模块和显示模块正确放置到 NEWLab 实训平台，按照图 3-2-8 搭建电路，连线关系见表 3-2-6。

图 3-2-8　硬件接线图

表 3-2-6　设备各引脚连线对应表

序号	M3 核心模块	显示模块	序号	M3 核心模块	显示模块
1	PA0	J7-A	9	PB10	J4-S1
2	PA1	J7-B	10	PB11	J4-S2
3	PA2	J7-C	11	PB12	J4-S3
4	PA3	J7-D	12	PB13	J4-S4
5	PA4	J7-E	13	PC6	J6-S5
6	PA5	J7-F	14	PC7	J6-S6
7	PA6	J7-G	15	PC8	J6-S7
8	PA7	J7-H	16	PC9	J6-S8

2. 建立工程并生成初始代码

（1）建立工程存放的文件夹

在 D 盘文件夹"STM32_WorkSpace"下新建文件夹"task3-2"用于保存本任务工程。

（2）新建 STM32CubeMX 工程

参考项目 1 任务 1 相关内容，选择 MCU 型号为 STM32F103VETx。

（3）配置调试端口

参考项目 1 任务 1 相关内容。

（4）配置 MCU 时钟树

参考项目 1 任务 1 相关内容，将 HCLK 配置为 72MHz，PCLK1 配置为 36MHz，PCLK2 配置为 72MHz。

（5）配置段选引脚的 GPIO 功能

段选 A~H 连接 PA0~PA7，配置 PA0~PA7 为"GPIO_Output"，单击 MCU 的"PA0"引脚，选择功能"GPIO_Output"，如图 3-2-9 标号①所示。展开"Pinout&Configuration"标签页左侧的"GPIO"选项，完成 GPIO 功能的其他配置，具体说明如下：

标号③：MCU 输出高电平时数码管不显示，因此将 GPIO 默认的输出电平配置为"High"（高电平）。

标号④：GPIO 模式配置为"Output Push Pull"（输出推挽功能）。

标号⑤：GPIO 的上拉下拉配置为"No Pull-up and no pull-down"。

标号⑥：GPIO 的最大输出速度配置为"Low"。

用户标签不需要设置。PA1~PA7 的配置和 PA0 一样。

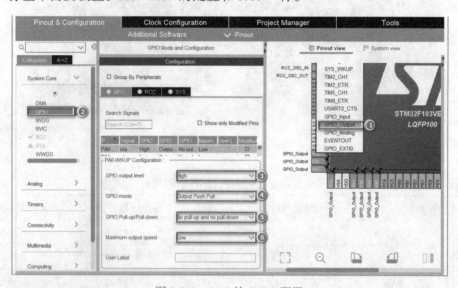

图 3-2-9　PA0 的 GPIO 配置

（6）配置位选引脚的 GPIO 功能

位选 S1~S4 连接 PB10~PB13，S5~S8 连接 PC6~PC9，配置这些引脚为"GPIO_Output"，单击 MCU 的"PB10"引脚，选择功能"GPIO_Output"，如图 3-2-10 标号①所示。展开"Pinout&Configuration"标签页左侧的"GPIO"选项，完成 GPIO 功能的其他配置，具体说明如下：

标号②：MCU 输出低电平时位选无效，数码管不显示，因此将 GPIO 默认的输出电平配置为"Low"（低电平）。

标号③：GPIO 模式配置为"Output Push Pull"（输出推挽功能）。

标号④：GPIO 的上拉下拉配置为"No Pull-up and no pull-down"。

标号⑤：GPIO 的最大输出速度配置为"Low"。

标号⑥：用户标签设置为"S1"。

PB11~PB13 和 PC6~PC9 的配置除用户标签外和 PB10 一样，具体设置如图 3-2-11所示。

（7）保存 STM32CubeMX 工程

选择"File"→"Save Project"，然后定位到文件夹"D:\SIM32_WorkSpace\task3-2"，单击"确定"按钮保存 SIM32CubeMX 工程。

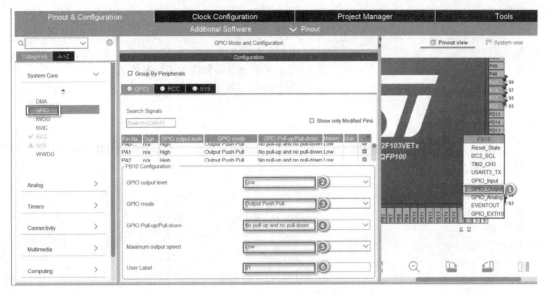

图 3-2-10　PB10 的 GPIO 配置

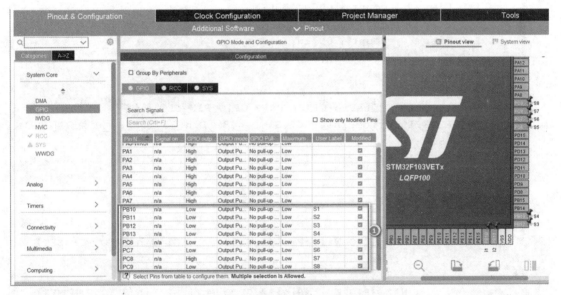

图 3-2-11　位选相关的 GPIO 配置

（8）生成初始 C 代码工程

切换到"Project Manager"标签，参考项目 1 任务 1 相关内容，正确配置相关项，单击"GENERATE CODE"按钮生成代码。

3. 完善代码实现功能

（1）定义变量

在 main（）函数的"/*USER CODE BEGIN PV*/"和"/*USER CODE END PV*/"之间添加代码段，如下：

```
1.  /*USER CODE BEGIN PV*/
2.  uint32_t count=0;          // 显示数据,不断累加
```

```
3.   uint8_t   i=0;                    // 循环变量
4.   uint8_t   LED7Code[16]={0x3F,0x06,0x5B,0x4F,0x66,0x6D,0x7D,0x07,
5.                           0x7F,0x6F,0x77,0x7C,0x39,0x5E,0x79,0x71};
6.                               //0~F共阳极数码管使用的段选数据
7.   uint16_t LED_Disp[10];        // 数码管各位显示数据
8.   /*USER CODE END PV*/
```

（2）添加主循环程序

在main（）函数的"/*USER CODE BEGIN WHILE*/"和"/*USER CODE END WHILE*/"之间添加代码段，如下：

```
1.   /*USER CODE BEGIN WHILE*/
2.    while(1)
3.   {
4.      count++;
5.      LED_Disp[1]=count/100000000;
6.      LED_Disp[2]=count%10000000/1000000;
7.      LED_Disp[3]=count%1000000/100000;
8.      LED_Disp[4]=count%100000/10000;
9.      LED_Disp[5]=count%10000/1000;
10.     LED_Disp[6]=count%1000/100;
11.     LED_Disp[7]=count%100/10;
12.     LED_Disp[8]=count%10;
13.     for(i=1;i<9;i++)
14.     {
15.        HAL_GPIO_WritePin(GPIOA,0xFF,GPIO_PIN_SET);// 清除段选数据
16.        HAL_GPIO_WritePin(GPIOB,S1_Pin|S2_Pin|S3_Pin|S4_Pin,GPIO_PIN_
           RESET);
17.        HAL_GPIO_WritePin(GPIOC,S5_Pin|S6_Pin|S7_Pin|S8_Pin,GPIO_PIN_
           RESET);                        // 关闭位选
18.         switch(i)                      // 输出位选数据
19.         {
20.            case 1:
21.                HAL_GPIO_WritePin(S1_GPIO_Port,S1_Pin,GPIO_PIN_SET);
22.                break;
23.            case 2:
24.                HAL_GPIO_WritePin(S2_GPIO_Port,S2_Pin,GPIO_PIN_SET);
25.                break;
26.            case 3:
27.                HAL_GPIO_WritePin(S3_GPIO_Port,S3_Pin,GPIO_PIN_SET);
28.                break;
29.            case 4:
30.                HAL_GPIO_WritePin(S4_GPIO_Port,S4_Pin,GPIO_PIN_SET);
31.                break;
32.            case 5:
33.                HAL_GPIO_WritePin(S5_GPIO_Port,S5_Pin,GPIO_PIN_SET);
34.                break;
35.            case 6:
36.                HAL_GPIO_WritePin(S6_GPIO_Port,S6_Pin,GPIO_PIN_SET);
```

```
37.              break;
38.           case 7:
39.              HAL_GPIO_WritePin(S7_GPIO_Port,S7_Pin,GPIO_PIN_SET);
40.              break;
41.           case 8:
42.              HAL_GPIO_WritePin(S8_GPIO_Port,S8_Pin,GPIO_PIN_SET);
43.              break;
44.        }
45.        HAL_GPIO_WritePin(GPIOA,LED7Code[LED_Disp[i]],GPIO_PIN_
           RESET);
46.        // 送段选数据
47.        HAL_Delay(1);  // 第 i 个数码管显示 1ms
48.     }
49.  }
50.  /*USER CODE END WHILE*/
```

4. 编译程序，生成 HEX 文件

参考前述任务，编译程序。如果编译未通过，请根据提示信息进行相应的排错，直到编译通过，生成 HEX 文件。

5. 烧写程序到 STM32F103VET6

烧写前先把 NEWLab 实训平台右上角旋钮旋至"通信模式"，M3 核心模块右上角 JP1 拨到"BOOT"，打开 NEWLab 实训平台电源。若已经供电，JP1 拨到"BOOT"后按下复位键，使用 Flash Loader Demonstrator，参考前述任务将 task3-2 烧写到 STM32F103VET6 里。

6. 测试效果

将 JP1 拨到"NC"，按下复位键，效果应为第 8 个数码管每隔大约 10ms 加 1，直至进位，使第 7 个数码管加 1，直至再进位，依次类推。

任务检查与评价

完成任务实施后，进行任务检查与评价，任务检查与评价表存放在书籍配套资源中。

任务小结

通过使用 STM32 控制数码管进行动态显示，了解 LED 数码管的结构、分类和显示的原理，并使用 STM32 微控制器完成数码管的动态显示（见图 3-2-12）。

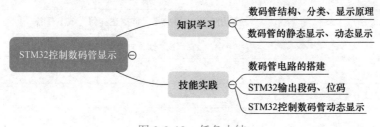

图 3-2-12 任务小结

物联网嵌入式技术

任务拓展

制作数字显示器，要求使用数码管作为显示器件，显示不断累加的数字，数字每隔1s加1。

任务3　实现电子秒表

职业能力目标

- 能根据功能需求，使用 STM32CubMX 软件正确配置 STM32 定时器。
- 能根据功能需求，正确添加代码操控 STM32 定时器实现基本定时。
- 能根据按键电路，使用 STM32CubMX 软件正确配置外部中断。

任务描述与要求

任务描述：完成电子秒表的制作，要求每隔1s时间变化1次，有启动/暂停按键，能够实现正计数和反计数。

任务要求：
- 采用定时器产生1s的定时时间。
- 使用数码管作为显示器件，显示方式 ×× 分 ×× 秒。
- 按下按键1启动电子秒表，再按一下暂停秒表，默认正计数；按下按键2电子秒表反计数，再按一下正计数。

任务分析与计划

根据所学相关知识，制订完成本次任务的实施计划，见表3-3-1。

表3-3-1　任务计划表

项目名称	电子秒表
任务名称	实现电子秒表
计划方式	自我设计
计划要求	请用8个计划步骤完整描述如何完成本任务
序号	任务计划
1	
2	
3	
4	

（续）

序号	任务计划
5	
6	
7	
8	

知识储备

一、矩阵键盘简介

键盘是嵌入式系统常用的人机输入接口。在嵌入式系统中，经常使用矩阵形式的按键组，如图 3-3-1 所示。与独立按键相比，矩阵键盘占用的 I/O 口资源大大减少。在矩阵键盘中，每条水平线和垂直线在交叉处不直接连通，而是通过一个按键加以连接。图示键盘由 4 行 × 4 列的按键矩阵组成，共有 16 个按键，占用 8 个 I/O 端口。一般 M 行 × N 列的矩阵键盘占用 $M+N$ 个端口，可容纳 MN 个按键。矩阵键盘具体的工作原理和键值获取方法，将在项目 6 中介绍。

本任务中只需要两个按键，因此把矩阵键盘当独立按键使用。在图 3-3-1 中若 Row1=0，Col1 接 STM32 的某个 I/O 口，使能上拉电阻，即可等效成图 3-3-2 的电路。把 Row1 接地，Col1 和 Col2 接 STM32 的两个 I/O 口，就可以把 SW1 和 SW2 当作独立按键使用。

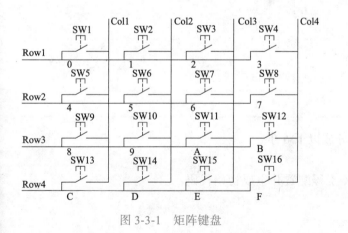

图 3-3-1　矩阵键盘　　　　　　　　　　图 3-3-2　等效电路

二、电子秒表的设计思路

1）定义分、秒两个变量。设置定时器产生 1s 的更新中断，在更新中断回调函数中，依据计数模式修改分、秒的值。

2）采用外部中断检测按键 1 和按键 2，检测到按键 1，控制定时器启动还是停止；检测到按键 2，控制计数模式是正计数还是反计数。

3）主程序在 while 循环中使用动态扫描方式把分和秒的值送数码管显示。

三、代码分析

两个按键采用外部中断进行检测，由于外部中断回调函数使用的是同一个函数，所以需要在回调函数里判断具体是哪一个按键，如果定义了两个按键的用户标签为"KEY1"和"KEY2"则外部中断回调函数的结构如下：

```
1.  void HAL_GPIO_EXTI_Callback(uint16_t GPIO_Pin)
2.  {
3.      if(GPIO_Pin==KEY1_Pin)
4.      {
5.          // 按键 1 的处理
6.      }
7.      if(GPIO_Pin==KEY2_Pin)
8.      {
9.          // 按键 2 的处理
10.     }
11. }
```

任务实施

任务实施前必须准备好表 3-3-2 所列设备和资源。

表 3-3-2　设备清单表

序号	设备 / 资源名称	数量	是否准备到位（√）
1	M3 核心模块	1	
2	显示模块	1	
3	键盘模块	1	
4	杜邦线	15	
5	键盘模块 14P 线	1	

要完成本任务，可以将实施步骤分成以下 6 步：
- 搭建电路。
- 修改任务 2 的 STM32CubeMX 工程配置并生成初始代码。
- 完善代码实现功能。
- 编译程序，生成 HEX 文件。
- 烧写程序到 STM32F103VET6。
- 测试效果。

具体实施步骤如下：

1. 搭建电路

根据图 3-3-3 所示硬件连线图完成设备搭建，把 M3 核心模块、显示模块和键盘模块正确放置到 NEWLab 实训平台，由于本任务只需要 4 位数码管，所以 J4 与 M3 核心模块的 4 根连线不接。使用键盘模块 14P 线连接 M3 核心模块上的 PB10、PB11 到键盘模块的 Col3、Col2，键盘模块的 Row1 接地（见图 3-3-3）。具体连线关系见表 3-3-3。

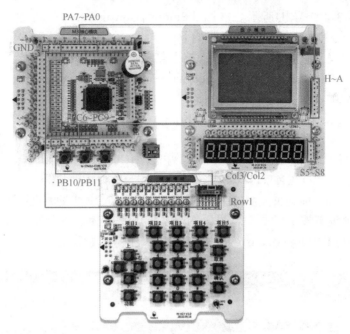

图 3-3-3　硬件连线图

表 3-3-3　设备各引脚连线对应表

序号	M3 核心模块	显示模块	序号	M3 核心模块	显示模块
1	PA0	J7-A	13	PB10	Col3
2	PA1	J7-B	14	PB11	Col2
3	PA2	J7-C	15	GND	Row1
4	PA3	J7-D			
5	PA4	J7-E			
6	PA5	J7-F			
7	PA6	J7-G			
8	PA7	J7-H			
9	PC6	J6-S5			
10	PC7	J6-S6			
11	PC8	J6-S7			
12	PC9	J6-S8			

2. 修改任务 2 的 STM32CubeMX 工程配置并生成初始代码

（1）打开任务 2 的 STM32CubeMX 工程

在 "D：\STM32_WorkSpace\task3-2" 中打开 task3-2.ioc 工程文件。

（2）配置按键引脚的 GPIO 功能

修改 PB10 的配置为 "GPIO_EXTI10"，单击 MCU 的 "PB10" 引脚，选择功能 "GPIO_

EXTI10"，如图 3-3-4 标号①所示。展开 "Pinout&Configuration" 标签页左侧的 "GPIO" 选项，设置 PB10 的其他配置，具体说明如下：

标号③：按键没有按下时是高电平，按下是低电平，因此将触发方式配置为 "External Interrupt Mode with Falling edge trigger detection"（下降沿触发）。

标号④：GPIO 的上拉下拉配置为 "Pull-up"（上拉）。

标号⑤：用户标签设置为 "KEY1"。

实现电子秒表（修改任务 2 工程配置）

修改 PB11 的配置为 "GPIO_EXTI11"，单击 MCU 的 "PB11" 引脚，选择功能 "GPIO_EXTI11"，如图 3-3-5 标号②所示。展开 "Pinout&Configuration" 标签页左侧的 "GPIO" 选项，设置 PB11 的其他配置，具体说明如下：

标号③：按键没有按下时是高电平，按下是低电平，因此将触发方式配置为 "External Interrupt Mode with Falling edge trigger detection"（下降沿触发）。

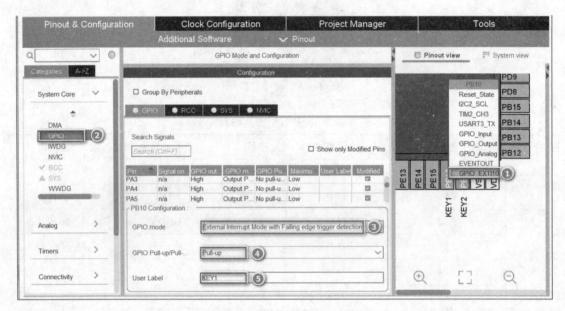

图 3-3-4　按键 1 的 GPIO 配置

标号④：GPIO 的上拉下拉配置为 "Pull-up"（上拉）。

标号⑤：用户标签设置为 "KEY2"。

（3）配置 TIM6 的参数

展开 "Pinout&Configuration" 标签页左侧的 "Timers" 选项，选择 "TIM6"（图 3-3-6 标号①处）。勾选 Mode 下 "Activated" 复选框（图 3-3-6 中的标号②处）。"Parameter Settings" → "Counter Settings" → "Prescaler（PSC-16bits value）" 配置为 "7200-1"（图 3-3-6 中的标号③处），将定时器 6 的时钟频率配置为 10kHz。将 "Counter Period（AutoReload Register-16bits value）" 配置为 "10000-1"（图 3-3-6 中的标号④处），即将定时器的更新周期设置为 1s。

（4）配置中断

展开 "Pinout&Configuration" 标签页左侧的 "System Core" 选项，选择 "NVIC" 选项（图 3-3-7 中标号①处）。勾选使能 "EXTI line［15：10］interrupts"（外部中断线［15~10］

中断）并且设置抢占优先级为"1"，如图 3-3-7 中的标号②所示。勾选使能"TIM6 global interrupt"（定时器 6 全局中断）并且设置抢占优先级为"2"，如图 3-3-7 中的标号③所示。

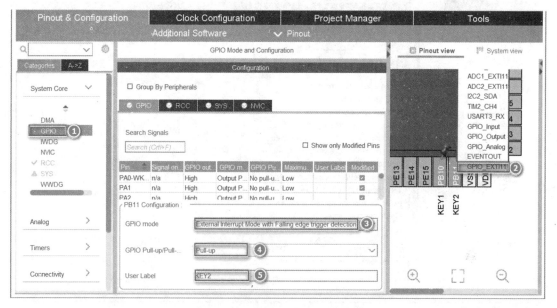

图 3-3-5　按键 2 的 GPIO 配置

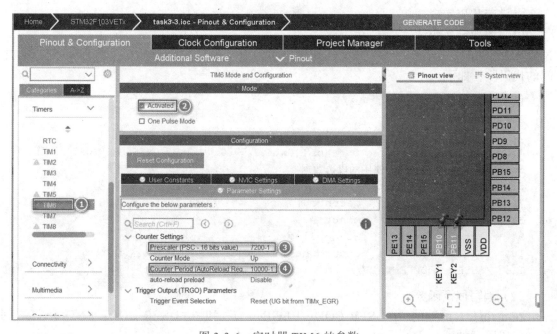

图 3-3-6　定时器 TIM6 的参数

（5）生成初始 C 代码工程

单击"GENERATE CODE"按钮，生成相应的 C 代码工程，然后用 MDK-ARM 打开工程。

图 3-3-7　中断配置

3. 完善代码实现功能

（1）增加定义变量

修改 main（）函数 "/*USER CODE BEGIN PV*/" 和 "/*USER CODE END PV*/" 之间的代码段，如下：

```
1.  /*USER CODE BEGIN PV*/
2.  uint8_t   i=0;                              // 循环变量
3.  uint8_t   LED7Code[16]={0x3F,0x06,0x5B,0x4F,0x66,0x6D,0x7D,0x07,
4.                          0x7F,0x6F,0x77,0x7C,0x39,0x5E,0x79,0x71};
5.  //0~F 共阳极数码管使用的段选数据
6.  uint16_t LED_Disp[10];                      // 数码管各位显示数据
7.  volatile uint8_t   second=0;                // 秒
8.  volatile uint8_t   minute=0;                // 分
9.  volatile uint8_t   State_Flag=0;            //0:停止 1:计数
10.  volatile uint8_t  CountMode_Flag=0;        //0:正计数 1:减计数
11.  /*USER CODE END PV*/
```

（2）编写回调函数

在 main（）函数的 "/*USER CODE BEGIN 4*/" 和 "/*USER CODE END 4*/" 之间添加代码段，如下：

```
1.  void HAL_GPIO_EXTI_Callback(uint16_t GPIO_Pin)
2.  {
3.      if(GPIO_Pin==KEY1_Pin)
4.      {
```

```
5.          if(State_Flag==0)
6.          {
7.              State_Flag=1;
8.              HAL_TIM_Base_Start_IT(&htim6);
9.          }
10.         else if(State_Flag==1)
11.         {
12.             State_Flag=0;
13.             HAL_TIM_Base_Stop_IT(&htim6);
14.         }
15.     }
16.     if(GPIO_Pin==KEY2_Pin)
17.     {
18.         if(CountMode_Flag==0)
19.         {
20.             CountMode_Flag=1;
21.         }
22.         else if(CountMode_Flag==1)
23.         {
24.             CountMode_Flag=0;
25.         }
26.     }
27. }
```

（3）编写 TIM6 更新中断服务程序

在 main（）函数的 "/*USER CODE BEGIN 4*/" 和 "/*USER CODE END 4*/" 之间添加代码段，如下：

```
1.  void HAL_TIM_PeriodElapsedCallback(TIM_HandleTypeDef*htim)
2.  {
3.      if(htim->Instance==TIM6)
4.      {
5.          switch(CountMode_Flag)
6.          {
7.          case 0:
8.              if(second==59)
9.              {
10.                 minute++;
11.                 second=0;
12.             }
13.             else
14.                 second++;
15.             break;
16.         case 1:
17.             if(second==0)
18.             {
19.                 minute--;
20.                 second=59;
21.             }
```

```
22.              else
23.                  second--;
24.              break;
25.          }
26.      }
27.  }
```

（4）修改主循环程序

在 main（）函数的"/*USER CODE BEGIN WHILE*/"和"/*USER CODE END WHILE*/"之间添加代码段，如下：

```
1.  /*USER CODE BEGIN WHILE*/
2.   while(1)
3.   {
4.      LED_Disp[5]=minute/10;
5.       LED_Disp[6]=minute%10;
6.      LED_Disp[7]=second/10;
7.       LED_Disp[8]=second%10;
8.      for(i=5;i<9;i++)
9.      {
10.         HAL_GPIO_WritePin(GPIOA,0xFF,GPIO_PIN_SET);//清除段选数据
11.         HAL_GPIO_WritePin(GPIOC,S5_Pin|S6_Pin|S7_Pin|S8_Pin,GPIO_
            PIN_RESET);        //关闭位选
12.         switch(i)          //输出位选数据
13.         {
14.             case 5:
15.                 HAL_GPIO_WritePin(S5_GPIO_Port,S5_Pin,GPIO_PIN_SET);
16.                 break;
17.             case 6:
18.                 HAL_GPIO_WritePin(S6_GPIO_Port,S6_Pin,GPIO_PIN_SET);
19.                 break;
20.             case 7:
21.                 HAL_GPIO_WritePin(S7_GPIO_Port,S7_Pin,GPIO_PIN_SET);
22.                 break;
23.             case 8:
24.                 HAL_GPIO_WritePin(S8_GPIO_Port,S8_Pin,GPIO_PIN_SET);
25.                 break;
26.         }
27.         HAL_GPIO_WritePin(GPIOA,LED7Code[LED_Disp[i]],GPIO_PIN_RESET);
28.         //送段选数据
29.         HAL_Delay(1);          //第 i 个数码管显示 1ms
30.     }
31.  }
32.  /*USER CODE END WHILE*/
```

4. 编译程序，生成 HEX 文件

参考前面的任务，编译程序。如果编译未通过，请根据提示信息进行相应的排错，直到编译通过，生成 HEX 文件。

5. 烧写程序到 STM32F103VET6

烧写前先把 NEWLab 实训平台右上角旋钮旋至"通信模式", M3 核心模块右上角 JP1 拨到"BOOT", 打开 NEWLab 实训平台电源。若已经供电, JP1 拨到"BOOT"后, 按下复位键, 使用 Flash Loader Demonstrator, 参考前述任务将 task3-2 烧写到 STM32F103VET6 里。

6. 测试效果

将 JP1 拨到"NC", 按下复位键, 可以看到 4 位数码管显示"0000", 按下按键 1, 每隔 1s 最右侧数码管加 1, 显示"0001""0002"……当显示"0059"后下一秒显示"0100", 即分钟数加 1。按下按键 1, 显示数字静止, 不再加 1, 停止计数。按下按键 2, 再按下按键 1, 显示数值每隔 1s 减 1, 实现反计数。按下按键 2, 显示每隔 1s 加 1, 实现增计数。

任务检查与评价

完成任务实施后, 进行任务检查与评价, 任务检查与评价表存放在书籍配套资源中。

任务小结

通过使用 STM32 实现电子秒表, 读者可加强对 STM32 微控制器定时器定时功能、外部中断、数码管动态显示的使用能力(见图 3-3-8)。

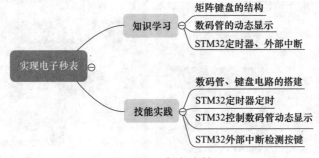

图 3-3-8　任务小结

任务拓展

将 TIM6 换成 TIM2, 实现电子秒表。

项目 ④

智能冰箱

进入 21 世纪以来,智能家居概念大行其道,其中与"吃"有关的智能冰箱是其中一条非常重要的产品线,如图 4-1-1 所示。真正的智能冰箱应该是没有繁琐的操作,却能把用户放进去的蔬菜、肉、蛋和海鲜等食材"照顾"得无微不至,同时还能够给人健康饮食的建议。

"照顾"食材最重要的是温度。一般而言,蔬菜保存在 0~7 ℃,鱼类、肉类保存在 -5~-1 ℃时,食材大多数细菌的繁殖被有效抑制,能很大程度上推迟食品变质时间。

给人健康建议,则必然离不开大数据的支持。所以智能冰箱具有联网功能,能依据用户喜好上网搜索健康食谱,也能接收、执行用户各项远程命令。

图 4-1-1　智能冰箱

开动思维,预测下未来的智能冰箱会有哪些功能?又会是用什么技术实现呢?

任务 1　智能冰箱数据上报

职业能力目标

- 能根据异步串口通信协议,设计合理的通信参数。
- 能根据 MCU 的编程手册,利用 STM32CubeMX 准确配置 STM32 串口发送功能。
- 能根据功能需求,正确添加串口处理代码,实现字符串的发送。

任务描述与要求

任务描述：一大学生创业团队为国内某家电公司的冰箱产品的提档升级提供技术支持。任务是完成冰箱内部温度数据的采集以及与外部的通信功能。本项目共分为四个阶段进行，第一阶段完成冰箱数据的上报功能，为便于验证，此阶段发送内容为固定格式数据，在计算机端使用串口调试助手观察接收数据以达到验证的效果。

任务要求：
- 配置串口发送模式。
- 发送固定格式数据。
- 在计算机上使用串口调试助手观察数据。

任务分析与计划

根据所学相关知识，制订完成本次任务的实施计划，见表 4-1-1。

表 4-1-1　任务计划表

项目名称	智能冰箱
任务名称	智能冰箱数据上报
计划方式	自我设计
计划要求	请用 7 个计划步骤完整描述如何完成本任务
序号	任务计划
1	
2	
3	
4	
5	
6	
7	

知识储备

一、STM32 串口基本功能

串口是各类电子产品中最常见的通信接口之一，它具有线路简单、连接方便，开发、调试工具丰富的优点，当前，串口已经成了几乎所有单片机的必备外设之一。在电子产品使用和开发中经常见到的 UART（Universal Asynchronous Receiver/Transmitter）、SPI（Synchronous Peripheral Interface）、USB（Universal Serial Bus）、I²C（Inter-Intergrated Circuit）等都属于串口的范畴。它们共有的特点就是数据要逐位在线路中传输，故名串行通信口，简称串口。其中 UART 出现最早（20 世纪 80 年代），所以一般提到串口，大家最先想到的就是 UART。UART 是全双工（数据收发可同时进行）串口，使用 TXD、RXD、GND 三根信号线进行数据传输，其中 TXD 称为发送信号线，RXD 称为接收信号线，GND 为共地信号线。串口数据传输过程如图 4-1-2 所示。

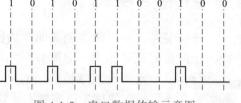

图 4-1-2 串口数据传输示意图

STM32 的串口非常强大，它不仅支持最基本的通用串口同步、异步通信，还具有 LIN 总线功能（局域互联网）、IRDA 功能（红外通信）、智能卡功能。STM32 的串口架构如图 4-1-3 所示。该图看起来十分复杂，实际上对于软件开发人员来说，只需大概了解串口的发送过程即可。

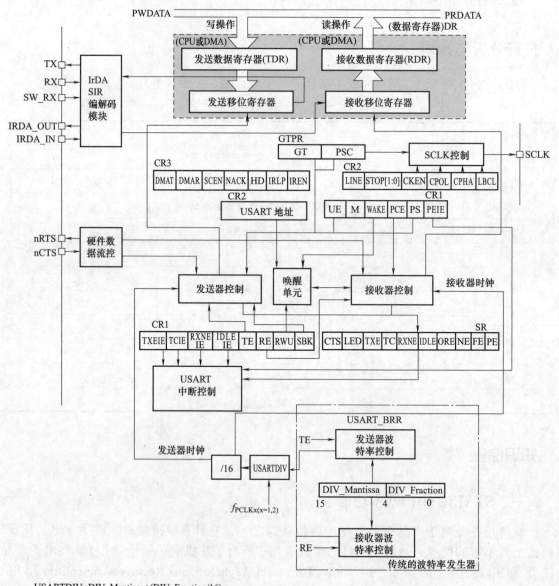

USARTDIV=DIV_Mantissa+(DIV_Fraction/16)

图 4-1-3 STM32 串口架构

从下至上，串口主要由三部分组成，分别是波特率控制、收发控制和数据存储转移。

1）波特率控制。波特率，即每秒传输的二进制位数，用 bit/s 表示，通过对时钟的控制可以改变波特率。在配置波特率时，我们向波特率比率寄存器 USART_BRR 写入参数，修改串口时钟的分频值 USARTDIV。USART_BRR 寄存器包括两部分，分别是 DIV_Mantissa（USARTDIV 的整数部分）和 DIV_Fraction（USARTDIV 的小数部分），最终，计算公式为

$$USARTDIV=DIV\_Mantissa+(DIV\_Fraction/16)$$

USARTDIV 是对串口外设的时钟源进行分频的，对于 USART1，由于它挂载在 APB2 总线上，所以其时钟源为 f_{PCLK2}；而 USART2、3 挂载在 APB1 上，时钟源则为 f_{PCLK1}，串口的时钟源经过 USARTDIV 分频后分别输出作为发送器时钟及接收器时钟，控制发送和接收的时序。

2）收发控制。涉及收发控制的主要有四个寄存器：CR1、CR2、CR3 和 SR，即 USART 的三个控制寄存器（Control Register）及一个状态寄存器（Status Register）。通过向寄存器写入各种控制参数来控制发送和接收，如奇偶校验位、停止位等，还包括对 USART 中断的控制；串口的状态在任何时候都可以从状态寄存器中查询得到。相比于 8 位单片机时代对寄存器的"纯手工"操作，我们使用效率更高的 STM32CubeMX 中的库函数对其进行操作，降低开发难度的同时也提高了综合开发效率。

3）数据存储转移。收发控制器根据寄存器配置，对数据存储转移部分的移位寄存器进行控制。当需要发送数据时，内核或 DMA 外设把数据从内存（变量）写入到发送数据寄存器 TDR 后，发送控制器将自动把数据从 TDR 加载到发送移位寄存器，然后通过串口线 TXD 把数据一位一位地发送出去；当数据从 TDR 转移到移位寄存器时，会产生发送寄存器 TDR 已空事件 TXE；当数据从移位寄存器全部发送出去时，会产生数据发送完成事件 TC。这些事件可以在状态寄存器中查询到。

接收数据则是一个逆过程，数据从串口线 RXD 一位一位地输入到接收移位寄存器，然后自动地转移到接收数据寄存器 RDR，最后用内核指令或 DMA 读取到内存（变量）中。

二、常见串口驱动电路

两块单片机之间使用串口进行通信，如果双方都使用相同的 TTL 电平，则其连接方式如图 4-1-4 所示。两块单片机的 TXD 与 RXD 交叉相连。此外 GND 直接相连，图中没有画出。

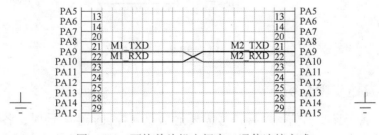

图 4-1-4　两块单片机之间串口通信连接方式

如果单片机与不同电平的设备相连，则需要进行电平转换以保护设备，达到正常通信的效果。显然，这样的电平转换电路在收发双方都应该各有一套。所以，通常情况下串口的连接方式如图 4-1-5 所示。

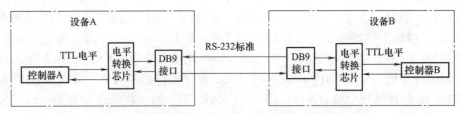

图 4-1-5　通常情况下串口的连接方式

这里的控制器可理解为单片机等采用 TTL 电平的设备，通信数据从控制器发出后经电平转换电路转换为 RS-232 标准接口电平，继而通过 DB9 接口连接到对方的接收通道。

RS-232 标准（又称 EIA RS-232）是常用的串行通信接口标准之一，它是由美国电子工业协会（EIA）联合贝尔系统公司、计算机终端生产厂家共同制定的。该标准规定逻辑"1"的电平为 –15~–5V，逻辑"0"的电平为 5~15V。选用该标准的目的在于提高抗干扰能力，增大通信距离。RS-232 的噪声容限为 2V，接收器将能识别低至 +3V 的信号作为逻辑"0"，将高到 –3V 的信号作为逻辑"1"。

RS-232 标准采用的接口是 9 针或 25 针的 D 型插头，常用的一般是 9 针插头，称之为 DB9 接口。该接口又分为公头（插针式）和母头（插孔式）。串口通信时一般使用 2、3、5 号引脚即可正常通信，这三个引脚在公头中分别定义为 RXD、TXD、GND，而在母头中则分别定义为 TXD、RXD、GND。所以串口线又有交叉线、直通线之分，加之工程中又有不同的定义逻辑，所以比较容易混淆。使用串口之前可用万用表做一个简单测量，第一先确定 GND 信号，然后测量两个引脚，如果有电平是负值，则该引脚为 RS-232 电平的 TXD 引脚。

MAX232 系列芯片是最常见的电平转换芯片，其电路图基本相同，如图 4-1-6 所示。

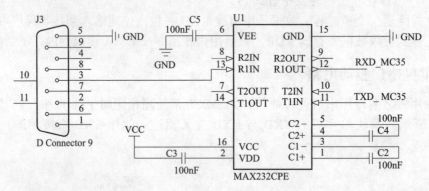

图 4-1-6　MAX232 电平转换电路

三、串口发送步骤分析

UART 串口属于异步通信，时钟信号需要通信双方各自产生。同时，各项通信数据也要统一约定。约定内容包括通信速率、字长、校验模式、起始位个数及停止位个数等。

（1）通信速率

通信速率一般也称为波特率，也就是每秒传送的字节数。双方在传输数据的过程中，波特率一致，这是通信成功的基本保障。STM32 串口支持的波特率非常多，表 4-1-2 是 STM32 串口常用的波特率以及误差。

表 4-1-2　STM32 常见波特率以及误差

序号	波特率 / (kbit/s)	f_{PCLK}=36MHz			f_{PCLK}=72MHz		
		实际波特率 / (kbit/s)	置于波特率寄存器中的值	误差（%）	实际波特率 / (kbit/s)	置于波特率寄存器中的值	误差（%）
1	2.4	2.400	937.5	0	2.4	1875	0
2	9.6	9.600	234.375	0	9.6	468.75	0
3	19.2	19.2	117.1875	0	19.2	234.375	0
4	57.6	57.6	39.0625	0	57.6	78.125	0
5	115.2	115.384	19.5	0.15	115.2	39.0625	0
6	230.4	230.769	9.75	0.16	230.769	19.5	0.16
7	460.8	461.538	4.875	0.16	461.538	9.75	0.16
8	921.6	923.076	2.4375	0.16	923.076	4.875	0.16
9	2250	2250	1	0	2250	2	0
10	4500	不可能	不可能	不可能	4500	1	0

在通信过程中一般根据器件支持波特率范围、通信距离、干扰等因素选择合适的波特率。9.6~115.2kbit/s 是最经常选用的。

（2）字长

STM32 的串口支持 8、9 位字长，一般情况下会选择按照字节传送数据，所以通常选择数据长度为 8 位。当然，有时也会选择 9 位数据，其中 8 位是要传送的 1 个字节数据，额外的 1 位用来检验传送过程有没有发生错误。

（3）校验模式

为了能够了解通信过程中是否发生错误，还可以在传送数据之外额外增加 1 位用于检验，称为"校验位"。STM32 支持奇校验、偶校验和无校验三种模式。假设要传送 8 位数据，分别采用 1 位奇 / 偶校验位，数据变化见表 4-1-3。

表 4-1-3　奇偶校验示例

有效数据（8 位）	奇校验（Odd）	偶校验（Even）
0000 0000	0000 0000　1	0000 0000　0
0101 0101	0101 0101　1	0101 0101　0
0100 1100	0100 1100　0	0100 1100　1
1111 1111	1111 1111　1	1111 1111　0

所以，在传送 8 位有效数据时，如果要对数据进行奇 / 偶校验，则相应的数据长度应设为 9 位。如果不进行校验，则字长选择 8 位即可。

（4）起始位、停止位

串口为了区分停止状态和数据传输状态还设置了起始位、停止位的概念，在下一个任务中会详细解释。一般情况下，采用默认值 1 位起始位、1 位停止位即可。

（5）硬件流控制

标准串口除了上述三个引脚之外还有 RTS、CTS 等引脚用于硬件流控制，我们不使用。

设定了以上参数之后，还有诸如 STM32 相应的引脚状态也需要做相应设置，这里选择第二功能即可，至此 STM32 串口发送配置完成。

四、单片机发送数据

使用 HAL 库开发 STM32 单片机的优点之一就是有大量的 HAL 库函数供调用，以加速开发过程。对于串口发送函数，根据串口的工作模式不同也有多个函数可供调用。如：

HAL_UART_Transmit（）

HAL_UART_Transmit_IT（）

HAL_UART_Transmit_DMA（）

以上三个函数分别对应串口的查询方式发送、中断方式发送和 DMA 方式发送。本任务使用 HAL_UART_Transmit（）来实现数据发送。

HAL_UART_Transmit（）函数原型为：

```
HAL_StatusTypeDef HAL_UART_Transmit(UART_HandleTypeDef *huart,
                                    uint8_t *pData,
                                    uint16_t Size,
                                    uint32_t Timeout)
```

该函数有四个形参，第一个形参为串口句柄指针，可理解为包含配置信息在内的串口号；第二个形参为发送存放首地址；第三个形参为发送数据长度；第四个形参为最大发送时长，在此时间内没有完成发送则函数返回超时标志。比如，要使用串口 1 发送 1 个字节，在程序中可能写作：

HAL_UART_Transmit（&Huart1，&ch，1，0xffff）；

串口中断发送数据函数与串口 DMA 发送数据函数与此类似，函数原型如下，读者可以自行尝试调用。

```
HAL_StatusTypeDef HAL_UART_Transmit_IT(UART_HandleTypeDef *huart,
                                       uint8_t *pData,
                                       uint16_t Size);
```

```
HAL_StatusTypeDef HAL_UART_Transmit_DMA(UART_HandleTypeDef *huart,
                                        uint8_t *pData,
                                        uint16_t Size);
```

五、在计算机上查看数据

STM32 通过串口将数据发送之后，如何观察数据是否正确呢？显然，我们希望能够在计算机屏幕上看到刚刚发送的数据。通过 USB 转串口线将 NEWLab 实验台与计算机 USB 口连接起来（USB 转串口线需要事先安装驱动程序）。

串口调试助手是经常使用的工具之一，界面如图 4-1-7 所示。硬件连接完毕，在计算机上使用串口调试助手，将通信参数设为一致，即可正常查看单片机发送的数据。

注意，图中串口号在不同的计算机中以及 USB 转串口线接入不同的 USB 口时都可能会不同。其余参数按照图 4-1-7 所示设置保持一致即可。

图 4-1-7　串口调试助手设置

任务实施

任务实施前必须准备好表 4-1-4 所列设备和资源。

表 4-1-4　设备清单表

序号	设备/资源名称	数量	是否准备到位（√）
1	M3 核心模块	1	
2	配书资源	1	

要完成本任务，可以将实施步骤分成以下 4 步：
- 新建 STM32CubeMX 串口工程。
- 添加串口发送代码。
- 搭建硬件环境。
- 使用串口调试助手验证结果。

具体实施步骤如下：

1. 新建 STM32CubeMX 串口工程

1）新建 STM32CubeMX 工程。

2）调试接口、时钟基础配置。

3）配置串口参数。

串口配置如图 4-1-8 所示。

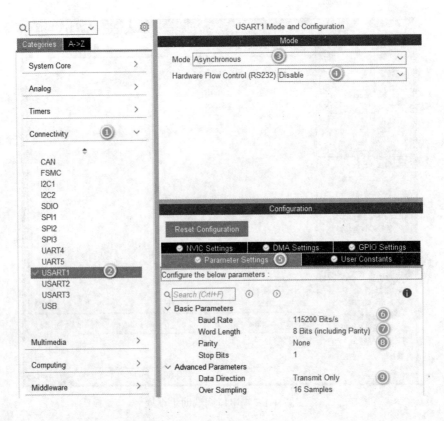

图 4-1-8　串口配置

将串口速率配置为 115200bit/s，字长 8 位，无校验，1 位停止位。本任务中，串口向外发送数据，不接收。完成以上基本配置后将工程保存到相应的文件夹中，并命名为"Task4-1-SerialTx"。这里需要强调，路径中不能用中文！

2. 添加串口发送代码

STM32CubeMX 中集成的 HAL 库中有很多关于串口数据的函数，本任务使用 HAL_UART_Transmit（ ）函数，让串口发送一个经典字符串"Hello world！"到计算机。代码如下：

```
1.  //Para1:端口号;Para2:发送数据;Para3:数据长度;Para4:最大阻塞时间
2.  HAL_UART_Transmit(&huart1, (uint8_t*)"Hello world!\r\n",14,1000);
```

第三个参数是发送数据长度，但如果逐个数字符则较为麻烦，也容易出错。使用 C 语言中的 sizeof（ ）运算符自动计算字符串长度，如下：

```
1.  HAL_UART_Transmit(&huart1,(uint8_t*)"How are you? \r\n",sizeof("How
    are you?\r\n"),1000);
```

完成字符串发送的完整代码如下（仅列出有添加代码部分）：

```
1.  /*USER CODE BEGIN WHILE*/
2.  while(1)
3.  {
4.    //Para1:端口号;Para2:发送数据;Para3:数据长度;Para4:最大阻塞时间
5.    HAL_UART_Transmit(&huart1, (uint8_t*)"Hello world!\r\n",14,1000);
```

```
6.    HAL_UART_Transmit(&huart1,(uint8_t*)"How  are  you?\r\n",sizeof("How
      are  you?\r\n"),1000);
7.    // 延时,防止缓冲区溢出
8.    HAL_Delay(50);
9.    /*USER CODE END WHILE*/
10.   /*USER CODE BEGIN 3*/
11.   }
12.   /*USER CODE END 3*/;
```

代码添加完毕后,编译无警告、无错误即可下载到单片机中运行测试。

3. 搭建硬件环境

将 M3 核心模块放置在实训平台上。如果 PC 有标准 COM 口,可以直接利用实训平台所配备的标准串口线将 NEWLab 实训平台与 PC COM 口进行连接。如果 PC 没有 COM 口,可以使用 USB 转串口线,将其一端连接 NEWLab 实训平台背部的 COM 口,另一端连接 PC USB 口(需要预先安装 USB 转串口线驱动程序)。连接示意图如图 4-1-9 所示。

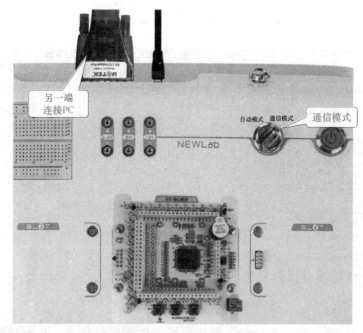

图 4-1-9 串口通信示意图

4. 使用串口调试助手验证结果

1)查看串口号,如图 4-1-10 所示。

2)配置串口助手参数。使用 USB 转串口线连接 NEWLab 与计算机时,计算机将会分配给 USB 转串口线一个模拟串口号。查看这个虚拟串口线的方法与使用串口线下载 STM32 程序一样,这里不再赘述。

在计算机端开启串口调试助手,选择合适的虚拟串口号(串口调试助手会自动将发现的串口显示出来,选择即可)以及与 STM32 相同的串口设置,完成设置。设置界面如图 4-1-11 所示。

图 4-1-10　查看 USB 转串口线虚拟串口号

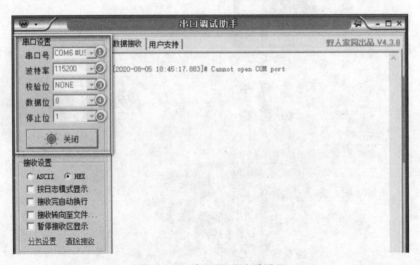

图 4-1-11　串口调试助手设置

将 JP1 拨到"NC"，按下复位键，使单片机工作在运行状态。在串口调试助手上观察数据，如图 4-1-12 所示。

图 4-1-12　串口接收数据监控

任务检查与评价

完成任务实施后，进行任务检查与评价，任务检查与评价表存放在书籍配套资源中。

任务小结

通过冰箱发送数据任务的设计与实现，了解使用 STM32CubeMX 配置 STM32F1xx 单片机的串口方法，以及 HAL 库中串口发送函数 HAL_UART_Transmit（）的基本使用方法（见图 4-1-13）。

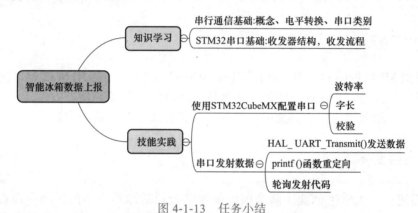

图 4-1-13　任务小结

任务拓展

学习 C 语言时，经常使用的函数之一就是格式化输出 printf（）函数。在单片机编程中能不能使用这个函数呢？在 8 位机时代几乎是不可能的，因为 printf（）函数过于占用资源，但在 STM32 系列单片机中，资源已经足够使用 printf（）函数了。C 语言中设计的 printf（）函数是将数据向标准化输出设备（也就是显示器）输出，这里要改向串口输出的，所以需要部分改动代码，这个过程称之为重定向。printf（）函数是依赖 fputc（）函数完成输出的，所以只要修改 fputc 的函数体，使之向串口输出即可。需要将数据从串口 1 输出，为保持程序的结构化，将相关代码写在 "usart.c" 中，如下：

```
1.  /*USER CODE BEGIN 1*/
2.  int fputc(int ch,FILE*p)
3.  {
4.      HAL_UART_Transmit(&huart1,(uint8_t*)&ch,1,1000);
5.      return 0;
6.  }
7.  /*USER CODE END 1*/
```

在重定向过程中需要使用 C 库函数以及宏定义，所以还需要做一些准备工作，否则编译过程中将会出现警告。在 "usart.h" 文件中增加如下代码：

```
1.  /*USER CODE BEGIN Includes*/
2.  #include<stdio.h>
3.  /*USER CODE END Includes*/
```

重定向可以通过很多函数实现，原理大同小异。

完成以上准备工作之后，在主程序中即可使用 printf（ ）函数从串口输出数据。可在原串口输出代码的基础上增加如下语句：

```
1.  // 在 usart.c 中通过改写 fputc（）实现了 printf（）重定向
2.  printf("Yes! Good Luck!\r\n");
```

任务 2　冰箱查询方式接收外部命令

职业能力目标

- 能根据 MCU 的编程手册，利用 STM32CubeMX 准确配置 STM32 串口接收功能。
- 能根据任务要求，快速查阅硬件连接资料准确搭建设备环境。
- 能根据功能需求，正确添加串口处理代码，实现字符串的查询接收。

任务描述与要求

任务描述： 一大学生创业团队为国内某家电公司的冰箱产品的提档升级提供技术支持。任务是完成冰箱内部温度数据的采集以及与外部的通信功能。本项目共分为四个阶段进行，第二阶段完成冰箱外部数据接收，并显示接收命令代码功能。此阶段使用查询方式接收串口数据。为便于测试，在计算机端使用串口调试助手发送字符串；冰箱接收完成使用数码管显示，以达到验证的效果。

任务要求：
- 配置串口接收模式。
- 查询方式接收数据。
- 数码管显示数据。

任务分析与计划

根据所学相关知识，制订完成本次任务的实施计划，见表 4-2-1。

表 4-2-1　任务计划表

项目名称	智能冰箱
任务名称	冰箱查询方式接收外部命令
计划方式	自我设计
计划要求	请用 6 个计划步骤完整描述如何完成本任务

（续）

序号	任务计划
1	
2	
3	
4	
5	
6	

知识储备

一、异步串口通信协议

任务 1 利用 STM32CubeMX 中的相关库函数完成了串口数据的发送，而接收则是由串口调试助手工具自动完成的。本任务处理接收的过程。在计算机上使用串口调试助手发送数据，使用 STM32 单片机接收。异步串口通信协议如图 4-2-1 所示（1bit 起始位 +8bit 数据 +1bit 校验位 +1bit 停止位）。在发送引脚 TXD 上，没有数据发送时，引脚一直处在高电平。当有数据要发送时，TXD 上输出 1bit 周期低电平，为起始位；后面接着输出 8bit 数据，其中"1"用高电平表示，"0"用低电平表示；数据位结束后是 1bit 的奇偶校验位（也可以没有）；数据传输完毕，TXD 输出高电平 1 个位周期，表示停止位。

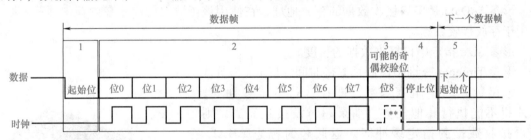

图 4-2-1　异步串口通信协议

这里的位周期就是波特率的倒数，如当波特率为 9600bit/s 时，1s 传输 9600bit，1 个位周期大约为 0.1ms。可以发现，以上的串口发送过程中，起始位 + 停止位 + 校验位（也可以没有）共 3bit，有效数据为 8bit，则传送效率约为 70%。特别注意，STM32 单片机中，奇偶校验位也是包含在字长中的，一般情况下，是按照整个字节传输数据的，不希望奇偶校验位占用字节内容，所以如果要奇偶校验，就要设置字长为 9，如图 4-2-2 所示；反之，如果不设校验，则字长设置为 8 即可。

STM32 单片机支持查询接收、中断接收等模式，本任务使用查询方式进行数据接收。为了检验接收是否正确，使用数码管对接收到的数据进行指示。

二、查询接收 HAL 库函数

使用 STM32CubeMX 开发的一大优势就是其官方为单片机准备了大量的库函数以供调

物联网嵌入式技术

用。在使用库函数之前，先介绍 STM32 串口的收发器接收部分。

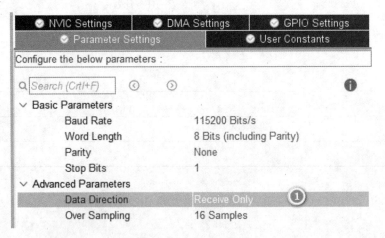

图 4-2-2　字长设置

STM32 的 HAL 函数库中提供了 HAL_UART_Receive（ ）函数进行查询接收。该函数原型为：

```
HAL_StatusTypeDef HAL_UART_Receive(UART_HandleTypeDef *huart,
                                   uint8_t *pData,
                                   uint16_t Size,
                                   uint32_t Timeout);
```

形参 *huart 是串口句柄指针，本任务使用串口 1。

形参 *pData 是串口接收数据的存放地址，在使用该函数之前应该在内存中开辟一段内存用于存放接收数据。

形参 Size 指定串口接收数据的长度。

形参 Timeout 查询串口最长等待时间，以 ms 为单位。

该函数是一个阻塞函数，即在执行本函数期间，单片机不能执行其他任务。如果超时没接收完成，则不再接收数据到指定缓冲区，返回超时标志（HAL_TIMEOUT）。

三、数码管显示

单片机收到数据之后驱动数码管显示命令代码，数码管本质上是发光二极管的组合。在显示数字时给相应的二极管加正偏电压即可。图 4-2-3 是 CL3641BH 型 4 位 8 段数码管，图 4-2-4 是共阳极数码管其中 1 位的内

图 4-2-3　共阳极 4 位数码管

部结构示意图，CL3641BH 相当于内部集成了 4 个这样的结构。数码管中发光二极管排列顺序如图 4-2-5 所示。

电路连接时只需要将 CL3641BH 的一位数码管阳极（公共端）接到电源，其余 8 只引脚通过限流电阻接到单片机控制引脚即可。比如要显示数字 "0"，则需要 a、b、c、d、e、f 段亮起。因为是共阳极，所以控制 a~f 的引脚输出低电平即可显示数字 "0"。

—— 112 ——

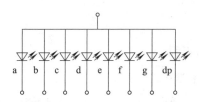

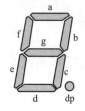

图 4-2-4　共阳极数码管内部结构示意图　　图 4-2-5　数码管中发光二极管排列顺序

四、串口接收流程分析

与任务 1 类似，作为异步串口通信，通信双方波特率、字长、校验方式等参数都要相同方可通信。

1）波特率：115200bit/s。任务 1 中对各参数的作用进行了简要介绍，这里再对波特率这一重要参数的计算做一个补充。STM32 的 USART1 接在 APB2 时钟上，所以其波特率跟 APB2 的时钟速率有关。

因为使用了库函数对 STM32 进行配置，所以无需计算寄存器的 USARTDIV 的值，大大提高了开发效率。

2）字长：8 位。

3）校验：无校验。

4）停止位：1 位。

5）数据收发：Receive only。

6）过采样：16 抽样。

配置完成生成初始代码。

五、添加串口接收代码

调用 HAL_UART_Receive（）函数实现串口接收是非常简单的，但要注意一点，接收到的数据是以字符的形式存在的。比如从计算机上发送了 '0'，则函数会认为接收到的数据是字符 '0'，而不是数字 0。如要完成接收到字符 '0' 就点亮数码管的 A 段，否则熄灭数码管 A 段。此外为了更加深入地理解该函数的第四个形参阻塞的含义，这里放置了数码管 B 段闪烁的代码。可以发现，数码管 B 段在以 1s 为周期闪烁（500ms 点亮，500ms 熄灭）。

```
1.  // 其余自动生成部分省略
2.  uint8_t char;
3.  HAL_GPIO_WritePin(LED_A_GPIO_Port,0xff,(GPIO_PinState)1);
4.  While(1)
5.  {
6.    HAL_UART_Receive(&huart1,&Char,1,500);
7.    HAL_GPIO_TogglePin(LED_B_GPIO_Port,LED_B_Pin);//B 段闪烁,用于指示程
      序循环
8.    if(Char=='0')
9.      HAL_GPIO_WritePin(LED_A_GPIO_Port,LED_A_Pin,GPIO_PIN_RESET);
10.   else
11.     HAL_GPIO_WritePin(LED_A_GPIO_Port,LED_A_Pin,GPIO_PIN_SET);
12. }
```

任务实施

任务实施前必须准备好表 4-2-2 所列设备和资源。

表 4-2-2　设备清单表

序号	设备 / 资源名称	数量	是否准备到位（√）
1	M3 核心模块	1	
2	显示模块	1	
3	香蕉线	1	
4	配书资源	1	

要完成本任务，可以将实施步骤分成以下 4 步：
● 修改 STM32CubeMX 工程。
● 添加接收代码。
● 硬件环境搭建。
● 结果验证。
具体实施步骤如下：

1. 修改 STM32CubeMX 工程

与任务 1 类似，不再详细阐述，直接给出配置步骤。

1）基本配置（时钟、调试口）。

2）LED 驱动 GPIO 配置。

3）串口配置。

新建工程文件夹 Task4-2-SerialRx，复制任务 1 中的 STM32CubeMX 工程并修改名称为 "Task4-2-SerialRx"。在任务 1 工程的基础上，只需配置串口为接收，以及驱动数码管的相关 GPIO 即可。单片机时钟、调试接口等配置都不变。配置方法可参考任务 1。

单片机使用 PA0~PA7 驱动数码管，需要将其设置为推挽输出模式。为方便记忆，将这8 个引脚分别使用 LED_A、LED_B 等表示，代表驱动相对应的数码管引脚。配置界面如图 4-2-6 所示。

与任务 1 相同，串口参数在 "connectivity" 中配置，选择 "usart1"，配置参数如图 4-2-2 所示。这里将串口速率配置为 115200bit/s，字长 8 位，无校验，1 位停止位。在这一步串口接收外部数据。

2. 添加接收代码

根据前面分析，要调用 HAL_UART_Receive（）函数，首先要定义一个字符指针，用来存储计算机发送过来的数据。代码如下：

```
1.  uint8_t pChar;
2.  HAL_GPIO_WritePin(LED_A_GPIO_Port,0xff,GPIO_PIN_SET);
3.  while(1)
4.    {
5.        HAL_UART Receive(&huart1,&pChar,1,1000);
6.        if(pChar=='0')
7.         HAL_GPIO_WritePin(LED_A_GPIO_Port,LED_A_Pin,GPIO_PIN_RESET);
```

```
8.      else
9.          HAL_GPIO_WritePin(LED_A_GPIO_Port,LED_A_Pin,GPIO_PIN_SET);
10.     /*USER CODE END WHILE*/
11.
12.     /*USER CODE BEGIN 3*/
13.  }
14.  /*USER CODE END 3*/
```

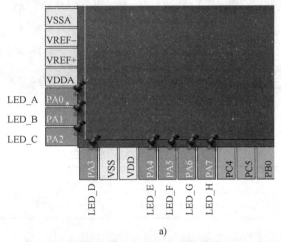

冰箱查询方式接收
外部命令（修改任
务 1 工程配置并完
善代码）

a)

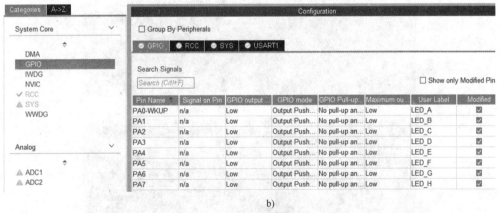

b)

图 4-2-6   配置数码管驱动引脚

将上述代码都写在 main（）函数的主循环中，实现效果是每个单片机每次从计算机读取 1 个字节内容。如果接收字符为 '0'，则数码管的 A 段点亮，否则 A 段熄灭。

3. 硬件环境搭建

本任务需要使用 M3 核心模块和显示模块，将其按照图 4-2-7 所示连接完毕。具体连线关系见表 4-2-3。

NEWLab 与计算机连接方法与任务 1 相同，参考完成即可。参照前述任务使用串口将编译好的程序（Task4-2-SerialRx.Hex）下载到单片机中（注意，JP1 一定拨到 "Boot"，并按一次复位键）。

4. 结果验证

将 JP1 拨到 "NC"，按下复位键，使单片机工作在运行状态。在计算机上通过串口调试助手分别发送字符'0'与其他非0字符，观察"显示模块"数码管的显示状态。当输入'0'时，数码管状态如图4-2-8所示。

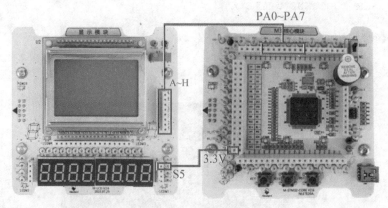

图 4-2-7　硬件连接图

表 4-2-3　硬件连接引脚对应表

M3 核心模块	PA0	PA1	PA2	PA3	PA4	PA5	PA6	PA7	3.3V
显示模块	J7-A	J7-B	J7-C	J7-D	J7-E	J7-F	J7-G	J7-H	J6-S5

a) 串口接收到字符'0'时数码管状态（A段亮起）

b) 串口接收到非0字符时数码管状态（A段熄灭）

图 4-2-8　数码管显示状态

任务检查与评价

完成任务实施后，进行任务检查与评价，任务检查与评价表存放在书籍配套资源中。

任务小结

使用 STM32CubeMX 完成单片机的串口接收配置，使用串口调试助手与单片机进行通信。单片机根据接收字符在数码管上进行显示（见图4-2-9）。

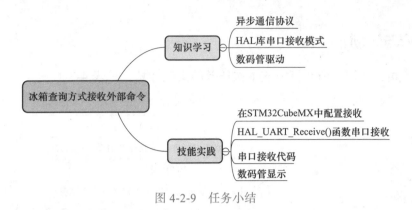

图 4-2-9　任务小结

任务拓展

　　完成一个简单的通信协议，假设冰箱有 10 个指令，分别用数字 0~9 来代表，实现数码管对接收命令代码显示。

　　任务 2 中已经完成了字符 '0' 的接收与显示。现在只需要在这个任务的基础上修改、添加代码即可。因为有 10 个指令代码需要显示，所以可以选用 C 语言中的 switch-case 语句来完成。代码工作流程是循环进行接收→判断→显示。

任务 3　冰箱中断方式接收外部命令

职业能力目标

- 能利用 STM32CubeMX 准确启用 STM32 串口接收功能。
- 能利用 STM32CubeMX 正确启用串口中断并配置优先级。
- 能根据功能需求，正确添加串口处理代码，实现字符串的中断接收。

任务描述与要求

　　任务描述：一大学生创业团队为国内某家电公司的冰箱产品的提档升级提供技术支持。任务是完成冰箱内部温度数据的采集以及与外部的通信功能。本项目共分为四个阶段进行，第三阶段完成冰箱外部数据接收，并显示接收命令代码功能。此阶段对串口接收提出效率要求，故采用中断方式接收串口数据。为便于测试，在计算机端使用串口调试助手发送字符串；冰箱接收完成使用数码管显示，以达到验证的效果。

　　任务要求：
- 配置串口接收模式。
- 中断方式接收数据。
- 数码管显示数据。

任务分析与计划

根据所学相关知识，请制订完成本次任务的实施计划，见表 4-3-1。

表 4-3-1　任务计划表

项目名称	智能冰箱
任务名称	冰箱中断方式接收外部命令
计划方式	自我设计
计划要求	请用 6 个计划步骤完整描述如何完成本任务
序号	任务计划
1	
2	
3	
4	
5	
6	

知识储备

一、中断接收

任务 2 使用了查询方式接收串口数据，使用了 HAL_UART_Receive（）函数，其中第四个参数是超时时间。为什么要设置这个参数呢？这是因为使用查询方式接收数据时 CPU 不断去查询相应寄存器状态位，直至满足条件才进行下一步动作。这个过程中 CPU 不能处理其他任务。显然，对于 STM32 单片机来讲，这是非常低效的方式。毕竟理论上 STM32 可以达到 1.25MIPS/MHz 的指令效率。对于 72MHz 主频速率，每秒可执行上百万条指令。而中断方式则是事件触发的，只要有事件产生都会进入中断，取得 CPU 的运行权，因此响应更快、更及时。

在 STM32CubeMX 提供的 HAL 库中，有串口中断接收函数 HAL_UART_Receive_IT（），函数原型与 HAL_UART_Receive（）非常类似，函数原型如下：

```
HAL_StatusTypeDef HAL_UART_Receive_IT(UART_HandleTypeDef *huart,
                                       uint8_t *pData,
                                       uint16_t Size);
```

该函数以中断方式接收指定长度数据。大致过程是把接收缓冲区指针指向要存放接收数据的数组，设置接收长度、接收计数器初值，然后使能串口接收中断。接收到数据时，会触发串口中断。接着，串口中断函数处理，直到接收到指定长度数据，而后关闭中断，不再触发接收中断，最后调用串口接收完成回调函数。使用回调函数能够实现更为灵活的处理，在较为复杂的嵌入式程序和嵌入式操作系统中比较常见。HAL_UART_Receive_IT（）函数使用时一般是在主程序的 while 主循环之外启动一次，然后在中断处理程序中再次开启，如此实现高效率的比较复杂的功能。在 while 主循环之内使用该函数则往往无法体现中断处理的优越性。

要使用串口中断接收就必须先开启中断，HAL_UART_Receive_IT（）函数隐式包含了中断开启过程，简单却容易造成误用，不能体现出中断接收的特点。为了更加清晰地了解串口中断处理过程，这里不使用 HAL 库中的串口中断接收函数 HAL_UART_Receive_IT（）函数而使用显式的处理过程。

二、串口中断处理过程

串口接收中断属于可屏蔽中断，系统默认该中断是关闭的。所以要使用串口接收中断，首先要在程序中开中断。HAL 库提供了 __HAL_UART_ENABLE_IT（）函数用以启动串口中断，中断类型使用函数形参确定。开启中断后，单片机接收到数据后进入中断处理程序。MDK 中每个中断都有相应的默认中断处理程序。

MDK 将 STM32 单片机的默认中断处理函数统一放置在"stm32f1xx_it.c"中，串口 1 的默认中断程序如下：

```
void USART1_IRQHandler(void)
{
  /* USER CODE BEGIN USART1_IRQn 0 */

  /* USER CODE END USART1_IRQn 0 */
  USR_UART_IRQHandler( );
  /* USER CODE BEGIN USART1_IRQn 1 */

  /* USER CODE END USART1_IRQn 1*/
}
```

可以看到该中断处理函数默认调用 HAL_UART_IRQHandler（）函数去执行真正的中断处理任务。用户可以用自己的中断处理程序去替换默认程序以实现独特的功能。所以在MDK 中使用串口中断接收大致经过以下三个步骤：

1）在 main.c 文件中增加中断接收程序。
2）在 stm32f1xx_it.c 文件中修改中断处理函数。
3）在 main.c 的主程序中开串口接收中断。

三、中断接收程序设计

串口通信基本设置与任务 1、任务 2 相同，通信速率为 115200bit/s，8 位数据位，1 位停止位，无校验。

为保证通信可靠性，通信程序往往设置起始、校验、结束等标志。在本任务中对通信程序做一个简单升级，使用 3B 表示一个完整命令。命令格式见表 4-3-2。

表 4-3-2　命令格式

1B	1B	1B
a	r	0/1
固定，表示起始	表示读取	0：表示温度 1：表示湿度

这样，冰箱可接收两个命令，分别是读取温度命令"ar0"和读取湿度命令"ar1"。在中断处理程序中，因为已知命令都是3B，所以可以三个数据为一组，接收到3B数据后就给出一个标志位，告诉系统接收完成。

四、主程序设计

主程序在发现接收数据完成标志位置位后，首先判断是否以字符'a'起始，如果不是则丢弃数据，并等待下一次标志位置位。如果是以字符'a'开始，则继续判断后续字节是否为'r'以及最后一个字符是'0'还是'1'，即主程序会逐个匹配接收字符以查找对应命令并执行相应动作。

完成一次接收数据处理后，接收完成标志位都会被复位，相应的接收数据长度计数器、接收缓冲也会被清零。

任务实施

任务实施前必须准备好表4-3-3所列设备和资源。

表4-3-3 设备清单表

序号	设备/资源名称	数量	是否准备到位（√）
1	M3核心模块	1	
2	显示模块	1	
3	香蕉线	1	
4	配书资源	1	

要完成本任务，可以将实施步骤分成以下4步：
- 修改STM32CubeMX工程。
- 添加接收代码。
- 搭建硬件环境。
- 结果验证。

具体实施步骤如下：

1. 修改STM32CubeMX工程

新建工程文件夹Task4-3-SerialRx-IT，复制任务2中的STM32CubeMX工程并修改名称为"Task4-3-SerialRx-IT"。在任务2工程的基础上，只需配置启用串口中断并设置其中断优先级即可。单片机时钟、调试接口等配置都不变。配置方法可参考任务1、任务2。这里仅给出中断配置完成的截图，如图4-3-1所示。

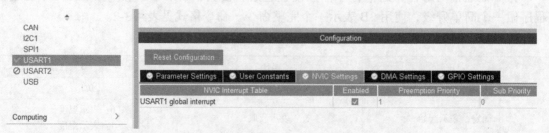

图4-3-1 启用单片机串口中断

启用单片机串口接收中断后，在 STM32CubeMX 的 "System core" 选项卡中选中 "NVIC" 子选项卡，配置串口优先级。这里只启用了一个中断，优先级设置如图 4-3-2 所示。

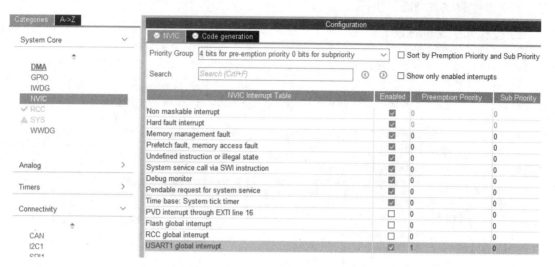

图 4-3-2　配置数码管驱动引脚

2. 添加接收代码

(1) 添加中断处理代码

根据前面的分析，在 "stm32f1xx_it.c" 文件中找到默认的串口 1 中断处理函数 USART1_IRQHandler( )，将其调用函数修改为自定义中断处理函数。代码如下，其中第 6 行注释掉，新增第 8 行。

```
1.    void USART1_IRQHandler(void)
2.    {
3.    /*USER CODE BEGIN USART1_IRQn 0*/
4.
5.    /*USER CODE END USART1_IRQn 0*/
6.    //HAL_UART_IRQHandler(&huart1);
7.     // 替换以上中断处理函数
8.     USR_UART_IRQHandler( );
9.    /*USER CODE BEGIN USART1_IRQn 1*/
10.
11.    /*USER CODE END USART1_IRQn 1*/
12.   }
```

(2) 添加自定义中断处理函数声明及函数体代码

根据 C 语言规范及工程文件要求，函数在调用之前必须先声明。在 main.h 中给出 USR_UART_IRQHandler( ) 函数的声明，如下：

```
1.   /*USER CODE BEGIN EFP*/
2.   // 声明 UART1 中断自行处理函数
3.   void USR_UART_IRQHandler(void);
4.   /*USER CODE END EFP*/
```

然后在 main.c 中增加该函数定义的函数体代码，如下。其中第 5~10 行完成单个字节的接收任务，每次中断都会执行相应的代码。第 11~12 行是命令接收完成判断标志处理，这里根据命令长度进行简单判断，完成 3B 的接收即置位接收完成标志。至于命令正确与否，则交由主程序去判断、执行。

```
1.  /*USER CODE BEGIN 4*/
2.  // 用户中断处理程序
3.  void USR_UART_IRQHandler(void)
4.  {
5.     if(__HAL_UART_GET_FLAG(&huart1,UART_FLAG_RXNE)!=RESET)
6.     {
7.         uart1RxBuff[uart1RxCount]=(uint8_t)(huart1.Instance->DR&
   (uint8_t)0x00ff);
8.         uart1RxCount++;
9.         __HAL_UART_CLEAR_FLAG(&huart1,UART_FLAG_RXNE);
10.    }
11.    if(uart1RxCount>=3)
12.        uart1RxStat=1;
13. }
14. /*USER CODE END 4*/
```

程序所需变量需要设置为全局变量，将其定义在 main.c 文件前面，如下：

```
1.  /*USER CODE BEGIN PV*/
2.  uint8_t uart1RxStat=0;
3.  uint8_t uart1RxCount=0;
4.  uint8_t uart1RxBuff[20]={0};
5.  /*USER CODE END PV*/
```

此外，一定要记得进入主循环之前开启接收中断。下面第一行代码是初始化数码管显示，第二行是开启串口接收中断。

```
1.  HAL_GPIO_WritePin(LED_A_GPIO_Port,0xff,GPIO_PIN_SET);
2.  __HAL_UART_ENABLE_IT(&huart1,UART_IT_RXNE);
```

在主程序中，判断接收完成标志变量"uart1RxStat"是否为真，当该变量为真时，进入接收命令代码显示环节，并清零接收完成标志标量。参考代码如下：

```
1.  if(uart1RxStat==1)
2.  {
3.     HAL_GPIO_WritePin(LED_A_GPIO_Port,0xff,GPIO_PIN_SET);
4.     if(uart1RxBuff[0]=='a')
5.     {
6.        if(uart1RxBuff[1]=='r')        // 读取
7.        {
8.           if(uart1RxBuff[2]=='0')  // 温度
9.            HAL_GPIO_WritePin(LED_A_GPIO_Port,LED_A_Pin|LED_B_Pin|LED_C_
   Pin|LED_D_Pin|LED_E_Pin|LED_F_Pin,GPIO_PIN_RESET);
10.          if(uart1RxBuff[2]=='1')// 湿度
11.           HAL_GPIO_WritePin(LED_A_GPIO_Port,LED_B_Pin|LED_C_Pin,GPIO_
   PIN_RESET);
12.       }
```

```
13.     }
14.     uart1RxStat=0;
15.     uart1RxCount=0;
16.     memset(uart1RxBuff,0,5);
17.   }
```

3. 搭建硬件环境

本任务硬件接线图与任务 2 相同，如图 4-3-3 所示。NEWLab 与计算机连接方法与任务 1 相同，参考完成即可，具体连线关系见表 4-3-4。

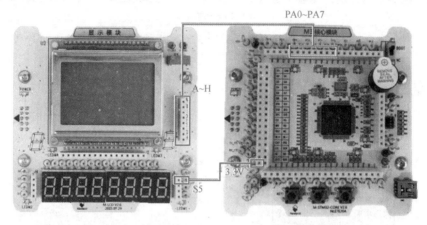

图 4-3-3　硬件连接图

表 4-3-4　设备连接引脚对应表

M3 核心模块	PA0	PA1	PA2	PA3	PA4	PA5	PA6	PA7	3.3V
显示模块	J7-A	J7-B	J7-C	J7-D	J7-E	J7-F	J7-G	J7-H	J6-S5

硬件连接方式与任务 2 相同，无需修改连线。参照前述任务，使用串口将编译好的程序（Task4-3-SerialRx-IT.hex）下载到单片机中（注意，JP1 一定拨到"Boot"，并按一次复位键）。

4. 结果验证

将 JP1 拨到"NC"，按下复位键，使单片机工作在运行状态。在计算机上通过串口调试助手分别发送字符串"ar0"与"ar1"，观察"显示模块"数码管的显示状态。当输入"ar0"时，数码管显示"0"；当输入"ar1"时，数码管显示"1"，如图 4-3-4 所示。注意，这里判断一条命令的方法是判断接收字符个数，每 3 个字符认为是一组。所以输入时也要严格按照这个格式要求输入命令，否则就容易发生异常。

任务检查与评价

完成任务实施后，进行任务检查与评价，任务检查与评价表存放在书籍配套资源中。

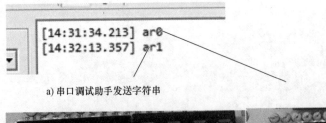

a) 串口调试助手发送字符串

b) 数码管显示

图 4-3-4　数码管显示状态

任务小结

见图 4-3-5。

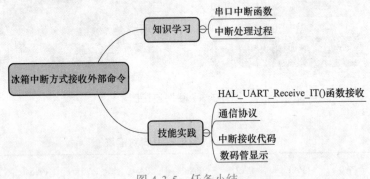

图 4-3-5　任务小结

任务拓展

STM32 系列单片机还支持 UART_IT_IDLE 中断，含义是串行总线空闲中断。IDLE 是在接收到第一个数据后才开启触发条件的，即接收的数据断流（总线空闲时间超过 1 个字节传输周期）产生 IDLE 中断。该中断在串口无数据接收的情况下不会一直产生。利用 UART_IT_IDLE 中断能够灵活处理串口接收数据长度。

在本任务中，如果每次串口输入数据长度不是 3 个，则可能会造成程序"莫名其妙"不正常工作。原因就是数据接收完成标志是根据接收数据长度确定的，可能造成一个命令被分成两次输入的情况。改进方法之一就是在中断处理程序中启用 UART_IT_IDLE 判断，代码如下：

```
1.  if(__HAL_UART_GET_FLAG(&huart1,UART_FLAG_IDLE)!=RESET)
2.  {
3.      __HAL_UART_DISABLE_IT(&huart1,UART_IT_IDLE);
4.      uart1RxStat=1;
5.  }
```

将上述代码取代以下代码即可。

```
1.  if(uart1RxCount>=3)
2.      uart1RxStat=1;
```

尝试完成以上功能。

任务 4　智能冰箱保鲜检测

职业能力目标

- 能根据 MCU 的编程手册，STM32CubeMX 准确配置 STM32 数模转换功能。
- 能根据功能需求，正确添加串口处理代码实现字符串的发送。
- 能根据功能需求，正确添加串口处理代码实现字符串的中断接收。

任务描述与要求

　　任务描述：一大学生创业团队为国内某家电公司的冰箱产品的提档升级提供技术支持。任务是完成冰箱内部温度数据的采集以及与外部的通信功能。本项目共分为四个阶段进行，第四阶段完成冰箱外部命令接收、命令代码显示以及数据的返回功能。此阶段要求采用中断方式接收串口数据。为便于测试，在计算机端使用串口调试助手发送命令；冰箱接收完成后使用数码管显示命令代码，并将执行命令之后的数据返回计算机，达到交互的效果。

　　任务要求：

- 配置串口发送、接收功能。
- 配置数码管驱动 GPIO。
- 数码管显示数据。
- 接收计算机命令。
- 向计算机返回数据。

任务分析与计划

　　根据所学相关知识，制订完成本次任务的实施计划，见表 4-4-1。

表 4-4-1　任务计划表

项目名称	智能冰箱	
任务名称	智能冰箱保鲜检测	
计划方式	自我设计	
计划要求	请用 6 个计划步骤完整描述如何完成本任务	
序号	任务计划	
1		
2		

（续）

序号	任务计划
3	
4	
5	
6	

知识储备

一、STM32 单片机 ADC

STM32 系列单片机包含 1~3 个 12 位逐次逼近型模-数转换器（ADC）。每个 ADC 最多有 18 个通道，可测量 16 个外部信号源和 2 个内部信号源。各通道都可以以单次（single）、连续（continuous）、扫描（scan）或间断（discontinuous）模式执行。与其他单片机不同，STM32 的 ADC 分为规则组和注入组。以温度测量为例，假设主要目标是监控室外温度，偶尔也想监控室内温度，使用规则组和注入组来处理这个问题就非常简单。可以将室外温度放在规则组中，将室内温度转换放在注入组中。通过合适的触发来启动注入动作，启动注入组后，规则组转换暂停，等待注入组完成后，规则组再进行。

ADC 转换的结果为 12 位，也即产生 12 位二进制数，可以左对齐或右对齐方式存储在 16 位数据寄存器中。在对精度要求不高的场合可以选择结果左对齐，只读取高位字节数据。

STM32 的 ADC 硬件结构如图 4-4-1 所示。主要由以下 4 个部分组成。

1）模拟信号通道：共 18 个通道，其中 16 个外部通道对应 ADCx_IN0~ADCx_IN15；2 个内部通道 ADC1_IN16 和 ADC1_IN17 分别连接到温度传感器和内部参考电压（V_{REFINT}=1.2V）。

2）A-D 转换器：转换原理为逐次逼近型 A-D 转换。每个通道都有相应的触发电路，注入通道的触发电路为注入组，规则通道的触发电路为规则组；每个通道也有相应的转换结果寄存器，分别称为规则通道数据寄存器和注入通道数据寄存器。由时钟控制器提供的 ADCCLK 时钟和 PCLK2（APB2 时钟）同步。RCC 控制器为 ADC 时钟提供一个专用的可编程预分频器。

3）模拟看门狗部分：用于监控高低电压阈值，可作用于一个、多个或全部转换通道，当检测到的电压低于或高于设定电压阈值时，可以产生中断。

4）中断电路：有 3 种情况可以产生中断，即转换结束、注入转换结束和模拟看门狗事件。

外部模拟信号通过任意一路通道进入 ADC 并被转换成数字量，接着该数字量会被存入一个 16 位的数据寄存器中。在 DMA 使能的情况下，STM32 的存储器可以直接读取转换后的数据。

STM32F103VET6 具有 3 个 ADC 共享 16 个外部通道。ADC1 的通道 16 即 ADC1_IN16 与内部温度传感器相连，通道 17 即 ADC1_IN17 与内部参考电源 VREFINT 相连。ADC 引脚见表 4-4-2。

ADC 必须在时钟 ADCCLK 的控制下才能进行 A-D 转换。ADCCLK 的值由时钟控制器控制，与高级外设总线 APB2 同步。时钟控制器为 ADC 提供了一个专用的可编程预分频器，默认的分频值为 2。ADCCLK 最高允许频率 14MHz。如果系统 APB2 时钟频率为 72MHz，当采用 6 分频时，得到 ADCCLK=12MHz。

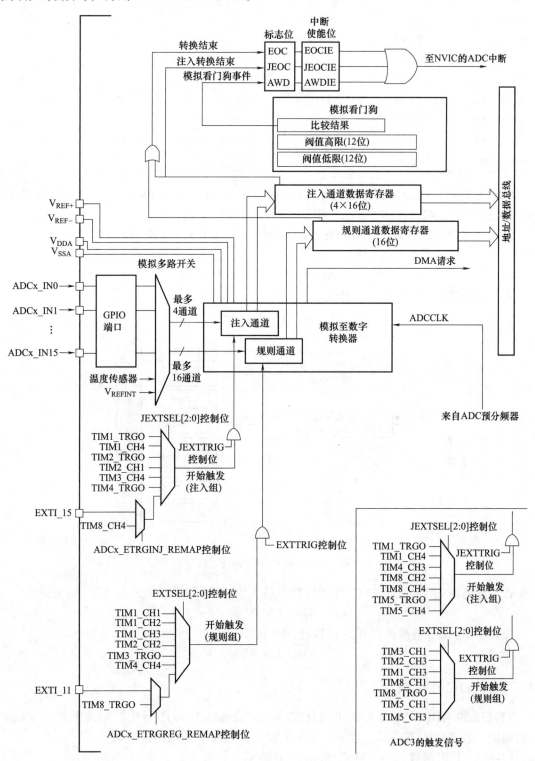

图 4-4-1　STM32 的 ADC 硬件结构

表 4-4-2　ADC 引脚

ADC 通道	GPIO 引脚	GPIO 配置	ADC 通道	GPIO 引脚	GPIO 配置
ADC123_IN0	PA.00	模拟输入	ADC12_IN8	PB.00	模拟输入
ADC123_IN1	PA.01	模拟输入	ADC12_IN9	PB.01	模拟输入
ADC123_IN2	PA.02	模拟输入	ADC123_IN10	PC.00	模拟输入
ADC123_IN3	PA.03	模拟输入	ADC123_IN11	PC.01	模拟输入
ADC12_IN4	PA.04	模拟输入	ADC123_IN12	PC.02	模拟输入
ADC12_IN5	PA.05	模拟输入	ADC123_IN13	PC.03	模拟输入
ADC12_IN6	PA.06	模拟输入	ADC123_IN14	PC.04	模拟输入
ADC12_IN7	PA.07	模拟输入	ADC123_IN15	PC.05	模拟输入

ADC 总转换时间由两部分组成：T_conv= 采样时间 +12.5cycles。采样时间可以是 1.5、7.5、13.5、28.5、41.5、55.5、71.5 和 239.5 个时钟周期，如图 4-4-2 所示。例如：

当 ADCCLK=12MHz、采用 239.5 周期的采样时间时，T_conv＝（239.5+12.5）cycles= 252cycles。此时，总的转换时间为

$$T\_conv=252/(12MHz)=21\mu s$$

采样时间越长，转换结果越稳定。

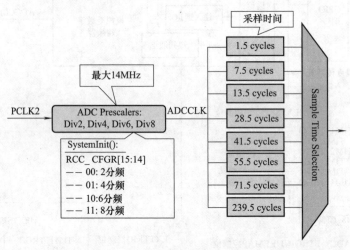

图 4-4-2　ADC 引脚时钟与采样时间

若参考电压为 V_{ref}，则 ADC 转化的数字量 ADC_DR 与模拟输入电压 V_x 的关系为

$$ADC\_DR=(V_x/V_{ref})\times 4095$$

在程序中 ADC 转换值已知，则其对应的电压值是

$$V_x=ADC\_DR/4095\times V_{ref}$$

二、ADC 库函数

STM32 的 ADC 大部分配置可以在 STM32CubeMX 中以图形化的形式配置，如通道、转换周期、数据对齐方式等。这里介绍 3 个需要在程序手动调用的函数。

1）ADC 开启函数 HAL_ADC_Start（）。该函数原型为：

```
HAL_StatusTypeDef HAL_ADC_Start(ADC_HandleTypeDef* hadc)
```

该函数比较简单，是以查询方式启动单片机的 ADC 功能，注意，这里的函数形参是 ADC 转换器而非 ADC 的通道。与串口类似，ADC 功能除了可工作在查询方式外，还可以工作在中断方式、DMA 方式。库函数中也有 HAL_ADC_Start_IT（），HAL_ADC_Start_DMA（）等函数。对应地，也有 HAL_ADC_Stop（）函数，函数原型、用法都类似。

2）转换完成查询函数 HAL_ADC_PollForConversion（）。ADC 转换需要时间，HAL 库提供了转换完成查询函数，函数原型为：

```
HAL_StatusTypeDef HAL_ADC_PollForConversion(
                              ADC_HandleTypeDef* hadc,
                              uint32_t Timeout)
```

该函数是阻塞函数，即在查询期间 CPU 不能进行其他工作，所以该函数的第二个形参是超时时间，即在此时间内，如果没有查询到转换结果，返回超时标志。

3）获取转换结果函数 HAL_ADC_GetValue（）。该函数原型为：

```
uint32_t HAL_ADC_GetValue(ADC_HandleTypeDef* hadc)
```

同样，该函数形参也是转换器而非通道。函数的返回值是 32 位无符号整数。

以上 3 个函数能够实现简单的 ADC 转换功能。

三、中断接收程序设计

串口通信基本设置与本项目前述任务相同，通信速率 115200bit/s、8 位数据位，1 位停止位、无校验。采用与任务 3 中相同的通信协议，使用 3B 表示一个完整命令。命令格式见表 4-4-3。

表 4-4-3　命令格式

1B	1B	1B
a	r	0/1
固定，表示起始	表示读取	0：表示温度 1：表示湿度

这样，冰箱可接收两个命令，分别是读取温度命令 "ar0" 和读取湿度命令 "ar1"。为避免任务 3 中根据接收数据个数判断命令响应方式的弊端，这里启用 "UART_IT_IDLE" 中断，该中断将在串行总线接收任务中断 1B 传输时间时触发，通常用来做一帧数据结束的标志：

```
if(__HAL_UART_GET_FLAG(&huart1,UART_FLAG_IDLE)!=RESET)
{
    __HAL_UART_DISABLE_IT(&huart1,UART_IT_IDLE);
    uart1RxStat=1;
}
```

四、命令解析与代码显示

主程序在发现接收数据完成标志位置位后，首先判断是否以字符 'a' 起始，如果不是则丢弃数据，并等待下一次标志位置位。如果是字符 'a' 开始，则继续判断后续字节是否为 'r' 以及最后一个字符是 '0' 还是 '1'，即主程序会逐个匹配接收字符以查找对应命令并执行相应动作，包括本地的代码显示与 A-D 转换。

完成一次接收数据处理后，接收完成标志位都会被复位，相应的接收数据长度计数器、接收缓冲也会被清零。

五、A-D 转换

主程序解析完成接收命令后，根据命令代码执行相应动作，比如 "ar0"，则启动温度转换功能，获得冰箱当前的温度值。转换完成后，则关闭 A-D 转换功能，以降低能耗。这里的温度转换采用 STM32 单片机内部的温度传感器实现。该传感器输出固定接入到 "ADCx_IN16"，如图 4-4-3 所示。

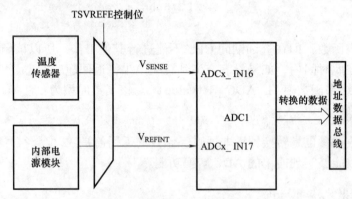

图 4-4-3 内部温度传感器

该温度传感器输出电压值与温度之间的对应关系由下式决定：

$$T = (V_{sense} - V_{25})/Avg\_Slope + 25℃。$$

式中，V_{sense} 是温度通道测得的电压值（V）；V_{25} 是 25℃时的典型电压值（为 0.76V）；Avg_Slope 是温度与 V_{sense} 曲线的平均斜率（典型值为 2.5mV/℃）。

相关程序代码如下：

```
/* USER CODE BEGIN PV */
    HAL_ADC_Start(&hadc1);
    HAL_ADC_PollForConversion(&hadc1,100);
    adc_value=HAL_ADC_GetValue(&hadc1);
/* USER CODE END PV */
```

六、数据回传

采用 printf（）函数将温度信息回传到计算机串口调试助手，观察数据。使用 printf（）将数据通过串口回传到计算机的相关内容可参考任务 1，实现打印数据重定向。

> ### 任务实施

任务实施前必须准备好表 4-4-4 所列设备和资源。

要完成本任务，可以将实施步骤分成以下 4 步：

● 修改 STM32CubeMX 工程。

● 添加接收代码。

● 搭建硬件环境。

● 结果验证。

表 4-4-4 设备清单表

序号	设备 / 资源名称	数量	是否准备到位（√）
1	M3 核心模块	1	
2	显示模块	1	
3	香蕉线	1	
4	配书资源	1	

具体实施步骤如下：

1. 修改 STM32CubeMX 工程

新建工程文件夹 Task4-4-SerialTRx，复制任务 3 中的 STM32CubeMX 工程并修改名称为 "Task4-4-SerialTRx"。在任务 3 工程的基础上，只需要配置 ADC1 的通道即可，将单片机内部的温度传感器接入 ADC1。单片机时钟、调试接口等配置都不变。配置方法可参考任务 1~3。温度传感器接入 ADC1 的截图如图 4-4-4 及图 4-4-5 所示。

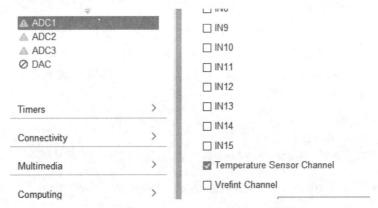

图 4-4-4 启用 ADC1 转换温度传感器

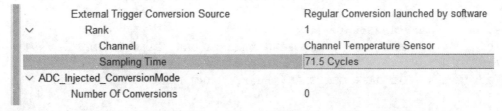

图 4-4-5 温度传感器通道转换设置

2. 添加接收代码

（1）添加中断处理代码

根据前面的分析，在 stm32f1xx_it.c 文件中找到默认的串口 1 中断处理函数 USART1_IRQHandler（），将其调用函数修改为自定义中断处理函数。代码如下，其中第 6 行注释掉，新增第 8 行。

```
1.    void USART1_IRQHandler(void)
2.    {
3.      /*USER CODE BEGIN USART1_IRQn 0*/
4.
```

物联网嵌入式技术

```
5.      /*USER CODE END USART1_IRQn 0*/
6.      //HAL_UART_IRQHandler(&huart1);
7.      // 替换以上中断处理函数
8.        USR_UART_IRQHandler( );
9.      /*USER CODE BEGIN USART1_IRQn 1*/
10.
11.       /*USER CODE END USART1_IRQn 1*/
12.  }
```

（2）添加自定义中断处理函数声明及函数体代码

根据 C 语言规范及工程文件要求，函数在调用之前必须先声明。在 main.h 中，给出 USR_UART_IRQHandler（ ）函数的声明，如下第 3 行：

```
1.  /*USER CODE BEGIN EFP*/
2.  // 声明 UART1 中断自行处理函数
3.  void USR_UART_IRQHandler(void);
4.  /*USER CODE END EFP*/
```

然后在 "main.c" 中增加该函数定义的函数体代码，如下。其中第 6~11 行完成单个字节的接收任务，每次中断都会执行相应的代码。第 13~16 行是命令接收完成判断标志处理，这里根据命令长度进行简单判断，完成 3B 的接收即置位接收完成标志。至于命令正确与否，则交由主程序去判断、执行。

```
1.  /*USER CODE BEGIN 4*/
2.  // 用户中断处理程序
3.  void USR_UART_IRQHandler(void)
4.  {
5.      if(__HAL_UART_GET_FLAG(&huart1,UART_FLAG_RXNE)!=RESET)
6.      {
7.          __HAL_UART_ENABLE_IT(&huart1,UART_IT_IDLE);
8.          uart1RxBuff[uart1RxCount]=(uint8_t)(huart1.Instance->DR&
    (uint8_t)0x00ff);
9.          uart1RxCount++;
10.          __HAL_UART_CLEAR_FLAG(&huart1,UART_FLAG_RXNE);
11.      }
12.      if(__HAL_UART_GET_FLAG(&huart1,UART_FLAG_IDLE)!=RESET)
13.      {
14.          __HAL_UART_DISABLE_IT(&huart1,UART_IT_IDLE);
15.          uart1RxStat=1;
16.      }
17.  }
18.  /*USER CODE END 4*/
```

程序所需变量需要设置为全局变量，将其定义在 main.c 文件前面，如下：

```
1.  /*USER CODE BEGIN Includes*/
2.  #include"string.h"//#include"hs1101.h"
3.  /*USER CODE END Includes*/
4.  // 其他自动生成代码省略
5.
```

— 132 —

```
6.   /*USER CODE BEGIN PV*/
7.   uint8_t uart1RxStat=0;
8.   uint8_t uart1RxCount=0;
9.   uint8_t uart1RxBuff [20]={0};
10.  /*USER CODE END PV*/
```

在中断程序中完成了命令的接收之后，主程序即可按照接收命令执行相应动作，如下：

```
1.   HAL_GPIO_WritePin(LED_A_GPIO_Port,0xff,GPIO_PIN_SET);// 数码管全灭
2.   __HAL_UART_ENABLE_IT(&huart1,UART_IT_RXNE);                    // 启动串口接收中断
3.   HAL_TIM_Base_Start_IT(&htim6);
4.   printf("Waitting for command!\r\n");
5.   uint16_t adc_value=0x0000;
6.   //uint8_t Hum=0x00;
7.
8.   while(1)
9.   {
10.  if(uart1RxStat==1)
11.  {
12.      HAL_GPIO_WritePin(LED_A_GPIO_Port,0xff,GPIO_PIN_SET);
13.      if(uart1RxBuff [0]=='a')
14.      {
15.          if(uart1RxBuff [1]=='r')     // 读取
16.          {
17.              if(uart1RxBuff [2]=='0')// 温度
18.              {
19.                  HAL_ADC_Start(&hadc1);
20.                  HAL_ADC_PollForConversion(&hadc1,100);
21.                  adc_value=HAL_ADC_GetValue(&hadc1);
22.                  HAL_Delay(1);
23.                  HAL_GPIO_WritePin(LED_A_GPIO_Port,LED_A_Pin|LED_B_
     Pin|LED_C_Pin|LED_D_Pin|LED_E_Pin|LED_F_Pin,GPIO_PIN_RESET);
24.                  printf("The Temperature is%1.2fCe\r\n", (1.58-(adc_
     value*3.3f/4096))/0.04+25);
25.                  HAL_ADC_Stop(&hadc1);
26.              }
27.              if(uart1RxBuff [2]=='1')// 湿度
28.              HAL_GPIO_WritePin(LED_A_GPIO_Port,LED_B_Pin|LED_C_Pin,
     GPIO_PIN_RESET);
29.          }
30.      }
31.      uart1RxStat=0;
32.      uart1RxCount=0;
33.      memset(uart1RxBuff,0,5);
34.  }
35.  }
```

该段代码在检测到"ar0"命令之后，即启动 ADC 功能，转换完毕后通过串口向计算机输出结果，并在本地显示命令代码。

这里 printf（ ）函数的重定向事实上是通过 fputc（ ）函数重定向实现的。需要将数据

从串口 1 输出，为保持程序的结构化，将相关代码写在"usart.c"中，如下：

```
1.  /*USER CODE BEGIN 1*/
2.  int fputc(int ch,FILE*p)
3.  {
4.      HAL_UART_Transmit(&huart1,(uint8_t*)&ch,1,1000);
5.      return 0;
6.  }
7.  /*USER CODE END 1*/
```

3. 搭建硬件环境

本任务硬件接线与任务 2 相同，按照图 4-4-6 连接好硬件。NEWLab 与计算机连接方法与任务 1 相同，参考完成即可。引脚对应情况见表 4-4-5。

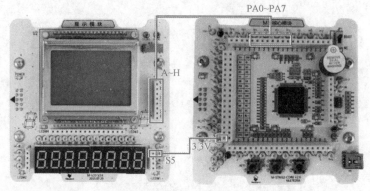

图 4-4-6　硬件连接图

表 4-4-5　设备连接引脚对应表

M3 核心模块	PA0	PA1	PA2	PA3	PA4	PA5	PA6	PA7	3.3V
显示模块	J7-A	J7-B	J7-C	J7-D	J7-E	J7-F	J7-G	J7-H	J6-S5

4. 结果验证

将 JP1 拨到"NC"，按下复位键，使单片机工作在运行状态。在计算机上通过串口调试助手分别发送字符'ar0'与'ar1'，观察串口调试工具，显示如图 4-4-7 所示。

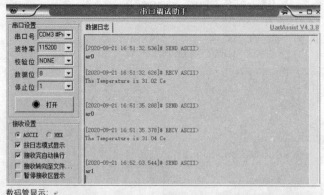

图 4-4-7　串口接收到字符时调试串口显示内容

任务检查与评价

完成任务实施后，进行任务检查与评价，任务检查与评价表存放在书籍配套资源中。

任务小结

见图 4-4-8。

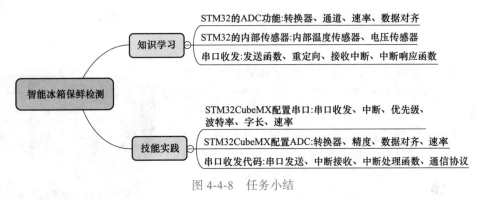

图 4-4-8 任务小结

任务拓展

AT 指令集开始时是从终端设备（Terminal Equipment，TE）或数据终端设备（Data Terminal Equipment，DTE）向终端适配器（Terminal Adapter，TA）或数据电路终端设备（Data Circuit Terminal Equipment，DCTE）发送的。通过 TA、TE 发送 AT 指令来控制移动台（Mobile Station，MS）的功能，与 GSM 网络业务进行交互。用户可以通过 AT 指令进行呼叫、短信、电话本、数据业务、传真等方面的控制。后来该指令形式被广泛应用于电子产品通信中，大量厂家为自己的产品提供 AT 指令集的交互方式。AT 指令集均以大写字符"AT"开，后跟"+"连接具体指令，并以"Enter"键结束，如："AT"+"CGMI"是 GSM 模块中给出模块厂商的标识的 AT 指令。

尝试建立本款智能冰箱的 AT 指令集，实现"AT"+"RTEMP"读温度，"AT"+"RHUM"读湿度。编程时可使用 string.h 中的 strstr（）函数，判断输入命令。

项目 ⑤

数码相册

引导案例

数码相册（见图 5-1-1）又称为数码相框或电子相框，是一种类似于传统相框的多媒体播放设备，一般主要由液晶显示屏、存储器、控制电路三部分组成。传统的相框只能放一张照片，而数码相册可以利用存储器存放大量照片，并可以在控制电路的控制下或静态、或动态地播放，甚至可以实现配乐等更复杂的特效。数码相册的出现给现代生活增添了很多乐趣。

图 5-1-1　数码相册

STM32 单片机具有强大的处理功能，其 FSMC（Flexible Static Memory Controller，灵活静态存储控制器）能够非常简便地控制液晶显示屏。因此，使用 STM32 单片机与液晶显示屏可以很方便地实现数码相册功能。

任务 1　实现相册显示功能

职业能力目标

- 能根据 MCU 的编程手册，利用 STM32CubeMX 准确配置 STM32 FSMC 功能。
- 能根据任务要求，快速查阅硬件连接资料，准确搭建设备环境。
- 能根据任务要求，理解 LCD 控制器显示、控制时序等内容。
- 能根据任务要求，编制相应代码进行 BMP 图片存储和静态显示。

任务描述与要求

任务描述：某公司准备开发数码相册产品，经过慎重选型决定采用 STM32 系列单片机为控制单元，液晶显示屏则采用 ILI9341 液晶控制器的 3.2 寸 TFT 彩屏。技术团队将开发任务分为 3 个子任务，分步实现。本任务内容是实现图片的静态显示。

任务要求：
- 配置单片机 FSMC 接口。
- 移植液晶驱动。
- 显示静态图片。

任务分析与计划

根据所学相关知识,制订完成本任务的实施计划,见表 5-1-1。

表 5-1-1　任务计划表

项目名称	数码相册
任务名称	实现相册显示功能
计划方式	自我设计
计划要求	请用 10 个计划步骤完整描述如何完成本任务
序号	任务计划
1	
2	
3	
4	
5	
6	
7	
8	
9	
10	

知识储备

一、STM32 FSMC 接口

FSMC 全称"灵活静态存储器控制器",使用 FSMC 后,可以把 FSMC 提供的 FSMC_A[25:0] 作为地址总线,把 FSMC 提供的 FSMC_D[15:0] 作为数据总线。STM32 的 FSMC 接口框图如图 5-1-2 所示。

FSMC 包括 4 个模块:

1)AHB 接口(包括 FSMC 配置寄存器)。

2)NOR 闪存和 PSRAM 控制器(驱动 LCD 时,LCD 可理解为一个 PSRAM 的里面只有 2 个 16 位的存储空间,一个是数据 RAM,一个是指令 RAM)。

3)NAND 闪存和 PC 卡控制器。

4)外部设备接口。

● 当存储数据设为 8 位时,地址各位对应 FSMC_A[25:0],数据位对应 FSMC_D[7:0]。

● 当存储数据设为 16 位时,地址各位对应 FSMC_A[24:0],数据位对应 FSMC_D[15:0]。

FSMC 可以请求 AHB 进行数据宽度的操作。如果 AHB 操作的数据宽度大于外部设备

（NOR 或 NAND 或 LCD）的宽度，FSMC 会将 AHB 操作分割成几个连续的较小的数据宽度，以适应外部设备的数据宽度。

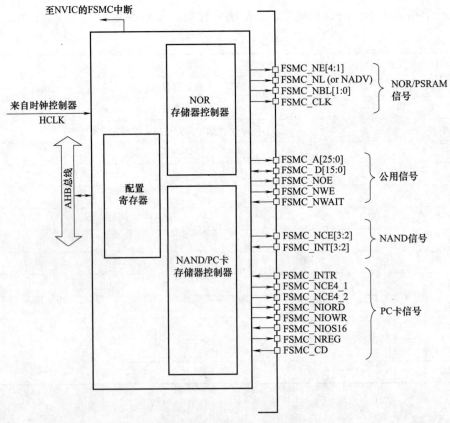

图 5-1-2　FSMC 接口框图

控制液晶显示屏使用 FSMC 的 NOR/PSRAM 模式，使用的信号线见表 5-1-2。

表 5-1-2　FSMC 控制 NOR FLASH 的信号线

FSMC 信号名称	信号方向	功能
CLK	输出	时钟
A［25：0］	输入 / 输出	地址总线
D［15：0］	输出	双向数据总线
NE［x］	输出	片选，x=1~4
NOE	输出	输出使能
NWE	输出	写使能
NWAIT	输入	NOR 闪存要求 FSMC 等待的信号

FSMC 对外部设备的地址映像从 0x6000 0000 开始，到 0x9FFF FFFF 结束，共分 4 个地址块，每个地址块 256MB。每个地址块又分为 4 个分地址块，大小为 64MB。其中，0x6000 0000~0x6FFF FFFF 则是分配给 NOR FLASH、PSRAM 这类可直接寻址的器件。当 FSMC 外部配置为正常工作，并且外部链接了 NOR FLASH，这时若向 0x6000 0000 地址写入数据 0xFFFF，FSMC 会自动在各信号线上产生相应的电平信号，写入数据。读写该过程

的时序如图 5-1-3 和图 5-1-4 所示。

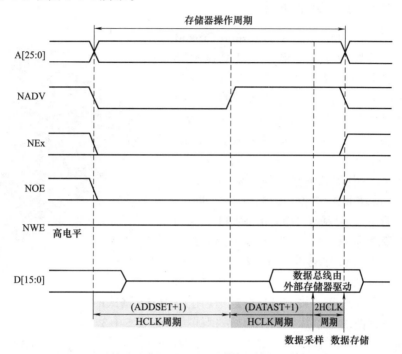

图 5-1-3　FSMC 读 NOR 时序

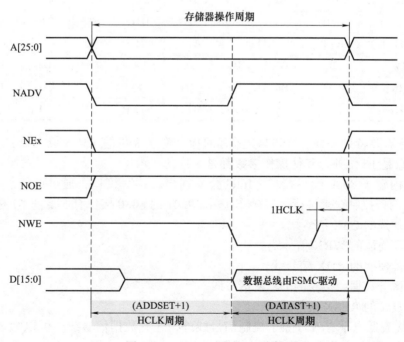

图 5-1-4　FSMC 写 NOR 时序

　　FSMC 会自动控制片选信号 NEx 选择相应的某块 NOR 芯片，然后使用地址线 A[25:0]
输出 0x6000 0000，在 NWE 写使能信号线上发出写使能信号，而要写入的数据信号
0xFFFF 则从数据线 D[15:0] 输出，然后数据就被保存到 NOR FLASH 中了。

二、ILI9341 LCD 控制器

TFT-LCD（Thin Film Transistor-Liquid Crystal Display，薄膜晶体管液晶显示器）在液晶显示屏的每一个像素点上都设置一个薄膜晶体管，可有效克服非选通时的串扰，使液晶显示屏的静态特性与扫描线数无关，因此大大提高了图像质量。TFT-LCD 也被称为真彩液晶显示器，是电子产品开发中常用的显示器件之一，如图 5-1-5 所示。

ILI9341 是市面上常见的液晶控制器之一，自带存储大小为 172800B（240×320×18/8）即 18 位模式下的显存量。但基于 ILI9341 的 TFT-LCD 成品的数据线宽度为 16 位。当 ILI9341 工作在 16 位模式下时，采用 RGB565 格式存储颜色数据，即用最高 5 位数据表示红色，中间 6 位数据表示绿色，最低 5 位表示蓝色，共 16 位数据。使用 RGB565 格式时，D12、D0 一般不引出来。ILI9341 的 18 位数据线与单片机的 16 位数据线接口见表 5-1-3。

图 5-1-5　TFT-LCD 外观

表 5-1-3　ILI9341 的 18 位数据线与 LCD GRAM 的对应关系

9341 总线	D17	D16	D15	D14	D13	D12	D11	D10	D9
MCU 数据（16 位）	D15	D14	D13	D12	D11	NC	D10	D9	D8
LCD GRAM（16 位）	R[4]	R[3]	R[2]	R[1]	R[0]	NC	G[5]	G[4]	G[3]
9341 总线	D8	D7	D6	D5	D4	D3	D2	D1	D0
MCU 数据（16 位）	D7	D6	D5	D4	D3	D2	D1	D0	NC
LCD GRAM（16 位）	G[2]	G[1]	G[0]	B[4]	B[3]	B[2]	B[1]	B[0]	NC

此外，还需要特别注意，ILI9341 所有的指令都是 8 位的（高 8 位无效），且除了读写 GRAM 时参数是 16 位外，其他操作参数都是 8 位的。

ILI9341 内建了 8080 读写接口［Intel 公司提出的读写接口，通过读使能（RE）和写使能（WE）两条控制线来进行读写操作］。ILI9341 的 8080 接口有 5 条基本的控制信号线：

1）用于片选的 CSX 信号线。

2）用于写使能的 WRX 信号线。

3）用于读使能的 RDX 信号线。

4）用于区分数据、指令的 D/CX 信号线。

5）用于复位的 RESX 信号线。

其中 X 代表低电平有效。除了控制信号线外，还有数据信号线，可以为 8/9/16/18 位。数据线的位宽一般由液晶显示屏厂家在出厂时设定。

将 8080 与 FSMC 的信号线对比，见表 5-1-4，发现前四种信号线完全一样，仅在 8080 的数据 / 指令选择线与 FSMC 的地址信号线有区别。把 FSMC 的 A0 地址线（其他地址线也可）连接 8080 的 D/CX，A0 为高电平时，数据线 D［15：0］的信号会被理解为数值；A0 为低电平时，数据线 D［15：0］的信号会被理解为指令。使用 FSMC 接口可以非常方便

地驱动液晶显示屏。

表 5-1-4　8080 与 FSMC 信号线对比

8080 信号线	功能	FSMC-NOR 信号线	功能
CSX	片选信号	NEx	片选信号
WRX	写使能	NWR	写使能
RDX	读使能	NOE	读使能
D［15：0］	数据信号	D［15：0］	数据信号
D/CX	数据 / 命令选择	A［25：0］	地址信号

三、BMP 图片格式

BMP（Bitmap-File）图形文件是 Windows 采用的图形文件格式，在 Windows 环境下运行的所有图像处理软件都支持 BMP 图像文件格式。BMP 图片格式组成：BMP 文件头（14B）+ 位图信息头（40B）+ 调色板（由颜色索引数决定）+ 位图数据（由图像尺寸决定）。

表 5-1-5 中阴影部分是文件头部信息，文件头可以分为 BMP 文件头和位图信息头。BMP 文件的第 0 个和第 1 个字节用于表示文件的类型。如果是位图文件类型，必须分别为 0x42 和 0x4D，也就是 ASCII 码的 'BM'。3~14 字节的意义可以用一个结构体来描述。

表 5-1-5　文件头部信息

Offset	0	1	2	3	4	5	6	7	8	9	10	11	12	13	14	15
00000000	42	4D	B6	01	00	00	00	00	00	00	36	00	00	00	28	00
00000016	00	00	0F	00	00	00	08	00	00	00	01	00	18	00	00	00
00000032	00	00	00	00	C4	0E	00	00	C4	0E	00	00	00	00	00	00
00000048	00	00	00	00	00	00	31	31	31	31	31	31	31	31	31	31

BMP 文件信息数据结构体如下：

```
1.  typedef struct tagBITMAPIFLEHEADER
2.  {
3.      //attention:sizeof(DWORD)=4 sizeof(WORD)
4.      DWORD bfSize;          // 文件大小
5.      WORD bfReserved1;      // 保留字,不考虑
6.      WORD bfReserved2;      // 保留字,同上
7.      DWORD bfOffBits;       // 实际位图数据的偏移字节数,即前三部分数据之和
8.  }BITMAPFILEHEADER,tagBITMAPIFLEHEADER;
```

位图信息头部分可以用一个结构体来表示，即

```
1.  typedef struct tagBITMAPIFLEHEADER
2.  {
3.      //attention:sizeof(DWORD)=4 sizeof(WORD)
4.      DWORD biSize;          // 指定结构体的长度,为 40
5.      LONG biWidth;          // 位图宽,指明本图的宽度,以像素为单位
6.      LONG biHeight;         // 位图高,指明本图的高度,以像素为单位
```

```
7.      WORD biPlanes;                // 平面数,为1
8.      WORD biBitCount;              //采用颜色位数,可以是1、2、4、8、16、24,新的标准支
                                        持32位
9.      DWORD biCompression;         // 压缩方式,可以是0、1、2,其中0表示不压缩
10.     DWORD biSizeImage;           // 实际位图数占用的字节数
11.     LONG biXPelsPerMeter;        //X方向分辨率
12.     LONG biYPelsPerMeter;        //Y方向分辨率
13.     DWORD biClrUsed;             // 使用的颜色数,如果为0,则表示默认值(2^ 颜色位数)
14.     DWORD biClrImportant;        // 重要颜色数,如果为0,则表示所有颜色都是重要的
15.     }BITMAPFILEHEADER,tagBITMAPIFLEHEADER;
```

位图数据文件紧接着位图信息头呈现。位图文件有单色、16色、24色等,现在常见的是24色、256色两种模式,即单个像素大小分别用24位(3B)或者256位(32B)表示。Windows规定一个扫描行所占的字节数必须是4的倍数,不足的以0填充。例如一个24位色的宽度为15个像素的图片,占据24/8×15B=45B,不是4的整数倍,所以要补足3个0字节。

了解以上基本信息之后就可以编写程序,将BMP图片显示到液晶显示屏上。

四、液晶显示屏工程

1. 工程搭建

根据任务要求,可以使用STM32CubeMX建立工程,启动FSMC功能简化驱动程序。按照流程逐步完成基本配置,包括时钟配置、调试接口配置、工作频率配置等。然后根据NEWLab实验系统M3核心模块与TFT-LCD液晶显示屏的硬件设计,在STM32CubeMX中配置好FSMC,启用A16作为液晶显示屏数据/命令选择控制接口。最后生成基础工程代码。

2. 提取BMP文件图模

经过前面对BMP文件格式的分析,对于基础BMP文件(直接保存,没有经过压缩),在程序中可通过相应算法直接读取BMP文件进行显示。对于采用不同压缩算法的文件,则还要进行相应的解压缩。这里使用"Image2LCD"的软件对图片文件取模,该软件支持BMP、JPG等常见格式。通过Windows自带的画图工具可自行制作,保存图片。注意:图片大小不要超过240像素×320像素,以方便在液晶显示屏上显示。

3. 添加液晶显示屏基础驱动

FSMC驱动液晶显示屏事实上是完成电路驱动,是硬件接口上的匹配,包含信号名称、读写时序等。具体指令、数据内容还需要由代码确定,比如显示位置、前景色、背景色等。显然要实现的功能越复杂,所需要的代码就越宏大。为了提高设计效率,液晶显示屏生产厂家提供了部分设备上的驱动程序。这里提供驱动TFT-LCD的4个文件,分别为Board_GLCD.h、GLCD_Config.h、GLCD_Fonts.c、GLCD_MCBSTM32E.c。按照C语言工程文件写法,相应驱动函数的声明都放在头文件中。阅读时可根据函数声明格式调用。

4. 添加功能代码

主要完成液晶显示屏的初始化、色彩设置等。驱动文件中包含字符大小、字体、色彩设置等函数,可调用响应函数实现相关功能。

任务实施

任务实施前必须准备好表 5-1-6 所列设备和资源。

表 5-1-6 设备清单表

序号	设备 / 资源名称	数量	是否准备到位（√）
1	M3 核心模块	1	
2	TFT-LCD 液晶屏	1	
3	蓝色杜邦线（LCD 配套排线）	34（1）	
4	配书资源	1	

要完成本任务，可以将实施步骤分成以下 9 步：

● 新建 STM32CubeMX 工程。
● 在工程中配置 FSMC 相关资源参数。
● 使用 STM32CubeMX 生成基础工程。
● 使用 Imag2LCD 提取图模。
● 添加液晶驱动文件。
● 添加功能代码。
● 搭建硬件环境。
● 固件下载。
● 结果验证。

具体实施步骤如下：

1. 新建 STM32CubeMX 工程

1）参考前述项目新建 STM32CubeMX 工程。

2）调试接口、时钟基础配置。新建工程后第一步需要对单片机的基本工作状态做一个基本配置，包括所使用的晶体以及调试接口。晶体配置根据硬件设计，选择 8MHz 外部高速晶体（HSE）以及 32kHz 外部低速晶体（LSE）；配置单片机的工作主频为 72MHz，如图 5-1-6 所示。

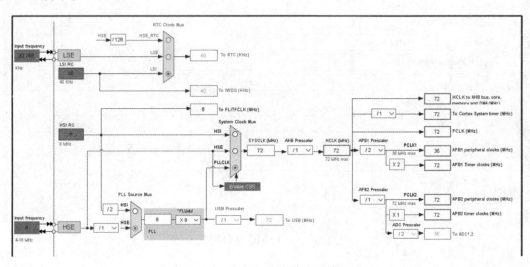

图 5-1-6 配置各功能模块时钟主频

然后使能 2 线调试模式，如图 5-1-7 所示。这些操作在前述任务中都已经反复训练过，这里不再赘述。

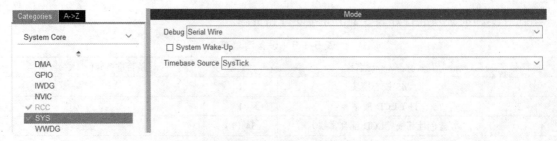

图 5-1-7　配置各单片机调试接口

完成以上基本配置后将工程保存到相应的文件夹中，并命名为"Task5-1-ShowPic"。这里需要强调，路径中不能用中文。

2. 在工程中配置 FSMC 相关资源参数

1）打开 FSMC 配置界面。

2）配置 FSMC 参数。

3）配置数据 / 指令控制端口。串口参数在"connectivity"中配置，根据硬件设计，这里使用 FSMC，配置参数如图 5-1-8 所示。

选 择 "NOR Flash/PSRAM/SRAM/ROM/LCD1" 功 能，并复选"NE1 Chip Select"。在"Memory type"中选择"LCD Interface"。注意：根据硬件设计，这里"LCD Register Select"要选择"A16"。详见图 5-1-9、图 5-1-10。

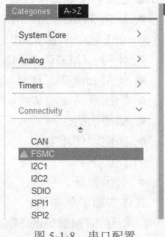

图 5-1-8　串口配置

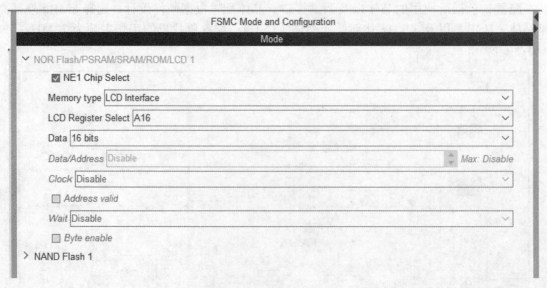

图 5-1-9　FSMC 接口配置

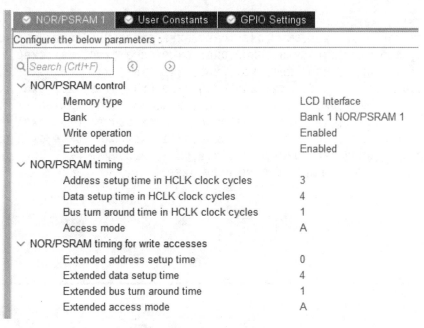

图 5-1-10　FSMC 参数配置

3. 使用 STM32CubeMX 生成基础工程

1）配置代码生成参数。

2）生成基础工程。完成单片机的基本配置与 FSMC 配置后，就可以准备生成工程了。

首先，将工程名保存为"Task5-1-ShowPic"。接着，可以参考项目 1 任务 1 的相关内容完成 C 代码的生成操作。

4. 使用 Image2LCD 提取图模

Image2LCD 软件界面如图 5-1-11 所示，图中配置参数设置为：

● 输出数据类型：C 语言数组（*.c）。

● 扫描模式：水平扫描。

● 输出灰度：16 位真彩色。

● 最大宽度和高度：与所选择图片相同即可。

● 选择"包含图像头数据"。

● 选择"自底至顶扫描"。

该软件是标准的 Windows 桌面程序，使用简单。单击"打开"选择需要转换的图片，如图 5-1-12 所示。单击"保存"，文件名为"image.h"，注意保留文件格式要选择"所有文件"，否则系统会自动在后面添加"txt"扩展名。然后在该文件中增加 C 语言文件防止多重包含代码。

保存为 Image.h 文件，文件内容如下：

```
#ifndef__IMAGE_H
#define__IMAGE_H
const unsigned char gImage_image[153608]={0X40,0X10,0XF0,0X00,0X40,
0X01,0X01,0X1B,0XFF,0XFF,0XFF,0XFF,0XFF,0XFF,0XFF,0XFF,0XFF,0XFF,0XFF,0XFF,
0XFF,0XFF,0XFF,0XFF,
    ……
```

```
    0XFF,0XFF,0XFF,0XFF,0XFF,0XFF,0XFF,0XFF,0XFF,0XFF,0XFF,0XFF,0XFF,0XFF,
    0XFF,0XFF,0XBF,0XEF,0XBE,0XEF,0XFE,0XE7,0XFE,0XE7,0XFD,0XEF,0X7B,0XE7,0X78,
    0XDE,0X74,0XDD,0X2F,0XD4,0X89,0XC2,0X85,0XB9,0XC3,0XB0,0X81,0XB0,0X00,0XB1,
    0X01,0XB9,0X01,0XB9,0X00,0XB1,0X01,0XB9,0X41,0XB1,0X41,0XB1,0X81,0XA9,0X81,
    0XA9,0X80,0XA1,0X41,0XA1,0X42,0XA9,0X43,0XA9,0X42,0XA9,0X02,0XA9,0X03,0XA9,
    0X03,0XA1,0X03,0XA1,0X03,0XA1,0X03,0XA1,0X04,0XA1,0X03,0XA1,0X41,0X91,0X41,
    0X91,0X41,0X91,0X41,0X91,0X40,0X91,0X00,0X91,0X00,0X91,0X00,0X91,
    0X00,0X91,0X01,0X99,0X00,0X91,0XC0,0X90,0X01,0X99,0X42,0X99,0X02,0X89,0X81,
    0X68,0X40,0X48,0XC3,0X40,0XCF,0X83,0X79,0XD6,0XBE,0XFF,0XFF,0XF7,0XBF,0XEF,
    0XFF,0XF7,0XFF,0XFF,0XFF,0XFF,0XFF,0XFF,0XFF,0XFF,
    ……
    ……};
    #endif
```

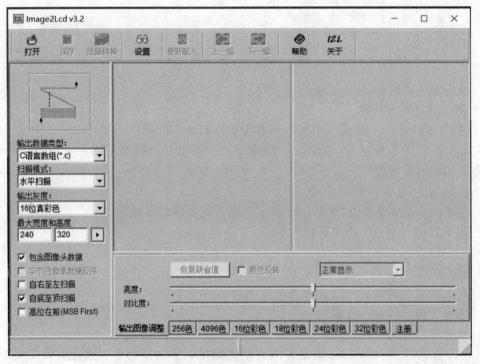

图 5-1-11　Image2LCD 软件界面

5. 添加液晶驱动文件

将 4 个液晶驱动文件分别复制到"src"和"inc"文件夹中。文件扩展名为".c"的源文件放置到"Src"中,文件扩展名为".h"的放置到"Inc"中。结果如图 5-1-13 和图 5-1-14 所示。

然后将新添加的文件扩展名为".c"的源文件添加到工程中,如图 5-1-15 所示。

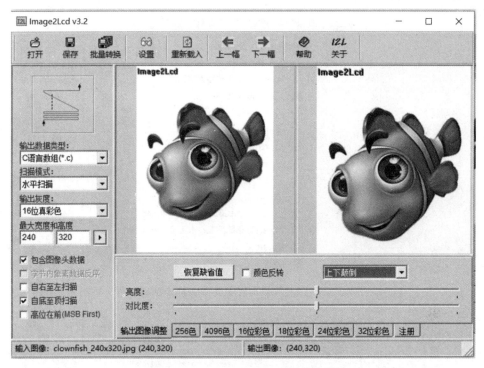

图 5-1-12　Image2LCD 为图片取模

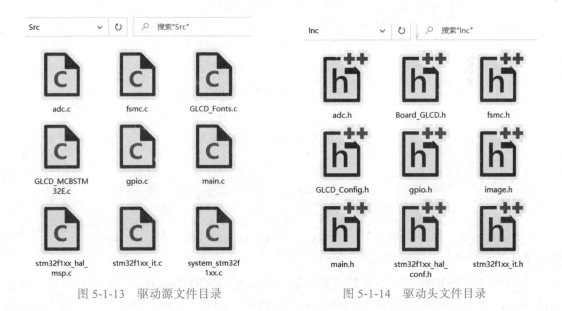

图 5-1-13　驱动源文件目录　　　　　　　图 5-1-14　驱动头文件目录

6. 添加功能代码

在主程序中，要首先包含"Board_GLCD.h"和"GLCD_Config.h"两个头文件。如果要添加文字，还需要声明和字体大小设置有关的外部变量，如图 5-1-16 所示。

图 5-1-15　将液晶显示屏驱动源文件添加到工程

图 5-1-16　main.c 文件添加引用头文件

在功能代码方面，本任务仅完成图片的显示，代码量不多，如下：

```
1.  /*Infinite loop*/
2.  /*USER CODE BEGIN WHILE*/
3.  GLCD_Initialize( );
4.  GLCD_ClearScreen( );
5.  GLCD_DrawBitmap(0,0,240,320, (const uint8_t*)gImage_image);
6.  while(1)
```

程序的 3~5 行即能完成图片的显示。第 3 行调用 GLCD_Initialize（）对液晶显示屏进行初始化；第 4 行调用 GLCD_ClearScreen（）清除液晶显示屏原有显示内容；第 5 行则调用 GLCD_DrawBitmap（）函数完成图片的显示功能。

如需对以上 3 行代码进行深入研究，可在函数上单击鼠标右键，在弹出菜单上选择"go to definition of.."，即可进入相应函数的函数定义部分。

单击编译按钮，生成可执行文件，如图 5-1-17 及图 5-1-18 所示。

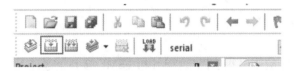

图 5-1-17　编译文件生成代码相关加速按钮

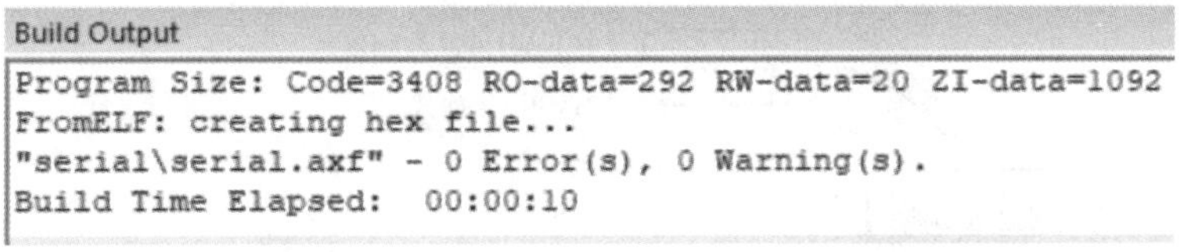

```
Build Output
Program Size: Code=3408 RO-data=292 RW-data=20 ZI-data=1092
FromELF: creating hex file...
"serial\serial.axf" - 0 Error(s), 0 Warning(s).
Build Time Elapsed:  00:00:10
```

图 5-1-18　生成可执行代码

7. 搭建硬件环境

将 M3 核心模块与 TFT-LCD 液晶显示屏放置在实验平台上，使用杜邦线将二者按照丝印名称对应连接起来。

M3 核心模块与 TFT-LCD 液晶显示屏的连接示意图如图 5-1-19 所示。

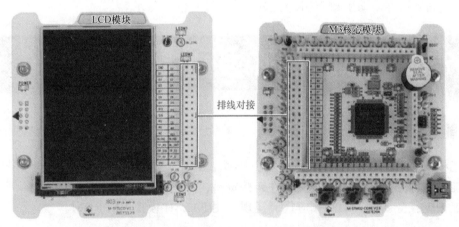

图 5-1-19　M3 核心模块与液晶显示屏连接示意图

8. 固件下载

参考项目 1 任务 2 的相关内容，完成固件的下载操作。

9. 结果验证

将 JP1 拨到 "NC"，按下复位键，使单片机工作在运行状态。在液晶显示屏上观察图片，如图 5-1-20 所示。

图 5-1-20　液晶显示屏
显示图片

任务检查与评价

完成任务实施后，进行任务检查与评价，任务检查与评价表存放在书籍配套资源中。

任务小结

通过本任务的学习，应当掌握 STM32 单片机 FSMC 接口的基本功能，掌握 STM32CubeMX 中相应功能的配置方法，同时了解 ILI9341 液晶控制器的基本功能（见图 5-1-21）。

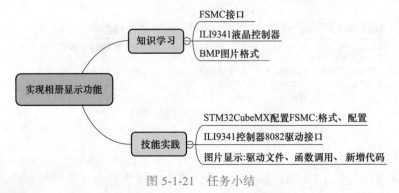

图 5-1-21 任务小结

任务拓展

查看液晶显示屏驱动函数声明，实现文字、图片混合显示。

任务 2 实现相册的存储功能

职业能力目标

- 能根据 MCU 的 HAL 库相关说明，查找 IAP 相关函数应用方法。
- 能根据任务要求，快速查阅硬件连接资料，准确搭建设备环境。
- 能根据任务要求，编制相应代码实现使用 FALSH 模拟 EEPROM。

任务描述与要求

任务描述： 某公司准备开发数码相册产品，经过慎重选型决定采用 STM32 系列单片为控制单元，液晶显示屏则采用 ILI9341 液晶控制器的 3.2 寸 TFT 彩屏。技术团队将开发任务分为 3 个子任务，分步实现。本任务内容是实现图片的存储功能。

任务要求：
- 了解 IAP 相关函数原型与使用方法。
- 图片文件的写入与读取。
- 图片显示验证。

任务分析与计划

根据所学相关知识，制订完成本次任务的实施计划，见表 5-2-1。

表 5-2-1　任务计划表

项目名称	数码相册
任务名称	实现相册的存储功能
计划方式	自我设计
计划要求	请用 7 个计划步骤完整描述如何完成本任务
序号	任务计划
1	
2	
3	
4	
5	
6	
7	

知识储备

一、STM32 的内部 FLASH 简介

在 STM32 芯片内部有一个 FLASH 存储器，如图 5-2-1 所示，主要用于存储代码，在计算机上编写好应用程序后，使用下载器把编译后的代码文件烧录到内部 FLASH 存储器中，由于 FLASH 存储器的内容在掉电后不会丢失，芯片重新上电复位后，内核可从内部 FLASH 存储器中加载代码并运行。

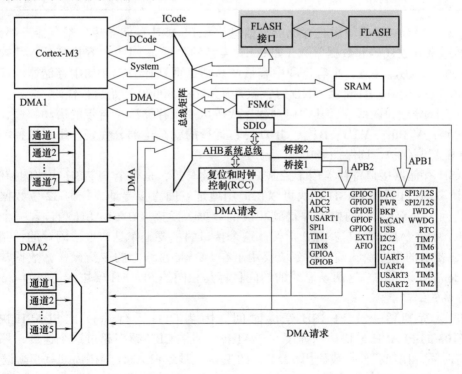

图 5-2-1　STM32 的内部框架

除了使用外部的工具（如下载器）读写内部 FLASH 外，STM32 芯片在运行时，也能对自身的内部 FLASH 进行读写，因此，若内部 FLASH 存储应用程序后还有剩余空间，可用于存储一些程序运行时产生的需要掉电保存的数据。

由于访问内部 FLASH 的速度要比外部的 SPI-FLASH 快得多，所以在紧急状态下常常用内部 FLASH 存储关键记录；为了防止被抄袭，有的应用程序会禁止读写内部 FLASH 中的内容，或者在第一次运行时计算加密信息并记录到某些区域，然后删除自身的部分加密代码，这些应用都涉及内部 FLASH 的操作。

二、STM32 的 FLASH 读写函数

STM32 大容量产品内部 FLASH 构成见表 5-2-2。

表 5-2-2　STM32 大容量产品内部 FLASH 构成

区域	名称	块地址	大小
主存储器	页 0	0x0800 0000~0x0800 07FF	2KB
	页 1	0x0800 0800~0x0800 0FFF	2KB
	页 2	0x0800 1000~0x0800 17FF	2KB
	页 3	0x0800 1800~0x0800 FFFF	2KB
	…	…	…
	…	…	…
	页 255	0x0807 F800~0x0807 FFFF	2KB
系统存储区		0x1FFF F000~0x1FFF F7FF	2KB
选项字节		0x1FFF F800~0x1FFF F80F	16KB

STM32 的 FLASH 模块由主存储器、信息块和 FLASH 存储器接口寄存器三部分组成。主存储器用来存放代码和数据常数（如 const 类型的数据）。对于大容量产品，其被划分为256 页，每页 2KB。注意，小容量和中容量产品则每页只有 1KB。如主存储器的起始地址是 0x0800 0000，B0、B1 都接 GND 时，就是从 0x0800 0000 开始运行代码。

信息块部分分为两部分，其中启动程序代码区用来存储厂家自带的启动程序，用于串口下载代码，当 B0 接 V3.3、B1 接 GND 时，运行的就是这部分代码。用户选择字节，则一般用于配置写保护、读保护等功能。

FLASH 存储器接口寄存器用于控制 FLASH 读写等，是整个 FLASH 模块的控制机构。FLASH 读取时，内置 FLASH 模块可以在通用地址空间直接寻址，任何 32 位数据的读操作都能访问 FLASH 模块的内容并得到相应的数据。读接口在 FLASH 端包含一个读控制器，还包含一个 AHB 接口与 CPU 衔接。这个接口的主要工作是产生读闪存的控制信号并预取 CPU 要求的指令块，预取指令块仅用于在 I-Code 总线上的取指操作，数据常量是通过 D-Code 总线访问的。这两条总线的访问目标是相同的 FLASH 模块，访问 D-Code 将比预取指令优先级高。

这里要特别留一个 FLASH 等待时间，因为 CPU 运行速度比 FLASH 快得多，STM32F103 的 FLASH 最快访问速度 ≤ 24MHz，如果 CPU 频率超过这个速度，那么必须加入等待时间，比如我们一般使用 72MHz 的主频，那么 FLASH 等待周期就必须设置为 2，通过 FLASH_ACR 寄存器设置。在 STM32CubeMX 的 HAL 库中，对以上操作步骤整合，

封装到了 4 个函数中。

● HAL_FLASHEx_Erase（）API，可以对 FLASH 进行按页或块擦除。

原型：HAL_StatusTypeDef HAL_FLASHEx_Erase（FLASH_EraseInitTypeDef *pEraseInit, uint32_t*PageError）;

所在文件：stm32f1xx_hal_flash_ex.h

● HAL_FLASH_Program（）API，对 FLASH 进行编程。

原型：HAL_StatusTypeDef HAL_FLASH_Program（uint32_t TypeProgram, uint32_t Address, uint64_t Data）;

所在文件：stm32fxx_hal_flash.h

● HAL_FLASH_Unlock（）API，在调用 FLASH 编程函数之前调用，用于解锁 FLASH。

● HAL_FLASH_Lock（）API，执行完编程 API 后调用，锁定 FLASH，避免误操作。

有了以上函数，对 FLASH 的读写变得非常简单。

对 FLASH 进行读写操作之前都要进行解锁操作，读写完成后也要进行锁定操作。这样严格的操作流程可有效避免误操作给程序带来不可预知的问题。

三、STM32 的 FLASH 实现思路

1. 实现功能

本任务要实现数据的存储以及读取验证工作。根据知识储备以及项目 5 任务 1 实现的功能，可以将数字 0x0001 存储到 STM32 的 FLASH 中，然后再读取显示在液晶显示屏上，达到验证的效果。

2. 数据存储

数据存储之前应先擦除相应存储空间的信息，然后写入相应的数据，最后读取。在读写操作之间都应该严格遵循 FLASH 的解锁与锁定操作。HAL 库相应函数擦除、写入函数已经内部集成，所以在程序调用中，代码可以进一步简化。FLASH 的读取没有专门的函数，可以自行实现，读取相应地址的数据即可。

3. 数据显示

液晶显示屏的数据显示可在项目 5 任务 1 的基础上修改完成。

▶ 任务实施

任务实施前必须准备好表 5-2-3 所列设备和资源。

表 5-2-3　设备清单表

序号	设备 / 资源名称	数量	是否准备到位（√）
1	M3 核心模块	1	
2	TFT-LCD 液晶屏	1	
3	蓝色杜邦线（LCD 配套排线）	34（1）	
4	配书资源	1	

要完成本任务，可以将实施步骤分成以下 4 步：

● 移植 STM32CubeMX 工程。

- 添加功能代码。
- 搭建硬件环境。
- 下载并结果验证。

具体实施步骤如下：

1. 移植 STM32CubeMX 工程

在不包含中文的路径下新建文件夹 "Task5-2-SaveData"，将项目 5 任务 1 的 STM32CubeMX 工程复制到该文件夹下，并将工程重新命名为 "Task5-2-SaveData"，并保存。将液晶显示屏驱动文件参照任务 1 复制到相应的文件夹。单击 "Generate Code" 生成工程。具体过程参见前述任务，这里不再赘述。

2. 添加功能代码

对 FLASH 的写入操作要在相应的 FLASH 地址内容被擦除之后进行。这里为明确步骤，将代码分为变量声明、擦除、写入、读取四个部分呈现。

变量声明部分代码如下，my_add 是待存储的数据，TFT_Num_Flash_Add 是存储地址。

```
1.  uint16_t my_add=0x2345;
2.  uint32_t TFT_Num_Flash_Add=0x08036800;
3.  //声明 FLASH_EraseInitTypeDef 结构体为 My_Flash
4.  FLASH_EraseInitTypeDef My_Flash;
5.  My_Flash.NbPages=1;                    //说明要擦除的页数
6.  //设置 PageError,如果出现错误,变量会被设置为出错的 FLASH 地址
7.  uint32_t PageError=0;
```

数据擦除部分代码如下：

```
1.  HAL_FLASH_Unlock( );                            //解锁 Flash
2.  //Flash 执行页面只做擦除操作
3.  My_Flash.TypeErase=FLASH_TYPEERASE_PAGES;
4.  My_Flash.PageAddress=TFT_Num_Flash_Add;        //声明要擦除的地址
5.  HAL_FLASHEx_Erase(&My_Flash,&PageError);        //调用擦除函数擦除
```

数据写入部分代码如下：

```
1.  uint16_t Write_Flash_Data=my_add;
2.
3.  //对 Flash 进行烧写
4.  //FLASH_TYPEPROGRAM_HALFWORD 声明操作的 Flash 地址的 16 位
5.  HAL_FLASH_Program(FLASH_TYPEPROGRAM_HALFWORD,TFT_Num_Flash_Add,
Write_Flash_Data);
6.  HAL_FLASH_Lock( );//锁住 Flash
```

数据显示部分则参考项目 5 任务 1 中代码。为方便显示，将其拆分为两个部分，其中文件包含与变量声明部分代码如下：

```
1.  #include"Board_GLCD.h"
2.  #include"GLCD_Config.h"
3.  /*USER CODE BEGIN PV*/
4.  extern GLCD_FONT GLCD_Font_16x24;
5.  /*USER CODE END PV*/
```

显示部分代码如下：

```
1.  GLCD_Initialize( );
2.  GLCD_ClearScreen( );
3.  GLCD_SetForegroundColor(GLCD_COLOR_BLACK);
4.  GLCD_SetBackgroundColor(GLCD_COLOR_WHITE);
5.  GLCD_SetFont(&GLCD_Font_16x24);
6.  GLCD_ClearScreen( );
7.  GLCD_DrawString(0,0,"Read From MCU");
8.  GLCD_DrawChar(0,20,((*(__IO uint16_t*)(TFT_Num_Flash_Add)&0xf000)》
12)+'0');
9.  GLCD_DrawChar(0,40,((*(__IO uint16_t*)(TFT_Num_Flash_Add)&0x0f00)》
8)+'0');
10. GLCD_DrawChar(0,60,((*(__IO uint16_t*)(TFT_Num_Flash_Add)&0x00f0)》
4)+'0');
11. GLCD_DrawChar(0,80,((*(__IO uint16_t*)(TFT_Num_Flash_Add)&0x000f)》
0)+'0');
```

其中第 7~11 行代码表示从 FLASH 地址读取数据并显示在 TFT-LCD 液晶显示屏上。
添加代码完成后，单击"build"生成可执行代码。

3. 搭建硬件环境

将 M3 核心模块与 TFT-LCD 液晶显示屏放置在实验平台上，使用杜邦线将两者按照丝
印名称对应连接起来，如图 5-2-2 所示。

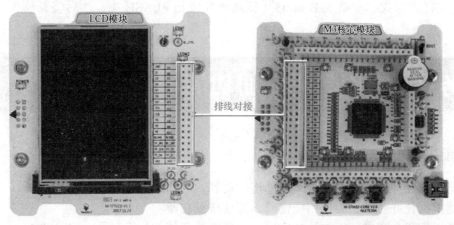

图 5-2-2　液晶显示屏与 M3 核心模块连接示意图

4. 下载并结果验证

按照前述任务的固件下载步骤将编译好的程序进行
烧录。

烧录好后，将 JP1 拨到"NC"，按下复位键，使单
片机工作在运行状态。在液晶显示屏上观察显示数字，
如图 5-2-3 所示。

任务检查与评价

完成任务实施后，进行任务检查与评价，任务检查
与评价表存放在本书配套资源中。

图 5-2-3　数据显示

任务小结

通过本任务的学习，应掌握利用 STM32 的 FLASH 模拟 EEPROM 的方法以及三个 HAL 库函数（见图 5-2-4）。

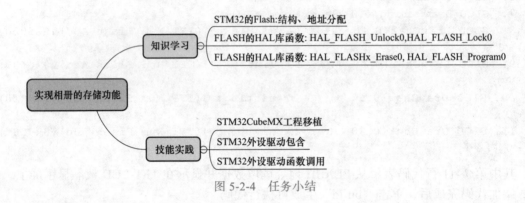

图 5-2-4　任务小结

任务拓展

按照本任务格式，存储 32B uint8_t 型随机数组到 FLASH 中，然后将其读出显示到液晶屏上。

任务 3　实现数码相册功能

职业能力目标

- 能根据任务要求，快速查阅硬件连接资料，准确搭建设备环境。
- 能根据任务要求，编制相应代码，实现按键功能。
- 能根据任务要求，编制相应代码，实现图片存储的轮换显示、删除功能。

任务描述与要求

任务描述： 某公司准备开发数码相册产品，经过慎重选型决定采用 STM32 系列单片为控制单元，液晶屏则采用 ILI9341 液晶控制器的 3.2 寸 TFT 彩屏。技术团队将开发任务分为 3 个子任务，分步实现。本任务内容是实现按键控制图片的切换显示、保存、删除等功能。

任务要求：

- 配置单片机 FSMC 接口。
- 移植液晶驱动。
- 捕捉按键。
- 按键控制图片显示。

任务分析与计划

根据所学相关知识，制订完成本任务的实施计划，见表 5-3-1。

表 5-3-1　任务计划表

项目名称	数码相册
任务名称	实现数码相册功能
计划方式	自我设计
计划要求	请用 10 个计划步骤完整描述如何完成本任务
序号	任务计划
1	
2	
3	
4	
5	
6	
7	
8	
9	
10	

知识储备

一、数码相册

传统相册容量有限，又比较占用空间，而且随着时间的推移，相片还可能会褪色，让人对曾经的回忆也模糊起来。相较于传统的相册，数码相册不仅携带方便，容量和照片的"保鲜"度也是传统相册无法比拟的。

数码相册具有图、文、声、像等各种表现手法，修改编辑的功能，快速检索方式，恒久保存等特性，还可以很方便地复制分享。

随着技术的进步和数码产品的广泛应用以及数码产品更新换代步伐的加快及功能的增强，数码相册的设计模板已可以满足自助制作、编辑等需要，满足人们对生活品质不断提高的要求，同时也显示出其在生命力、价格、品质等方面的综合优势。数码化是相册产品的发展趋势。

使用强大的 STM32 单片机与 TFT 液晶显示屏，简易的数码相册功能是完全能够实现的。数码相册最基本的功能包含图片的显示、切换、存储、删除等。本项目任务 1 和 2 实现了图片的显示和存储功能，在本任务中将通过按键操作实现对图片的切换和删除操作。至此，一个简易的数码相册就基本完成了。

二、系统结构

数码相册系统结构如图 5-3-1 所示。

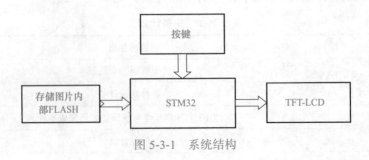

图 5-3-1　系统结构

整个系统主要是由 STM32F103VET6 开发板、按键以及 TFT-LCD 构成，图片主要通过程序存储在内部 FLASH 内，并通过 TFT-LCD 进行显示，当接收到按键的控制指令时，可以进行图片的切换以及删除，按键 1 用于进行图片的切换，按键 2 用于进行图片的删除。

三、数码相册实现思路

1. 实现功能

本任务要在本项目任务 1 和任务 2 的基础上实现图片的显示切换和删除功能。首先，利用 Image2LCD 软件将三张图片存放到 STM32 中，默认显示第一张图片。按下"切换"键时，显示第二张图片，再次按下，则显示第三张图片，如此循环显示。在显示某张图片时，按下"删除"键，则相应的图片删除。

2. 增加按键功能

增加按键功能包含两部分内容：一是检测按键，二是给按键赋予相应的功能。检测按键在项目 2 中已学习轮询检测方式，这里就不再详细叙述。本任务重点描述按键的中断检测方式及按键功能的实现，也就是"切换""删除"功能的实现。

3. 系统程序流程图

图 5-3-2 所示是系统的程序流程图，当

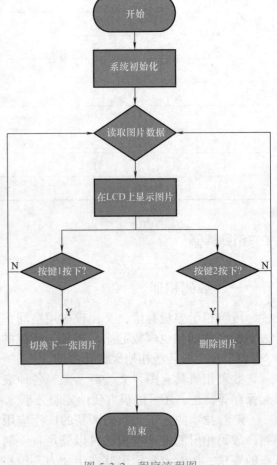

图 5-3-2　程序流程图

程序烧录好后，先进行初始化，初始化完成后，显示屏会将第一个图片的数据读取出来进行显示，当按下按键 1 时，程序会执行读取下一个图片数据的操作，并将下一个图片通过 LCD 屏显示出来；当按下按键 2 时，程序会执行删除当前图片数据的操作，将当前图片删除并显示下一个图片，直至将图片删除完。

任务实施

任务实施前必须准备好表 5-3-2 所列设备和资源。

表 5-3-2　设备清单表

序号	设备 / 资源名称	数量	是否准备到位（√）
1	M3 核心模块	1	
2	TFT-LCD 液晶显示屏	1	
3	蓝色杜邦线（LCD 配套排线）	34（1）	
4	配书资源	1	

要完成本任务，可以将实施步骤分成以下 4 步：

● 移植 STM32CubeMX 工程。

● 添加功能代码。

● 搭建硬件环境。

● 下载并结果验证。

具体实施步骤如下：

1. 移植 STM32CubeMX 工程

在不包含中文的路径下新建文件夹"Task5-3-DigitalAlbum"，将本项目任务 2 的 STM32CubeMX 工程复制到该文件夹下，并将工程重新命名为"Task5-3-DigitalAlbum"并保存。将液晶显示屏驱动文件参照项目 5 任务 1 复制到相应的文件夹。单击"Generate Code"生成工程。具体过程参见前述任务，这里不再赘述。

2. 添加功能代码

我们使用 Key1 作为"切换"按键（即按键 1），使用 Key2 作为"删除"按键（即按键 2）。两个按键功能实现逻辑相同。

按键 Key1 采用中断检测方式，其使用的 GPIO PC13 设置为中断模式。因为本任务只有一个外部中断，所以其中断优先级可任意配置。

根据外部中断处理流程，在 main.c 文件中增加中断处理代码，如下所示。

实现数码相册功能
（代码完善及分析）

```
/*USER CODE BEGIN 4*/
void HAL_GPIO_EXTI_Callback(uint16_t GPIO_Pin)
{
    if(GPIO_Pin==KEY1_Pin)
        Key1Down_Flag=1;
}
/*USER CODE END 4*/
```

按键 Key2 采用查询方式检测，在项目 2 中已经学习过，这里仅给出代码，不做过多解释。按键使用 GPIO 配置方法也参见项目 2，这里也不再重复。

程序所需变量，将其定义在"main.c"文件前面，如下所示。

```
/*USER CODE BEGIN WHILE*/
uint8_t Command_Status=0;    // 0:正常;1:切换;2:删除
const uint8_t*gImage[3]={gImage_triple,gImage_bee,gImage_duck};
```

```
uint8_t DelIndex[3]={0,0,0};
uint8_t PicIndex=0;
uint8_t PicAll=3;
```

在主函数中添加以下代码，实现"切换"功能。

```
1.  if(Key1Down_Flag==1)
2.  {
3.    Command_Status=1;
4.    Key1Down_Flag=0;
5.  }
6.  else
7.  {
8.    Command_Status=0;
9.  }
```

M3 核心模块使用 PC13 和 PD13 作为 key1 和 key2，不能同时使用中断执行。所以，key2 的按键功能就使用以下代码实现。第一行、第四行功能相同，都是检测按键 key2 是否按下，为防止连续按键操作，还设置了变量 Key2EN，当 Key2EN=0 时，即使检测到按键按下也不会触发"删除"功能，反之，当 Key2EN=1 时，若按键按下，则执行"删除"指令，删除当前显示图片。这样就能保证一次按键只删除一张图片。

```
1.  if(!HAL_GPIO_ReadPin(KEY2_GPIO_Port,KEY2_Pin))
2.  {
3.      HAL_Delay(20);
4.        if(!HAL_GPIO_ReadPin(KEY2_GPIO_Port,KEY2_Pin))
5.        {
6.          if(Key2EN)
7.          {
8.          Key2Down_Flag=1;
9.            Command_Status=2;//删除
10.           Key2EN=0;
11.         }
12.       }
13.     }
14.   else
15.     {
16.       Key2Down_Flag=0;
17.       Key2EN=1;
18.     }
```

以下是将按键命令与当前显示图片联系在一起的代码。

首先是"切换"按键功能，当按下"切换"按键时，按顺序显示下一张图片。当显示到最后一张时，图片索引回到最初的图片。

其次是"删除"按键功能，当按下"删除"按键时，删除当前正在显示图片。当删除至最后一张时，不再执行"删除"操作。

```
1.  switch(Command_Status)
2.  {
3.      case 1://切换显示
4.        GLCD_ClearScreen();
```

```
5.            PicIndex++;
6.            if(PicIndex>=3)
7.                PicIndex=0;
8.            for(uint8_t i=0;i<3;i++)
9.            {
10.               if(DelIndex[(PicIndex+i)%3]!=1)
11.               {
12.                   GLCD_ClearScreen( );
13.                   GLCD_DrawBitmap(60,30,60,60,gImage[(PicIndex+i)%3]);
14.                   Command_Status=0;
15.                   PicIndex=(PicIndex+i)%3;
16.                   break;
17.               }
18.            }
19.            if(DelIndex[0]+DelIndex[1]+DelIndex[2]==3)  // 所有图片删除完毕
20.            {
21.                GLCD_ClearScreen( );
22.                GLCD_DrawBitmap(60,30,60,60, (const uint8_t*)gImage_NoPicture);
23.                Command_Status=0;
24.            }
25.        break;
26.     case 2://删除
27.        DelIndex[PicIndex]=1;
28.        GLCD_ClearScreen( );
29.        PicIndex++;
30.        if(PicIndex>=3)                  // 如果已经删除所有图片
31.            PicIndex=0;                   // 图片指针复位
32.        for(uint8_t i=0;i<3;i++)
33.        {
34.            if(DelIndex[(PicIndex+i)%3]!=1)
35.            {
36.                GLCD_ClearScreen( );
37.                GLCD_DrawBitmap(60,30,60,60,gImage[(PicIndex+i)%3]);
38.                Command_Status=0;
39.                PicIndex=(PicIndex+i)%3;
40.                break;
41.            }
42.        }
43.        if(DelIndex[0]+DelIndex[1]+DelIndex[2]==3)// 所有图片删除完毕
44.        {
45.            GLCD_ClearScreen( );
46.            GLCD_DrawBitmap(60,30,60,60, (const uint8_t*)gImage_NoPicture
47.            Command_Status=0;
48.        }
49.        break;
50.     default:
51.        break;
52.    }
53.  HAL_Delay(1);
```

单击编译按钮，生成可执行文件，如图5-3-3及图5-3-4所示。

图 5-3-3　编译文件生成代码相关加速按钮

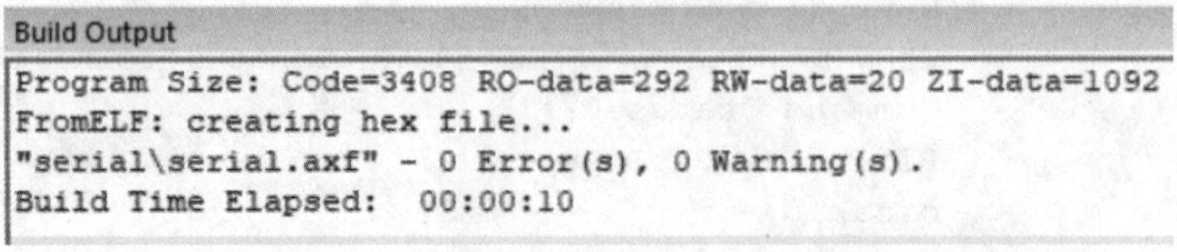

```
Build Output
Program Size: Code=3408 RO-data=292 RW-data=20 ZI-data=1092
FromELF: creating hex file...
"serial\serial.axf" - 0 Error(s), 0 Warning(s).
Build Time Elapsed:  00:00:10
```

图 5-3-4　生成可执行代码

3. 搭建硬件环境

M3 核心模块与 TFT-LCD 液晶显示屏的连接示意图如图 5-3-5 所示。

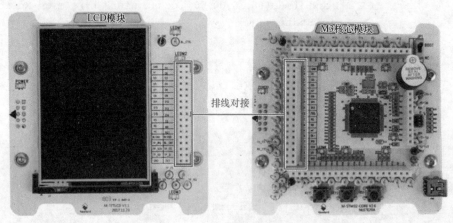

图 5-3-5　M3 核心模块与液晶显示屏连接示意图

将 M3 核心模块与 TFT-LCD 液晶显示屏放置在实验平台上，使用 LCD 模块配套排线将二者按照丝印名称对应连接起来。

4. 下载并结果验证

按照前述任务的固件下载步骤将编译好的程序进行烧录。

程序烧录好后，将 JP1 拨到"NC"，按下复位按键，使单片机工作在运行状态。当按下 key1 键时，可以看到图片进行切换；按下 key2 键时，删除当前图片，显示下一张，直至全部删除完毕，显示最后一张，如图 5-3-6 所示。

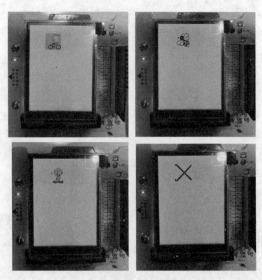

图 5-3-6　按键控制图片显示功能

任务检查与评价

完成任务实施后，进行任务检查与评价，任务检查与评价表存放在书籍配套资源中。

任务小结

通过本任务的学习，应当掌握 STM32 与 TFT-LCD 液晶显示屏组合的数码相册功能。该数码相册具备图片的显示、存储、切换、删除等功能（见图 5-3-7）。

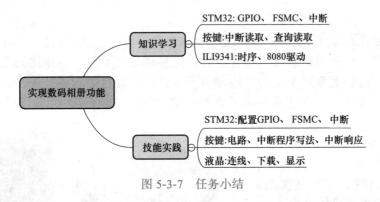

图 5-3-7　任务小结

任务拓展

实现按键操作的文字提示功能，即识别按键操作后在屏幕的左上角显示操作命令。如果命令能够正常执行，则显示命令名称；如果命令不能正常执行，则提示错误。

项目 6

智能电子秤

引导案例

除了一些传统的重量秤之外，越来越多的智能电子秤也进入了我们的生活。

传统的重量秤一般用在农贸市场等地方，这种秤比较稳定，寿命比较长，误差也相对比较小，使用广泛；而家庭中这种秤用起来不太方便，而且随着科技进步，人们也不满足于体重的测量，现在的一些体重秤除了测量体重之外，一般还加入了体脂测量（测量身体脂肪含量），对于一些减肥人士是必备功能，而且许多智能电子秤大多还加入了蓝牙功能，可以将每次测量的数据发送给手机 APP，记录每次测量的数据，可以直观发现身体变化。

图 6-1-1 是生活中常见的电子秤，图 6-1-1a 是传统的电子秤，图 6-1-1b 是智能电子秤，大家想一想，未来的电子秤会是什么样的？

a)　　　　　　　　　b)

图 6-1-1　常见的电子秤

任务 1　电子秤采集称重传感器数据

职业能力目标

- 能根据 MCU 编程手册，利用 STM32CubeMX 软件，准确对 ADC 进行配置。
- 能利用称重传感器，通过编写代码准确获取重量数据。

任务描述与要求

任务描述： 电子秤采用的称重传感器输出的数据为模拟量，本任务要求使用 STM32 的 ADC 进行称重传感器数据的采集，将获取的重量数据通过串口输出。

任务要求：
- 能够通过 STM32CubeMX 软件进行 ADC 配置。
- 能够根据 ADC 的知识，获取传感器数据。
- 能够将获取的重量数据通过串口输出。

任务分析与计划

根据所学相关知识，制订完成本次任务的实施计划，见表 6-1-1。

表 6-1-1　任务计划表

项目名称	智能电子秤
任务名称	电子秤采集称重传感器数据
计划方式	自我设计
计划要求	请用 10 个计划步骤完整描述如何完成本任务
序号	任务计划
1	
2	
3	
4	
5	
6	
7	
8	
9	
10	

知识储备

一、认识 ADC

ADC 是 Analog-to-Digital Converter 的缩写，指模 / 数转换器或者模拟 / 数字转换器，即将连续变化的模拟信号转换为离散的数字信号的器件。真实世界的模拟信号，例如温度、压力、声音或者图像等，需要转换成更容易储存、处理和发射的数字形式，才能被计算机处理。模 / 数转换器可以实现这个功能，在各种产品中都可以找到它的身影。

二、ADC 的主要参数

（1）分辨率

分辨率是指 ADC 输出数字量的最低位变化一个数码时，对应模拟量的变化量，ADC的分辨率是指输出数字量变化最小量时模拟信号的变化量，定义为满刻度与 2^n 的比值，通常以数字信号的位数来表示。

（2）转换精度

转换精度是指实际 ADC 输出的数字量与理想的 ADC 输出的数字量的转换误差，绝对精度一般以分辨率为单位给出，相对精度则是绝对精度与满量程的比值。

（3）转换速率

转换速率是指完成一次模 / 数转换所需时间的倒数。积分型 ADC 的转换时间是毫秒级，属低速；逐次比较型 ADC 是微秒级，属中速；全并行 / 串并行型 ADC 可达到纳秒级。

（4）采样时间

采样时间是指两次转换的间隔采样时间。采样时间的倒数是采样频率，通俗地讲，采样频率是指处理器每秒钟采集多少个信号样本。为了保证转换的正确完成，采样频率必须小于或等于转换速率。

（5）量化误差

ADC 把模拟量转化为数字量后，是用数字量近似表示模拟量的，这个过程称为量化，量化误差是由于 ADC 的位数有限而引起的。

要准确地表示模拟量，ADC 的位数需要很大甚至无穷大。一个分辨率有限的 ADC 的阶梯转换特性曲线与具有无限分辨率的 ADC 转化特性曲线（直线）之间的最大偏差就是量化误差。通常是 1 个或半个最小数字量对应的模拟变化量，表示为 1LSB、1/2LSB。

三、STM32F103VET6 的 ADC

STM32F103VET6 有 3 个 ADC，精度为 12 位，其中 ADC1 和 ADC2 都有 16 个外部通道，ADC3 有 14 个外部通道。ADC 的模式非常多，功能非常强大，具体构成详见项目 4 任务 1 知识储备。

（1）ADC 时钟

ADC 输入时钟 ADC_CLK 由 PCLK2 经过分频产生，在 STM32CubeMX 里设置，如图 6-1-2 所示。标号①处为分频因子，可以是 2/4/6/8 分频，注意这里没有 1 分频。如果设置 PCLK2=HCLK=72MHz，分频因子选择 6，则 ADC_CLK=12MHz，如标号②处所示。

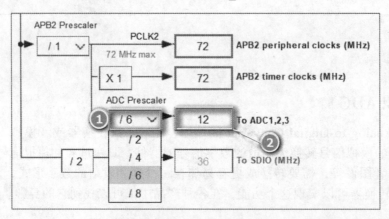

图 6-1-2　ADC 时钟设置

（2）采样时间

ADC 使用若干个 ADC_CLK 周期对输入的电压进行采样，采样的周期数可通过 STM32CubeMX 软件设置，每个通道还可以分别用不同的时间采样。其中采样周期最小是 1.5 个，即如果要达到最快采样，那么应设置采样周期为 1.5 个周期，周期指 1/ADC_CLK。在 STM32CubeMX 里设置如图 6-1-3 所示，标号①处设置采样时间为 71.5 个。

四、称重传感器模块

图 6-1-4 所示为 NEWLab 实训平台称重传感器模块电路板结构。

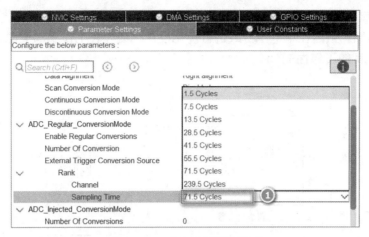

图 6-1-3　ADC 采样时间设置

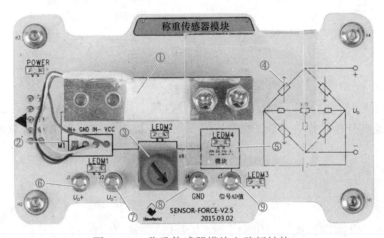

图 6-1-4　称重传感器模块电路板结构

标号①：YZC-1b 称重传感器。

标号②：称重传感器桥式电路的接口。

标号③：平衡调节电位器。

标号④：桥式电阻应变片平衡电路。

标号⑤：信号放大模块。

标号⑥：U+J1 接口，测量直流电桥平衡电路输出的正端电压，即 AD623 正端输入（3 脚）电压。

标号⑦：UJ2 接口，测量直流电桥平衡电路输出的负端电压，即 AD623 负端输入（2 脚）电压。

标号⑧：接地 GND 接口 J4。

标号⑨：信号 AD 值接口 J3，测试经信号放大模块放大后电路输出的电压，该电压由 AD623（6 脚）输出，经 R_3 和 R_7 分压后采集 R_7 的电压，如图 6-1-5 所示。

信号放大模块主要利用 AD623 完成信号的差动放大，AD623 是一个集成单电源仪表放大器，它能在单电源（3~12V）下提供满电源幅度的输出，允许使用单个增益设置电阻进行增益编程，以得到良好的用户灵活性。在无外接电阻的条件下，它被设置为单位增益；外接电阻后，可编程设置增益，其增益最高可达 100 倍。通过提供极好的随增益增大而增大的交流共模抑制比而保持最小的误差，线路噪声及谐波将由于共模抑制比在高达200Hz时仍保持恒定而受到抑制。虽然在单电源方式进行优化设计，但当它工作于双电源［±（2.5~6）V］时，仍能提供优良的工作性能。

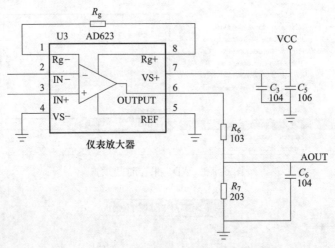

图 6-1-5　信号放大电路

传感器在受力时，电桥平衡发生变化，差分电压 U_o 通过 AD623 放大后变成单端电压输出，输出电压经过分压后作为 ADC 的输入模拟电压，即模块中信号 AD 值对地电压 U_A，即

$$U_A = A_u U_o \tag{6-1-1}$$

信号放大的放大系数为

$$\frac{R_7}{R_6 + R_7}\left(1 + \frac{100\mathrm{k}\Omega}{R_g}\right) \tag{6-1-2}$$

图 6-1-5 所示电路中，R_6 为 10kΩ，R_7 为 20kΩ，R_g 为 100Ω。

用万用表的电压档（mV 档）测量模块中 U_o+ 和 U_o- 两个测试口的电压可以获得传感器电路的输出信号 U_o，用万用表电压档测量模块中信号 AD 值测试口的对地电压可以获得放大后的输出电压 U_A。可以将测量所得的 A_u 与理论值进行比对，并进行误差分析。注意：由于差动信号直流放大时存在零点漂移，当 $U_o=0$ 时，U_A 实际输出不一定为 0，进行测量计算时要扣除电压初始值 U_{A0}。

五、电阻应变式传感器的测量电路

实际应用中，四个电阻应变片阻值不可能做到绝对相等，导线电阻和接触电阻也有差异，增加补偿措施使得器件结构相对复杂，因此采用电阻应变式传感器构成的电桥在实际测量时必须调节电阻平衡。常用的电阻平衡调节电路如图 6-1-6 所示。

其中 R 和 R_W 组成电桥的平衡网络，通过调节 R_W 可使 U_o 输出为 0，实现电桥电路平衡。

当传感器受应力时，电桥电路中 4 个应变片阻值发生相应变化，电桥失去平衡，电路输出差动信号 U_o，$\Delta R_1 = -\Delta R_2 = \Delta R_3 = -\Delta R_4 = \Delta R$，可得应力和电压的关系为

$$U_o = K'F \tag{6-1-3}$$

式中，$K' = \dfrac{KU}{AE}$ 定义为应力与电压的转变系数，K、A、E 可视为常数，U 是直流电桥供电电压，因此应力与电压的转变系数 K' 也可以视为常数，应力及其引起的电压变化呈线性关

系。在实际应用中，四个应变片的阻值变化不一定相等，且 K 也会因为阻值的变化产生微小偏差，因此应力及其引起的电压变化是非线性关系，要注意误差的分析。

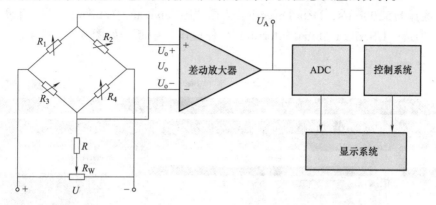

图 6-1-6　直流电桥电阻平衡电路

直流电桥输出的差动信号 U_o 较小，不便于测量，一般是先将它通过差动放大器放大，再利用仪表进行测量，或者将信号经 ADC 转换后给控制系统进行判断并显示。

▶ 任务实施

任务实施前必须准备好表 6-1-2 所列设备和资源。

表 6-1-2　设备清单表

序号	设备 / 资源名称	数量	是否准备到位（√）
1	M3 核心模块	1	
2	称重传感器模块	1	
3	杜邦线	1	

要完成本任务，可以将实施步骤分成以下 7 步：
● 使用 STM32CubeMX 完成 ADC 工程的创建和配置。
● 在工程中添加代码包。
● 在源文件中添加代码程序。
● 编译代码。
● 硬件环境搭建。
● M3 核心模块固件下载。
● 结果验证。
具体实施步骤如下：

1. 使用 STM32CubeMX 完成 ADC 工程的创建和配置

1）参考项目 1 任务 1，完成以下操作：
● 打开 STM32CubeMX，选择 "New Project" 进入芯片选择界面。
● 在搜索栏输入 "stm32f103ve"，右侧会出现 STM32F103VE 的芯片，选择 LQFP 封装，双击进入芯片配置界面。
● 选择 "System Core" → "RCC"，High Speed Clock（HSE）和 Low Speed Clock（LSE）都选择 "Crystal/Ceramic Resonator"。

● 单击"SYS"，Debug 选择"Serial Wire"。

2）选择"Connectivity"→"USART1"，配置串口一，Mode 选择"Asynchronous"，Baud Rate选择115200bit/s，Data Direction选择"Receive and Transmit"，然后单击"NVIC Settings"，勾选"USART1 global interrupt"，使能串口中断，如图 6-1-7 所示。

图 6-1-7　配置串口

3）单击"ADC1"，勾选"IN0"，也可以单击 PA0 的引脚进行选择如图 6-1-8 所示。

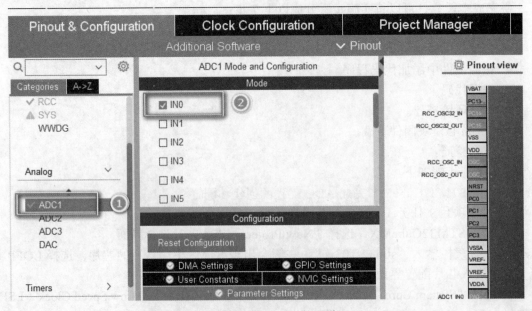

图 6-1-8　配置 ADC1 的通道 0

4）选择"Clock Configuration"选项卡，进行时钟配置，如图 6-1-9 所示。

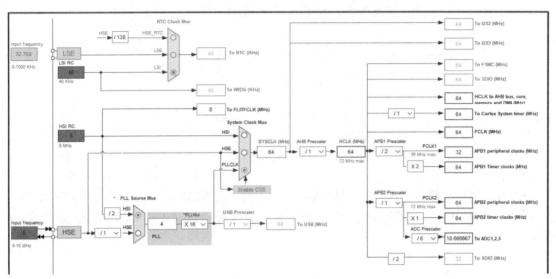

图 6-1-9　配置时钟

5）选择"Project Manager"选项卡，单击"Project"设置文件名和保存的位置，Toolchain/IDE 选择"MDK_ARM"。

6）选择"Code Generator"选项卡，进行勾选设置。

7）最后单击右上角的"GENERATE CODE"生成初始化代码。

电子秤采集称重传感器数据（创建工程项目）

2. 在工程中添加代码包

1）单击编译按钮开始编译，若提示 0 个错误，表示编译通过，如图 6-1-10 所示。

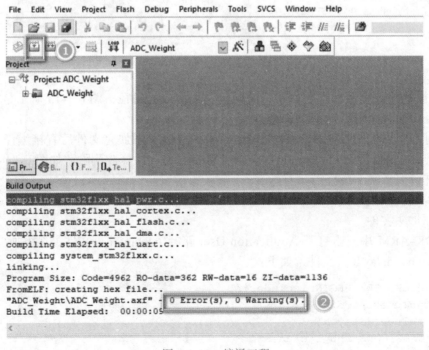

图 6-1-10　编译工程

2）在项目工程文件夹的"MDK-ARM"文件夹下新建"HARDWORK"文件夹，并将 delay 和 Trace 两个文件夹复制进去，如图 6-1-11 所示。

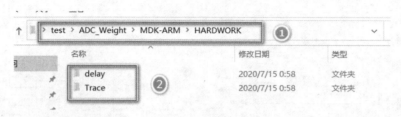

图 6-1-11　添加 delay 和 Trace 代码包

3）右击项目文件名，选择"Add Group"添加组，将 NEW Group 改为"HARDWORK"，双击"HARDWORK"，选择 delay 和 Trace 文件夹，添加 delay.c 和 trace.c 文件，如图 6-1-12 所示。

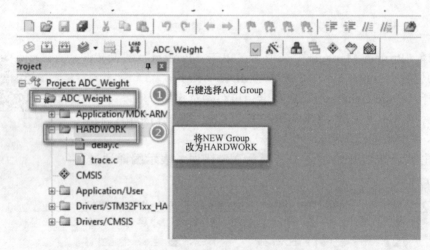

图 6-1-12　添加 delay.c 和 trace.c 文件

4）添加的文件直接编译会报错，需要包含文件夹的路径，图 6-1-13 所示是添加 Trace 文件的路径，使程序可以找到头文件。

5）按照相同的方法将 delay 的文件路径添加进去。添加完文件后直接编译也会报错，这时双击 trace.c 将"UART_HandleTypeDef　huart1;"注释或删除，如图 6-1-14 所示。

再次进行编译就不会报错。

3. 在源文件中添加代码程序

（1）添加头文件

在 MDK-ARM 中双击打开 Application/User 路径下的 main.c 文件，在添加头文件代码处添加 trace.h、delay.h 头文件，如下：

```
1. /*USER CODE BEGIN Includes*/
2. #include"trace.h"
3. #include"delay.h"
4. /*USER CODE END Includes*/
```

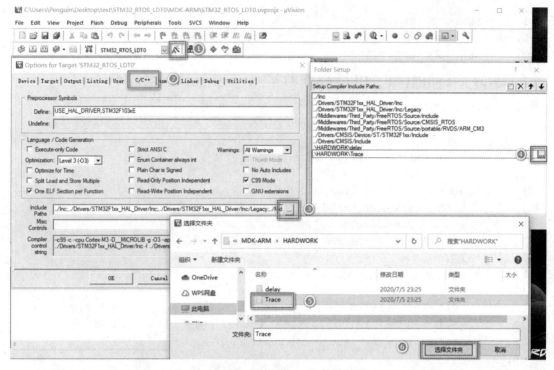

图 6-1-13　添加 Trace 文件的路径

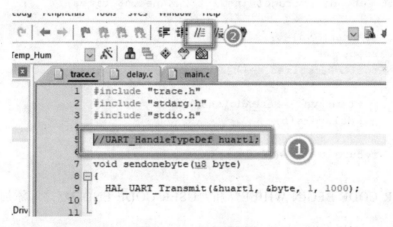

图 6-1-14　注释或删除

（2）添加变量

在 /*USER CODE BEGIN PV*/ 和 /*USER CODE END PV*/ 之间添加变量，如下：

```
1.  /*USER CODE BEGIN PV*/
2.  ADC_ChannelConfTypeDef sConfig={0};
3.  u16 adcvalue=0;
4.  long press_value=0;// 重量
5.  uint16_t temp_value=0;
6.  /*USER CODE END PV*/
```

在 /*USER CODE BEGIN PFP*/ 和 /*USER CODE END PFP*/ 之间添加函数声明，如下：

```
1.  /*USER CODE BEGIN PFP*/
2.  u16 Get_Adc_Average(uint32_t channel,u8 times);
3.  /*USER CODE END PFP*/
```

在最后的 "#endif/*USE_FULL_ASSERT*/" 后面进行函数实现，如下：

```
1.  #endif/*USE_FULL_ASSERT*/
2.  u16 Get_Adc(uint32_t channel)
3.  {
4.      /**Configure Regular Channel
5.      */
6.      sConfig.Channel=channel;
7.      Config.Rank=ADC_REGULAR_RANK_1;
8.      sConfig.SamplingTime=ADC_SAMPLETIME_239CYCLES_5;
9.      if(HAL_ADC_ConfigChannel(&hadc1,&sConfig)!=HAL_OK)
10.     {
11.         Error_Handler( );
12.     }
13.     HAL_ADC_Start(&hadc1);                         // 开启 ADC
14.     HAL_ADC_PollForConversion(&hadc1,10);          // 轮询转换
15.     return(u16)HAL_ADC_GetValue(&hadc1);
16.  }
17.
18.  u16 Get_Adc_Average(uint32_t channel,u8 times)
19.  {
20.      u32 temp_val=0;
21.      u8 t;
22.      for(t=0;t<times;t++)
23.      {
24.          temp_val+=Get_Adc(channel);
25.          delay_ms(5);
26.      }
27.      return temp_val/times;
28.  }
```

在 /*USER CODE BEGIN WHILE*/ 和 /*USER CODE END 3*/ 之间添加主程序代码，如下：

```
1.  /*Infinite loop*/
2.
3.  /*USER CODE BEGIN WHILE*/
4.    delay_init(72);
5.    adcvalue=Get_Adc_Average(ADC_CHANNEL_0,5);
6.    u1_printf("system is running\r\n");
7.    while(1)
8.    {
9.      adcvalue=Get_Adc_Average(ADC_CHANNEL_0,5);
10.     press_value=adcvalue/4096.0*500;// 转换压力信号 0-500//0-500g
11.     if(temp_value! =press_value)
12.     {
```

```
13.          temp_value=press_value;
14.          u1_printf("称重传感器 -- 重量值为%d g\r\n",press_value);
15.      }
16.      delay_ms(500);
17. /*USER CODE END WHILE*/
18.
19. /*USER CODE BEGIN 3*/
20. }
21. /*USER CODE END 3*/
```

4. 编译代码

代码添加完成后，单击"重新编译"按钮 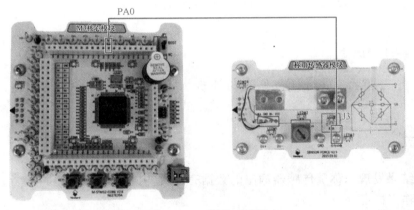 完成编译，确保编译准确无误。

5. 硬件环境搭建

图 6-1-15 所示是本任务的硬件连线图。STM32F103VET6 模块的 PA0 引脚连接称重传感器模块的信号 AD 值。

PA0

图 6-1-15   硬件连线图

6. M3 核心模块固件下载

（1）烧写前的硬件准备

● 搭建硬件平台，把 M3 核心模块和压电传感器模块放到 NEWLab 实训平台上。

● 确保 NEWLab 实训平台接线正常，并将旋钮旋到通信模式。

● 将 M3 核心模块 JP1 从 NC 拨到 BOOT 端，按下复位键。

（2）烧写

● 打开 STMFlashLoader Demo 软件，将编译好的 HEX 文件进行烧录。

● 等待下载完毕。

（3）烧写后启动 M3 核心模块

● 将 M3 核心模块的 JP1 从 BOOT 切换到 NC，按下复位键。

● 将 PA0 引脚连接称重传感器模块的信号 AD 值。

7. 结果验证

打开串口调试工具，单片机上电，选择连接的串口，打开串口，调节称重传感器模块上的旋钮进行灵敏度调节及调零，然后可以在调试助手上看到串口输出的数据，如图 6-1-16 所示，可以获取当前重量数据。

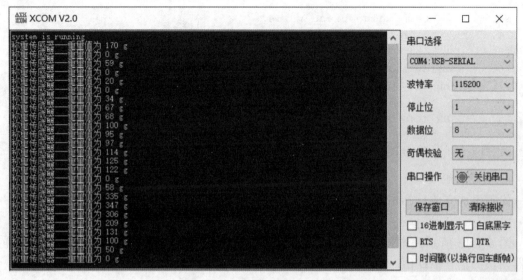

图 6-1-16　结果输出

任务检查与评价

完成任务实施后，进行任务检查与评价，任务检查与评价表存放在书籍配套资源中。

任务拓展

由实验结果发现，称重传感器输出的数据有很大的波动，即存在噪声，请采用数字滤波的方法使输出稳定。

任务 2　矩阵键盘的使用

职业能力目标

- 能根据 MCU 编程手册，利用 STM32CubeMX 软件，准确对引脚进行配置。
- 能利用矩阵键盘的知识，通过编写代码，准确获得按键信息。
- 能利用通用串行接口知识，借助 STM32CubeMX 软件，正确将每一个按键进行输出。

任务描述与要求

任务描述：电子秤需要使用按键面板，本任务要求使用矩阵键盘，并且根据矩阵键盘的相关知识，将获取的按键信息通过串口输出。

任务要求：
- 能够通过 STM32CubeMX 软件进行引脚配置。
- 能够根据矩阵键盘知识，获取每一个按键状态。
- 能够将获取的按键信息通过串口输出。

任务分析与计划

根据所学相关知识，制订完成本任务的实施计划，见表 6-2-1。

表 6-2-1　任务计划表

项目名称	智能电子秤
任务名称	矩阵键盘的使用
计划方式	自我设计
计划要求	请用 10 个计划步骤完整描述如何完成本任务
序号	任务计划
1	
2	
3	
4	
5	
6	
7	
8	
9	
10	

知识储备

一、矩阵键盘的结构

很多电子设备都需要输入设备，按键就是输入设备的一种。当按键比较少时，占用微控制器的 I/O 口比较少，此时可以使用独立按键，但是当按键比较多时，占用微控制器的资源比较多，独立按键就不再适合，此时通常使用矩阵形式的按键组，我们称为矩阵键盘，如图 6-2-1 所示。

图 6-2-2 为图 6-2-1 所示矩阵键盘的原理图。在矩阵键盘中，每条水平线和垂直线在交叉处不直接连通，而是通过一个按键加以连接。这样，7 个 I/O 口就可以构成 4×3=12 个按键的矩阵键盘。如果采用独立按键的方式，

图 6-2-1　矩阵键盘

则需要 12 个 I/O 口。线数越多，区别越明显，比如再多加一条线，即 8 个 I/O 口就可以构成 16 键的键盘，如图 6-2-3 所示，如果采用独立按键的方式则需要 16 个 I/O 口。由此可见，在需要的键数比较多时，采用矩阵键盘是合理的。

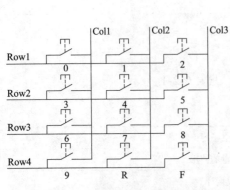

图 6-2-2　矩阵键盘原理图

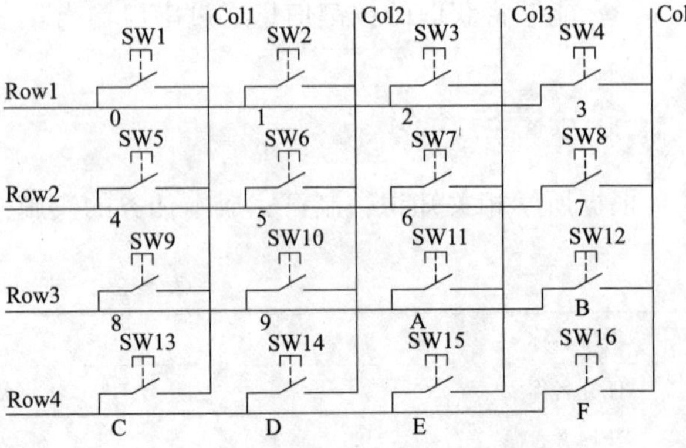

图 6-2-3　4×4 矩阵键盘

二、矩阵键盘的识别方法

矩阵键盘显然比独立按键要复杂一些，识别也要复杂一些。把列线通过电阻接正电源，并将行线所接的微处理器的 I/O 口作为输出端，而列线所接的 I/O 口则作为输入。这样，当按键没有按下时，所有的输入端都是高电平，代表无按键按下。行线输出是低电平，一旦有按键按下，则输入线就会被拉低，这样，通过读入输入线的状态就可得知是否有键按下了。

三、键盘读取功能设计

（1）行扫描法

行扫描法又称为逐行（或列）扫描查询法，是一种最常用的按键识别方法。行扫描法中行线 Row× 接微控制器的输出口，列线 Col× 接微控制器的输入口，它的工作过程可以分为如下两个步骤：

① 判断键盘中有无键按下及按下键所在列的位置。

② 判断闭合键所在行的位置。

（2）高低电平翻转法

首先让列线 Col× 为 0，行线 Row× 设置为上拉输入（即输入 1）。若有按键按下，则行线 Row× 中会有一行由 1 翻转为 0，此时即可确定被按下的键的行位置。

然后让行线 Row× 为 0，列线 Col× 设置为上拉输入（即输入 1）。若有按键按下，则列线 Col× 中会有一根由 1 翻转为 0，此时即可确定被按下的键的列位置。

最后将上述两者进行或运算即可确定被按下的键的位置。

机械式按键按下或释放时，由于机械弹性作用的影响，通常伴随有一定时间的触点机械抖动，然后其触点才稳定下来，如图 6-2-4 所示。

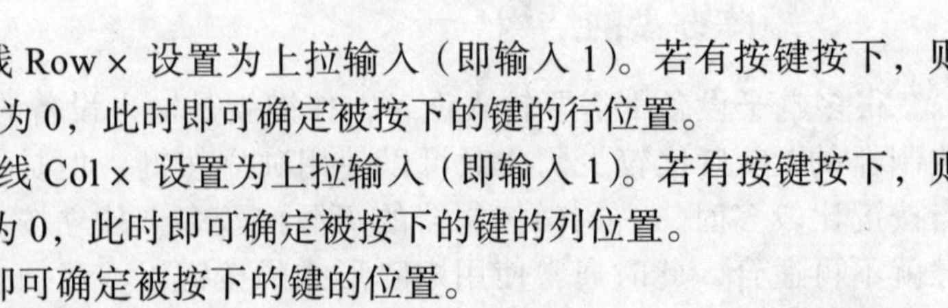

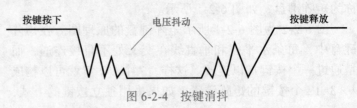

图 6-2-4　按键消抖

本任务我们使用的矩阵键盘模块连线结构如图 6-2-5 所示。

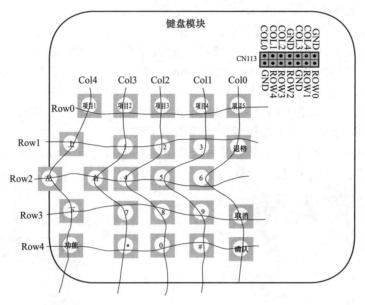

图 6-2-5　矩阵键盘模块实际位置

任务实施

任务实施前必须准备好表 6-2-2 所列设备和资源。

表 6-2-2　设备清单表

序号	设备 / 资源名称	数量	是否准备到位（√）
1	M3 核心模块	1	
2	键盘模块	1	
3	键盘连接线	1	

要完成本任务，可以将实施步骤分成以下 7 步：

● 使用 STM32CubeMX 完成工程的创建和配置。
● 在工程中添加代码包。
● 在源文件中添加代码程序。
● 编译代码。
● 硬件环境搭建。
● M3 核心模块固件下载。
● 结果验证。

具体实施步骤如下：

1. 使用 STM32CubeMX 完成工程的创建和配置

可参考本项目的任务 1 完成 1）~5）步骤。

1）打开 STM32CubeMX，选择"New Project"进入芯片选择界面。

2）在搜索栏输入"stm32f103ve"，右侧会出现 STM32F103VE 芯片，选择 LQFP 封装，双击进入芯片配置界面。

3）选择 "System Core" → "RCC"，High Speed Clock（HSE）和 Low Speed Clock（LSE）都选择 "Crystal/Ceramic Resonator"。

4）选择 "SYS"，Debug 选择 "Serial Wire"。

5）选择 "Connectivity" → "USART1"，配置串口一，MODE 选择 "Asynchronous"，Baud Rate 选择 "115200bit/s"，Data Direction 选择 "Receive and Transmit"，然后单击 "NVIC Settings"，勾选 "USART1 global interrupt"，使能串口中断。

6）单击 "PA2"，设置 PA2 为通用输出引脚 "GPIO_Output"，如图 6-2-6 所示，然后依次将 PA3、PA4、PA5、PA6 都设置为通用输出引脚。

7）单击 "PC7"，设置 PC7 为输入引脚 "GPIO_Input"，如图 6-2-7 所示，然后依次将 PC8、PC9、PC10、PC11 都设置为输入引脚。

图 6-2-6　配置引脚输出

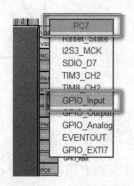

图 6-2-7　配置引脚输入

8）选择 "System Core" → "GPIO"，选择 "PA2"，将 PA2 设置为高电平、高速输出、无上拉、无下拉，如图 6-2-8 所示，然后依次将 PA3、PA4、PA5、PA6 都进行以上设置。

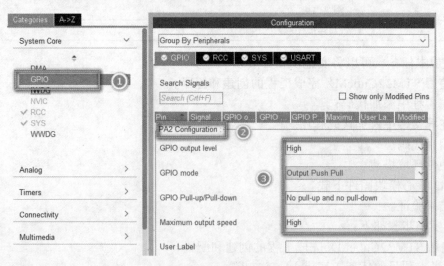

图 6-2-8　配置输出引脚

9）选择 "System Core" → "GPIO"，选择 "PC7"，将 PC7 设置为上拉输入，如图 6-2-9 所示，然后依次将 PC8、PC9、PC10、PC11 也设置为上拉输入。

10）单击"Clock Configuration"，进行图 6-2-10 所示时钟配置。

11）单击"Project Manager"，单击"Project"设置文件名和保存的位置，Toolchain/
IDE 选择"MDK_ARM"。

12）单击"Code Generator"，进行勾选设置。

13）最后单击右上角的"GENERATE CODE"生成初始化代码。

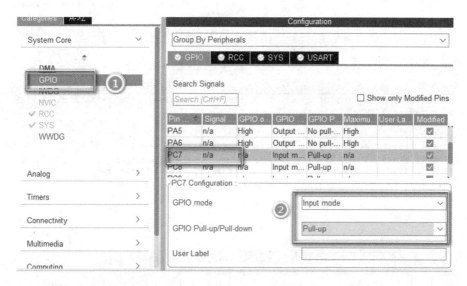

图 6-2-9　配置输入引脚

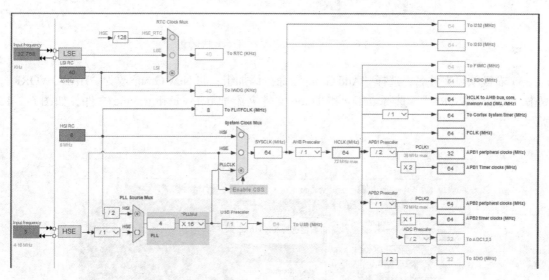

图 6-2-10　配置时钟

2. 在工程中添加代码包

1）单击编译按钮开始编译，若 0 个错误表示编译通过，如图 6-2-11 所示。

2）在项目工程文件夹的 MDK-ARM 文件夹下新建一个文件夹"HARDWORK"，并将
delay 和 Trace 两个文件夹复制进去，如图 6-2-12 所示。

物联网嵌入式技术

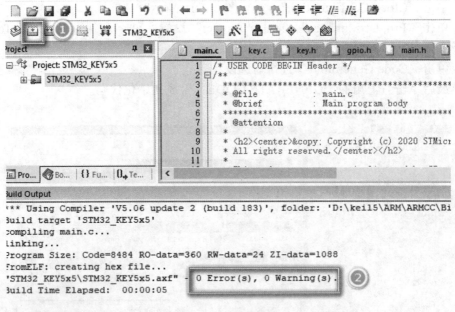

图 6-2-11　编译工程

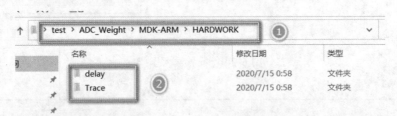

图 6-2-12　添加 delay 和 Trace 代码包

3）右键项目文件名，选择"Add Group"命令添加组，将 New Group 改为"HARDWORK"，双击"HARDWORK"，选择 delay 和 Trace 文件夹添加 delay.c 和 trace.c 文件，如图 6-2-13 所示。

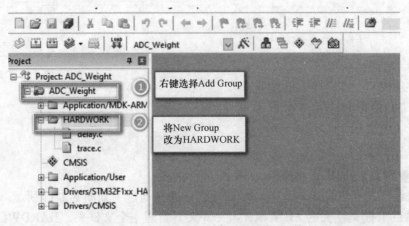

图 6-2-13　添加 delay.c 和 trace.c 文件

4）添加的文件直接编译会报错，需要包含文件夹的路径，图 6-2-14 就是添加 Trace 文件的路径，使程序可以找到头文件。

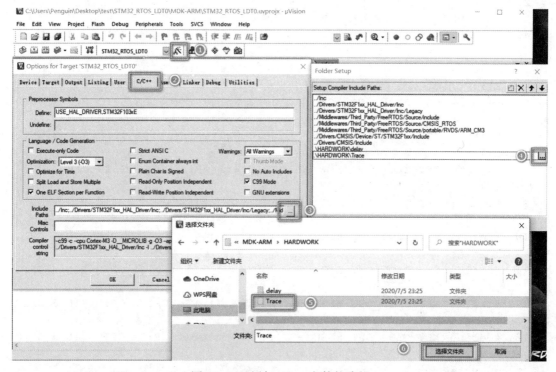

图 6-2-14　添加 Trace 文件的路径

5）按照相同的方法将 delay 的文件路径添加进去。

6）添加完文件后直接编译也会报错，这时双击 trace.c，将里面的 "UART_HandleTypeDef　huart1；" 注释或删除，如图 6-2-15 所示。

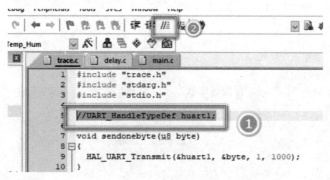

图 6-2-15　注释或删除

再次进行编译就不会报错。

3. 在源文件中添加代码程序

（1）添加按键扫描代码程序

在 HARDWORK 文件夹下添加文件夹 "KEY5x5"，然后在文件夹内添加 "key.c" 和 "key.h" 两个文件，将文件和路径添加进去，然后编译。打开 "key.h"，添加 "key.h" 程序，如下：

```
1.  #ifndef__KEY_H
2.  #define__KEY_H
3.  #include"stm32f1xx_hal.h"
4.  #define KEY_CLO0_OUT_LOW HAL_GPIO_WritePin(GPIOA,GPIO_PIN_6,GPIO_PIN_RESET)
5.  #define KEY_CLO1_OUT_LOW HAL_GPIO_WritePin(GPIOA,GPIO_PIN_5,GPIO_PIN_RESET)
6.  #define KEY_CLO2_OUT_LOW HAL_GPIO_WritePin(GPIOA,GPIO_PIN_4,GPIO_PIN_RESET)
7.  #define KEY_CLO3_OUT_LOW HAL_GPIO_WritePin(GPIOA,GPIO_PIN_3,GPIO_PIN_RESET)
8.  #define KEY_CLO4_OUT_LOW HAL_GPIO_WritePin(GPIOA,GPIO_PIN_2,GPIO_PIN_RESET)
9.  #define KEY_CLO0_OUT_HIGH HAL_GPIO_WritePin(GPIOA,GPIO_PIN_6,GPIO_PIN_SET)
10. #define KEY_CLO1_OUT_HIGH HAL_GPIO_WritePin(GPIOA,GPIO_PIN_5,GPIO_PIN_SET)
11. #define KEY_CLO2_OUT_HIGH HAL_GPIO_WritePin(GPIOA,GPIO_PIN_4,GPIO_PIN_SET)
12. #define KEY_CLO3_OUT_HIGH HAL_GPIO_WritePin(GPIOA,GPIO_PIN_3,GPIO_PIN_SET)
13. #define KEY_CLO4_OUT_HIGH HAL_GPIO_WritePin(GPIOA,GPIO_PIN_2,GPIO_PIN_SET)
14. char key_row_scan(void);
15. char key_scan(void);
16. #endif
```

打开"key.c"，添加"key.c"程序，如下：

```
1.   #include"key.h"
2.   #include"delay.h"
3.   #include"gpio.h"
4.   /***
5.   * 函数名:key_row_scan
6.   * 功能:按键行扫描
7.   * 返回值:1~5,对应 1~5 行按键位置
8.   */
9.   char key_row_scan(void)
10.  {
11.      char key_num=0;
12.      if(HAL_GPIO_ReadPin(GPIOC,GPIO_PIN_7)==0)
13.      {
14.          delay_ms(10);
15.          if(HAL_GPIO_ReadPin(GPIOC,GPIO_PIN_7)==0)          // 消抖
16.          key_num=1;
17.      }// 判断该列第 1 行按键是否按下
18.      if(HAL_GPIO_ReadPin(GPIOC,GPIO_PIN_8)==0)
19.          {
```

```
20.        delay_ms(10);
21.        if(HAL_GPIO_ReadPin(GPIOC,GPIO_PIN_8)==0)        // 消抖
22.        key_num=2;
23.     }// 判断该列第 2 行按键是否按下
24.     if(HAL_GPIO_ReadPin(GPIOC,GPIO_PIN_9)==0)
25.     {
26.        delay_ms(10);
27.        if(HAL_GPIO_ReadPin(GPIOC,GPIO_PIN_9)==0)        // 消抖
28.        key_num=3;
29.     }// 判断该列第 3 行按键是否按下
30.     if(HAL_GPIO_ReadPin(GPIOC,GPIO_PIN_10)==0)
31.     {
32.        delay_ms(10);
33.        if(HAL_GPIO_ReadPin(GPIOC,GPIO_PIN_10)==0)       // 消抖
34.        key_num=4;
35.     }// 判断该列第 4 行按键是否按下
36.     if(HAL_GPIO_ReadPin(GPIOC,GPIO_PIN_11)==0)
37.     {
38.        delay_ms(10);
39.        if(HAL_GPIO_ReadPin(GPIOC,GPIO_PIN_11)==0)       // 消抖
40.        key_num=5;
41.     }// 判断该列第 5 行按键是否按下
42.     return key_num;
43. }
44. /***
45.  * 函数名:key_scan
46.  * 功 能:5*5 按键扫描
47.  * 返回值:1~25,对应 25 个按键
48.  */
49. char key_scan( )
50. {
51.     char Key_Num=0;
52.     char row_num=0;
53.     KEY_CLO0_OUT_LOW;
54.     if((row_num=key_row_scan( ))!=0)
55.     {
56.        while(key_row_scan( )!=0);                         // 消抖
57.        Key_Num=10+row_num;
58.     }
59.     KEY_CLO0_OUT_HIGH;
60.     KEY_CLO1_OUT_LOW;
61.     if((row_num=key_row_scan( ))!=0)
62.     {
63.        while(key_row_scan( )!=0);                         // 消抖
64.        Key_Num=20+row_num;
65.     }
66.     KEY_CLO1_OUT_HIGH;
67.     KEY_CLO2_OUT_LOW;
68.     if((row_num=key_row_scan( ))!=0)
```

```
69.        {
70.            while(key_row_scan( )!=0);                        // 消抖
71.            Key_Num=30+row_num;
72.        }
73.        KEY_CLO2_OUT_HIGH;
74.        KEY_CLO3_OUT_LOW;
75.        if((row_num=key_row_scan( ))!=0)
76.        {
77.            while(key_row_scan( )!=0);                        // 消抖
78.            Key_Num=40+row_num;
79.        }
80.        KEY_CLO3_OUT_HIGH;
81.        KEY_CLO4_OUT_LOW;
82.        if((row_num=key_row_scan( ))!=0)
83.        {
84.            while(key_row_scan( )!=0);                        // 消抖
85.            Key_Num=50+row_num;
86.        }
87.        KEY_CLO4_OUT_HIGH;
88.        return Key_Num;
89.    }
```

（2）添加头文件

在 MDK-ARM 中双击打开 Application/User 下的 main.c 文件，在添加头文件代码处添加 key.h、trace.h、delay.h 头文件。

```
1.    /*Private includes-------------------------------------------------*/
2.    /*USER CODE BEGIN Includes*/
3.    #include"trace.h"
4.    #include"delay.h"
5.    #include"key.h"
6.    /*USER CODE END Includes*/
```

（3）添加变量

在 /*USER CODE BEGIN PV*/ 和 /*USER CODE END PV*/ 之间添加变量，如下：

```
1.    /*Private variables-----------------------------------------------*/
2.
3.    /*USER CODE BEGIN PV*/
4.      u8 key=0;
5.    /*USER CODE END PV*/
```

在 /*USER CODE BEGIN 2*/ 和 /*USER CODE END 2*/ 之间添加函数，如下：

```
1.    /*USER CODE BEGIN 2*/
2.      delay_init(72);
3.      ul_printf("system is running! \n");
4.    /*USER CODE END 2*/
```

在 /*USER CODE BEGIN WHILE*/ 和 /*USER CODE END 3*/ 之间添加主程序代码，如下：

```
1.  /*Infinite loop*/
2.  /*USER CODE BEGIN WHILE*/
3.  while(1)
4.  {
5.    /*USER CODE END WHILE*/7
6.     key=key_scan( );
7.     if(key!=0)
8.     ul_printf("key1%d is down\n",key);
9.     delay_ms(200);
10.    /*USER CODE BEGIN 3*/
11. }
12. /*USER CODE END 3*/
```

4. 编译代码

代码添加完成后，单击"重新编译"按钮 ![按钮图标] 完成编译，确保编译准确无错误。

5. 硬件环境搭建

图 6-2-16 所示是本任务的硬件连线图。M3 核心模块的引脚按图中提示进行连接。

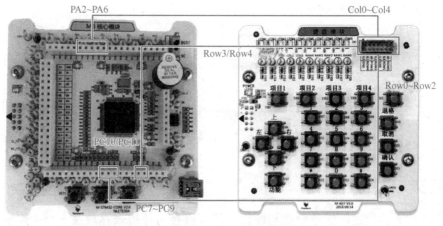

图 6-2-16　硬件连线图

6. M3 核心模块固件下载

（1）烧写前的硬件准备

● 搭建硬件平台，把 M3 核心模块和压电传感器模块放到 NEWLab 实训平台上。

● 确保 NEWLab 实训平台接线正常，并将旋钮旋到通信模式。

● 将 M3 核心模块 JP1 从 NC 拨到 BOOT 端，按下复位键。

（2）烧写

● 打开 STMFlashLoader Demo 软件，将编译好的 HEX 文件进行烧录。

● 等待下载完毕。

（3）烧写后启动 M3 核心模块

● 将 M3 核心模块的 JP1 从 BOOT 切换到 NC，按下复位键。

● M3 核心模块的引脚接矩阵键盘模块的指定引脚。

7. 结果验证

打开串口调试工具，单片机上电，选择连接的串口，打开串口，按下矩阵键盘的按键，然后就可以在调试助手上看到串口输出的数据，如图 6-2-17 所示，可以获取当前按键的数据，输出的数据第一位代表行，第二位代表列，如"key1 32 id down"表示第 3 行第 2 列的按键被按下，即"5"键被按下。

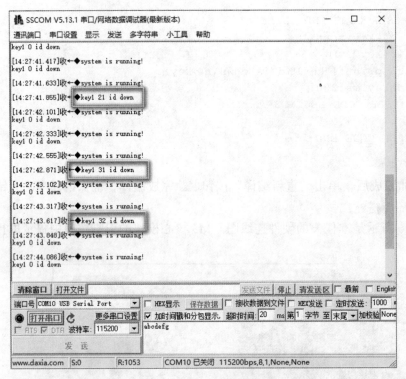

图 6-2-17　结果输出

任务检查与评价

完成任务实施后，进行任务检查与评价，任务检查与评价表存放在书籍配套资源中。

任务拓展

修改功能代码，使得当按键被按下时输出键的名称，例如第 3 行第 2 列的按键被按下，显示"5 id down"。

任务 3　使用数码管显示称重数值

职业能力目标

- 能根据 MCU 编程手册，利用 STM32CubeMX 软件准确对引脚进行配置。
- 能利用数码管的知识，通过编写代码，正确使用数码管显示数字。
- 能根据前面的知识，通过转换正确将重量显示在数码管上。

任务描述与要求

任务描述： 制作一个电子秤，采用称重传感器测量重量，能够使用显示器件显示重量，并能进行重量单位克 / 千克的切换。

任务要求：

● 能够通过 STM32CubeMX 软件进行引脚配置。
● 能够将重量的数据通过数码管进行显示。
● 能够通过按键进行单位的转换。

任务分析与计划

根据所学相关知识，制订完成本次任务的实施计划，见表 6-3-1。

表 6-3-1　任务计划表

项目名称	智能电子秤
任务名称	使用数码管显示称重数值
计划方式	自我设计
计划要求	请用 10 个计划步骤完整描述如何完成本任务
序号	任务计划
1	
2	
3	
4	
5	
6	
7	
8	
9	
10	

知识储备

一、数值显示方案

本任务所用传感器称重范围为 0~500g，分辨率为 1g。称重时，如果根据物体重量数值直接显示各位数码，则程序将变得复杂。程序要首先判断重量数值是 0~9、10~99、100~500 三个范围中的哪一个，然后再进行个位、十位、百位的数码分解。这里采用简化处理的方式，全部按照四位数值显示，不足四位的高位补零。为方便识读，再设计一个按键做单位切换，即 g 和 kg 的转换显示。

二、取各位数码

ADC 转换结果经过公式转换之后是一个整数，在数码管上显示时需要将其个位、十位、百位分别显示到不同的数码管上。这里就涉及取整数的各位数码操作。假设整数为 x，设其百位数码为 a，十位数码为 b，个位数码为 c。分解算法如下：

a=x/100；
b=x%100/10；
c=x%10；

三、切换显示方案

根据本称重传感器称重范围及分辨率，显然在其以 g 为单位显示时是整数，在其以 kg 为单位进行显示时是小数。所以在程序中设置显示模式变量，当该变量指示以 kg 为单位显示时在最高位数码管后点亮小数点；当该变量指示以 g 为单位显示时则不显示小数点。

四、体重秤结构分析

体重秤主要由称重传感器、M3 核心模块、数码管显示模块和用于切换的按键模块组成。

M3 核心模块通过 A/D 转换可以获取到称重传感器所称物体的重量，M3 核心模块获取到重量后通过数码管显示模块进行显示，这样就可以直观地观察到重量的情况。通过按键可以切换重量的单位。

图 6-3-1 就是智能电子秤的结构示意图。

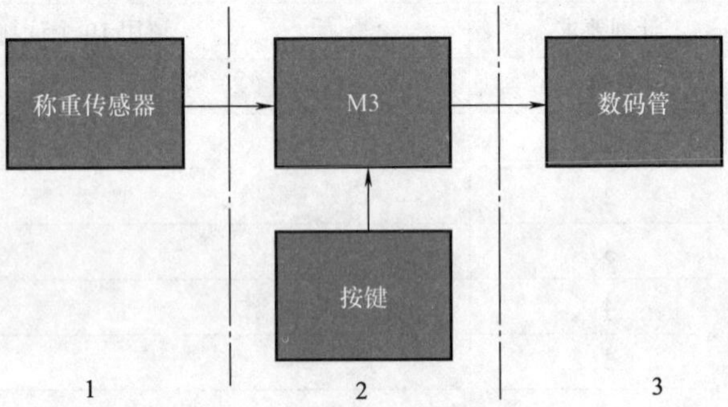

● 图中 1 是重量获取部分，M3 核心模块通过 A/D 转换获取重量数据。

● 图中 2 是按键切换部分，主要用于单位切换。

● 图中 3 是数码管显示部分，用于数据显示。

图 6-3-1　智能电子秤结构示意图

任务实施

任务实施前必须准备好表 6-3-2 所列设备和资源。

表 6-3-2　设备清单表

序号	设备 / 资源名称	数量	是否准备到位（√）
1	M3 核心模块	1	
2	称重传感器模块	1	
3	显示模块	1	
4	杜邦线	13	

要完成本次任务，可以将实施步骤分成以下 7 步：

- 修改工程配置引脚。
- 在工程中添加代码包。
- 在源文件中添加代码程序。
- 编译代码。
- 硬件环境搭建。
- M3 核心模块固件下载。
- 结果验证。

具体实施步骤如下：

1. 修改工程配置引脚

由于任务 2 已经编写了矩阵键盘程序，本任务只需在原来的代码基础上进行修改即可。

复制一份 STM32_KEY5X5 程序，将其改名为 STM32_KEY_LED。打开文件内的 ioc 文件，进行按键引脚配置。

1）单击"PD13"，设置为外部中断"GPIO_EXTI13"，然后选择"System Core"→ "NVIC"，勾选"EXTI line［15：10］interrupts"，使能外部中断，如图 6-3-2 所示。

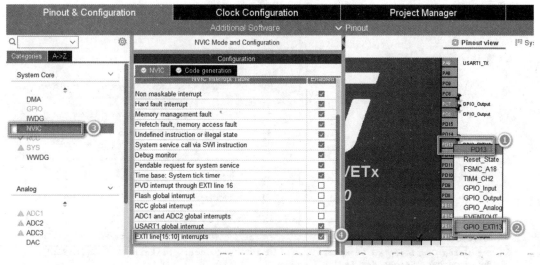

图 6-3-2　配置外部中断

2）单击"ADC1"，勾选"IN0"，也可以单击 PA0 的引脚进行选择，如图 6-3-3 所示。

3）最后单击右上角的"GENERATE CODE"生成初始化代码。

2. 在工程中添加代码包

1）单击编译按钮开始编译，若有 0 个错误则表示编译通过，如图 6-3-4 所示。

2）打开项目工程文件夹的 MDK-ARM 文件夹下的 HARDWORK 文件夹，并将 GPIO_LED 文件夹复制进去，如图 6-3-5 所示。

3）打开 KEIL5，双击"HARDWORK"，选择 GPIO_LED 文件夹添加 led.c 文件。

4）添加的文件直接编译会报错，需要包含文件夹的路径，根据之前的任务添加 led 的文件路径，使程序可以找到头文件。

再次进行编译就不会报错。

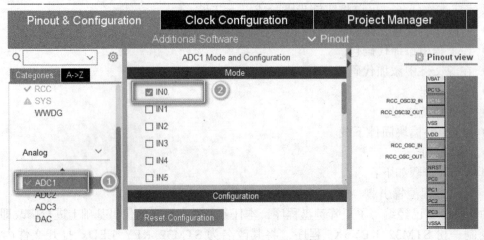

图 6-3-3　配置 ADC1 的通道 0

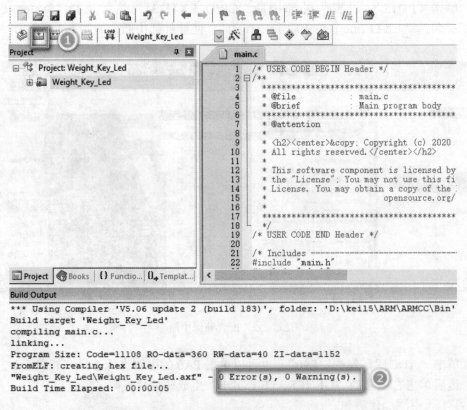

图 6-3-4　编译工程

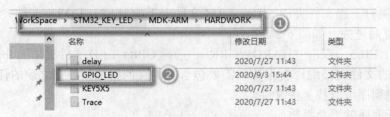

图 6-3-5　添加 GPIO_LED 代码包

3. 在源文件中添加代码程序

（1）添加头文件

在 MDK-ARM 中双击打开 Application → User 下的 main.c 文件，在添加头文件代码处添加 key.h、trace.h、delay.h 和 led.h 头文件，如下：

```
1.  /*USER CODE BEGIN Includes*/
2.  #include"trace.h"
3.  #include"delay.h"
4.  #include"key.h"
5.  #include"led.h"
6.  /*USER CODE END Includes*/
```

（2）添加变量

在 /*USER CODE BEGIN PV*/ 和 /*USER CODE END PV*/ 之间添加变量，如下：

```
1.  /*USER CODE BEGIN PV*/
2.  static uint8_t flag=0;
3.  ADC_ChannelConfTypeDef sConfig={0};
4.  u8 smg[17]={0xc0,0xf9,0xa4,0xb0,0x99,0x92,0x82,0xf8,\
5.  0x80,0x90,0x88,0x83,0xc6,0xa1,0x86,0x8e};
6.  /*USER CODE END PV*/
```

在 /*USER CODE BEGIN 1*/ 和 /*USER CODE END 1*/ 之间添加变量，如下：

```
1.  /*USER CODE BEGIN 1*/
2.  u16 adcvalue=0;
3.  long press_value=0;// 原始重量
4.  u8 ge=0,shi=0,bai=0,qian=0;// 数据
5.  float kg_value=0;
6.  uint16_t temp_value=0;
7.  /*USER CODE END 1*/
```

（3）添加函数声明

在 /*USER CODE BEGIN PFP*/ 和 /*USER CODE END PFP*/ 之间添加函数声明，如下：

```
1.  /*USER CODE BEGIN PFP*/
2.  u16 Get_Adc_Average(uint32_t channel,u8 times);
3.  /*USER CODE END PFP*/
```

在 /*USER CODE BEGIN 0*/ 和 /*USER CODE END 0*/ 之间添加中断处理函数，如下：

```
1.  /*Private user code----------------------------------------------*/
2.  /*USER CODE BEGIN 0*/
3.  void HAL_GPIO_EXTI_Callback(uint16_t GPIO_Pin)
4.  {
5.      delay_ms(10);
6.      if(HAL_GPIO_ReadPin(GPIOD,GPIO_PIN_13)!=RESET)
7.      {
8.          u1_printf("g mode!");
```

```
9.           flag=(~flag)&0x01;
10.          u1_printf("%d\r\n!",flag);
11.      }
12.  }
13.  /*USER CODE END 0*/
```

在最后的 "#endif/*USE_FULL_ASSERT*/" 后面进行函数实现，如下：

```
1.   #endif/*USE_FULL_ASSERT*/
2.   u16 Get_Adc(uint32_t channel)
3.   {
4.       /**Configure Regular Channel*/
5.       sConfig.Channel=channel;
6.       sConfig.Rank=ADC_REGULAR_RANK_1;
7.       sConfig.SamplingTime=ADC_SAMPLETIME_239CYCLES_5;
8.       if(HAL_ADC_ConfigChannel(&hadc1,&sConfig)!=HAL_OK)
9.       {
10.          Error_Handler();
11.      }
12.      HAL_ADC_Start(&hadc1);                       // 开启 ADC
13.      HAL_ADC_PollForConversion(&hadc1,10);        // 轮询转换
14.      return(u16)HAL_ADC_GetValue(&hadc1);
15.  }
16.  u16 Get_Adc_Average(uint32_t channel,u8 times)
17.  {
18.      u32 temp_val=0;
19.      u8 t;
20.      for(t=0;t<times;t++)
21.      {
22.          temp_val+=Get_Adc(channel);
23.          delay_ms(5);
24.      }
25.      return temp_val/times;
26.  }
```

在 /*USER CODE BEGIN 2*/ 和 /*USER CODE END 2*/ 之间添加函数，如下：

```
1.   /*USER CODE BEGIN 2*/
2.   LED_Init();
3.   delay_init(72);
4.   u1_printf("system is running!\r\n");
5.   /*USER CODE END 2*/
```

在 /*USER CODE BEGIN WHILE*/ 和 /*USER CODE END WHILE*/ 之间添加获取重量程序代码，如下：

```
1.   /*Infinite loop*/
2.   /*USER CODE BEGIN WHILE*/
3.   while(1)
4.   {
5.      // 压力信号 --- 数据
```

```
6.      adcvalue=Get_Adc_Average(ADC_CHANNEL_0,5);
7.      press_value=adcvalue/4096.0*500;//转换压力信号为0~500//0~500g
8.      /*USER CODE END WHILE*/
```

在 /*USER CODE BEGIN 3*/ 和 /*USER CODE END 3*/ 之间添加获取数码管显示程序代码，如下：

```
1.      /*USER CODE BEGIN 3*/
2.      //输出段选
3.      ge=press_value%10;//取出个位
4.      HAL_GPIO_WritePin(GPIOB,GPIO_PIN_14,GPIO_PIN_SET);
5.      HAL_GPIO_WritePin(GPIOB,GPIO_PIN_12,GPIO_PIN_RESET);
6.      HAL_GPIO_WritePin(GPIOB,GPIO_PIN_13,GPIO_PIN_RESET);
7.      HAL_GPIO_WritePin(GPIOB,GPIO_PIN_11,GPIO_PIN_RESET);
8.      GPIOC->ODR=smg[ge];
9.      delay_ms(5);
10.
11.     shi=press_value%100/10;//十位
12.     HAL_GPIO_WritePin(GPIOB,GPIO_PIN_13,GPIO_PIN_SET);
13.     HAL_GPIO_WritePin(GPIOB,GPIO_PIN_11,GPIO_PIN_RESET);
14.     HAL_GPIO_WritePin(GPIOB,GPIO_PIN_12,GPIO_PIN_RESET);
15.     HAL_GPIO_WritePin(GPIOB,GPIO_PIN_14,GPIO_PIN_RESET);
16.     GPIOC->ODR=smg[shi];
17.     delay_ms(5);
18.
19.     bai=press_value%1000/100;//百位
20.     HAL_GPIO_WritePin(GPIOB,GPIO_PIN_12,GPIO_PIN_SET);
21.     HAL_GPIO_WritePin(GPIOB,GPIO_PIN_13,GPIO_PIN_RESET);
22.     HAL_GPIO_WritePin(GPIOB,GPIO_PIN_11,GPIO_PIN_RESET);
23.     HAL_GPIO_WritePin(GPIOB,GPIO_PIN_14,GPIO_PIN_RESET);
24.     GPIOC->ODR=smg[bai];
25.     delay_ms(5);
26.
27.     qian=press_value%10000/1000;//千位 ==1kg
28.     HAL_GPIO_WritePin(GPIOB,GPIO_PIN_11,GPIO_PIN_SET);
29.     HAL_GPIO_WritePin(GPIOB,GPIO_PIN_12,GPIO_PIN_RESET);
30.     HAL_GPIO_WritePin(GPIOB,GPIO_PIN_13,GPIO_PIN_RESET);
31.     HAL_GPIO_WritePin(GPIOB,GPIO_PIN_14,GPIO_PIN_RESET);
32.     GPIOC->ODR=smg[qian];
33.     if(flag==0&&temp_value!=press_value)
34.     {
35.         temp_value=press_value;
36.         u1_printf("称重传感器---重量值为%d g\r\n",press_value);
37.     }
38.     if(flag==1)
39.     {
40.         if(temp_value!=press_value)
41.         {
42.             temp_value=press_value;
```

```
43.          kg_value=(float)press_value/1000;
44.          u1_printf("称重传感器 --- 重量值为%.3f kg\r\n",kg_value);
45.       }
46.       HAL_GPIO_WritePin(GPIOC,GPIO_PIN_7,GPIO_PIN_RESET);
47.    }
48.    delay_ms(5);
49. }
50. /*USER CODE END 3*/
```

4. 编译代码

代码添加完成后，单击"重新编译"按钮 完成编译，确保编译准确无错误。

5. 硬件环境搭建

图 6-3-6 所示是本任务的硬件连线图。STM32F103VET6 模块的 PA0 引脚称重传感器的信号 AD 值，其他按提示进行连接。

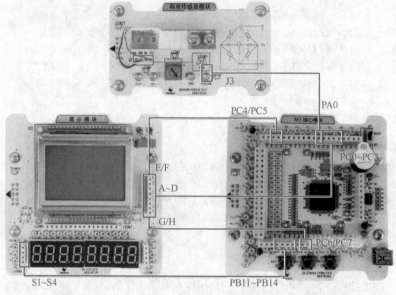

图 6-3-6　硬件连线图

6. M3 核心模块固件下载

（1）烧写前的硬件准备

● 搭建硬件平台，把 M3 核心模块和压电传感器模块放到 NEWLab 实训平台上。

● 确保 NEWLab 实训平台接线正常，并将旋钮旋到通信模式。

● 将 M3 核心模块 JP1 从 NC 拨到 BOOT 端，按下复位键。

（2）烧写

● 打开 STMFlashLoader Demo 软件，将编译好的 HEX 文件进行烧录。

● 等待下载完毕。

（3）烧写后启动 M3 核心模块

● 将 M3 核心模块的 JP1 从 BOOT 切换到 NC，按下复位键。

7. 结果验证

打开串口调试工具，单片机上电，选择连接的串口，打开串口，调节称重传感器旋钮进行灵敏度调节及校准，之后进行称重，就可以在调试助手上看到串口输出的数据，如图 6-3-7 所示，显示模块的数码管也会进行数据的显示，如图 6-3-8 所示，可以获取当前重量数据。

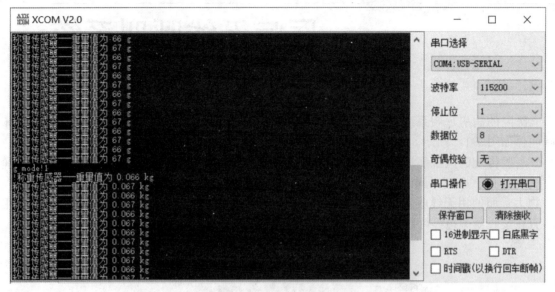

图 6-3-7　串口结果输出

图 6-3-8　数码管结果输出

当按下按键 KEY2 时，数码管和串口都会输出以 kg 为单位的数据。

任务检查与评价

完成任务实施后，进行任务检查与评价，任务检查与评价表存放在书籍配套资源中。

任务拓展

电子秤采用电池供电，因此需要降低能耗。请修改代码实现唤醒功能，没有称重时关闭数码管显示，当有称重时唤醒显示。

项目 ⑦

医疗无线呼叫系统

引导案例

　　医院的病房呼叫系统是医院非常重要的设备，大部分医院都会进行安装。常见的病床呼叫器如图 7-1-1 所示。

　　一些传统的医院病房呼叫系统需要通过线缆进行信号传输，也就需要进行大量的线缆布线、打孔、连线、调试，安装麻烦，而且需要值班室一直有人值班，从而消耗大量的人力物力。而使用无线收发器进行数据传输就会节省很多空间，省掉很多麻烦。医生也不用一直在接收器旁边等待数据，可以随身携带，在医院的一定范围内都可以收到报警信号。

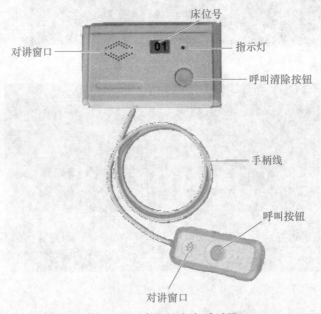

图 7-1-1　常见的病床呼叫器

任务 1　实现基于 STM32 的 SPI 接口通信

职业能力目标

- 能根据 MCU 手册，查阅相关资料，利用 STM32CubeMX 软件准确对 SPI 进行配置。
- 能根据 W25Q80DV 相关知识，准确添加代码，实现对串行 FLASH 的读写。

任务描述与要求

任务描述：某公司准备为医院开发一套医疗无线呼叫系统，在考虑成本、实用性与安全性后，采用 STM32 系列单片机及 SI4432 无线收发模块。主体工作分为三个阶段，任务 1 为第一阶段，实现单片机与串行 FLASH 的 SPI 通信。

任务要求：
- 实现 STM32 与外置设备的 SPI 通信；
- 实现对 W25Q80DV 串行 FLASH 的 ID 的读取。

任务分析与计划

根据所学相关知识，制订完成本次任务的实施计划，见表 7-1-1。

表 7-1-1　任务计划表

项目名称	医疗无线呼叫系统
任务名称	实现基于 STM32 的 SPI 接口通信
计划方式	自我设计
计划要求	请用 10 个计划步骤完整描述如何完成本任务
序号	任务计划
1	
2	
3	
4	
5	
6	
7	
8	
9	
10	

知识储备

一、SPI 协议介绍

SPI 是英语 Serial Peripheral Interface 的缩写，顾名思义就是串行外围设备接口，是 Motorola 公司推出的一种同步串行接口。SPI 是一种高速、全双工、同步通信总线。它只需四条线就可以完成 MCU 与各种外围器件的通信，这四条线是：串行时钟线（CSK）、主

机输入 / 从机输出数据线（MISO）、主机输出 / 从机输入数据线（MOSI）、低电平有效从机选择线（CS）。当 SPI 工作时，移位寄存器中的数据逐位从输出引脚（MOSI）输出（高位在前），同时从输入引脚（MISO）接收的数据逐位移到移位寄存器（高位在前）。发送一个字节后，从另一个外围器件接收的字节数据进入移位寄存器中，即完成一个字节数据传输的实质是两个器件寄存器内容的交换。主 SPI 的时钟信号（SCK）使传输同步。

SPI 与其他通信协议相比，具有以下优点：

- 支持全双工通信。
- 通信简单。
- 数据传输速率快。

SPI 没有指定的流控制，没有应答机制确认是否接收到数据，所以跟 I²C 总线协议比较在数据可靠性上有一定的缺陷。

SPI 作为一种四线串行通信协议，具有以下特点：

- 高速、同步、全双工、非差分、总线式。
- 主从机通信模式。

二、Flash 芯片 W25Q80DV 简介

W25Q80DV 是一种容量为 8Mbit 的串行 Flash 存储器。该存储器被组织成 4096 页，每页 256B，同一时间最多可以写 256B（一页）。

页擦除方式可以按 16 页一组擦除（4KB sector erase）、128 页一组擦除（32KB block erase）、256 页一组擦除（64KB block erase）或者整片擦除（chip erase）。擦除操作只能按扇区擦除或按块擦除，W25Q80DV 分别有 256 个可擦除扇区（Sector，每个扇区 4KB）和 16 个可擦除块（Block，每个块 64KB）。实际上，4KB 的小扇区为需要存储数据和参数的应用程序提供了更大的灵活性。其主要参数为：

- Page（页）：256B。
- Sector（扇区）：16 Pages（4KB）。
- Block（块）：16 Sectors（64KB）。

W25Q80DV 支持标准的 SPI（Serial Peripheral Interface），也支持高性能的 Dual/Quad 输出以及 Dual/Quad I/O SPI，即 Serial Clock、Chip Select、Serial Data I/O0（DI）、I/O1（DO）、I/O2（/WP）和 I/O3（/HOLD）。

W25Q80DV 支持的 SPI 时钟频率高达 104MHz，当使用快速读 Dual/Quad I/O 指令时，Dual I/O 模式的等效时钟频率 208MHz（104MHz×2）和 Quad I/O 模式的 416MHz（104MHz×4）。这样的传输速率超过标准的异步 8 位和 16 位的并行 Flash 存储器。

Hold 管脚和 Write Protect 管脚提供了更进一步的控制灵活性。此外，W25Q80DV 设备支持 64 位唯一的 JEDEC 标准厂商和设备标识序列号。

W25Q80DV 特性：

- W25Q80DV 容量：8Mbit/1MB。
- 每个可编程页的大小为 256B。
- 标准 SPI：CLK, /CS, DI, DO, /WP, /Hold。
- Dual SPI：CLK, /CS, IO0, IO1, /WP, /Hold。
- Quad SPI：CLK, /CS, IO0, IO1, IO2, IO3。
- 统一的 4KB 扇区（Sector），32KB 和 64KB 的块（Block）。

三、SPI 时序及模式分析

（1）协议通信时序详解

1）SPI 的通信原理很简单，它以主从方式工作，这种模式通常有一个主设备和一个或多个从设备，需要至少 4 根线（单向传输时至少 3 根）。也是所有基于 SPI 的设备共有的，它们是 SDI（数据输入）、SDO（数据输出）、SCLK（时钟）、CS（片选）。

- SDO/MOSI：主设备数据输出，从设备数据输入。
- SDI/MISO：主设备数据输入，从设备数据输出。
- SCLK：时钟信号，由主设备产生。
- CS/SS：从设备使能信号，由主设备控制。当有多个从设备时，因为每个从设备上都有一个片选引脚接入到主设备机中，当主设备和某个从设备通信时，就需要将该从设备对应的片选引脚电平拉低或者拉高。

2）需要说明的是，SPI 通信有 4 种不同的模式，不同的从设备可能在出厂时已配置为某种模式，这是不能改变的；但通信双方必须工作在同一模式下，所以可以对主设备的 SPI 模式进行配置，通过 CPOL（时钟极性）和 CPHA（时钟相位）来控制主设备的通信模式，具体如下：

- Mode0：CPOL=0，CPHA=0。
- Mode1：CPOL=0，CPHA=1。
- Mode2：CPOL=1，CPHA=0。
- Mode3：CPOL=1，CPHA=1。

时钟极性 CPOL 用来配置 SCLK 的电平处于哪种状态时是空闲态或者有效态，时钟相位 CPHA 用来配置数据采样是在第几个边沿：

- CPOL=0，表示当 SCLK=0 时处于空闲态，所以有效状态就是 SCLK 处于高电平时。
- CPOL=1，表示当 SCLK=1 时处于空闲态，所以有效状态就是 SCLK 处于低电平时。
- CPHA=0，表示数据采样是在第 1 个边沿，数据发送在第 2 个边沿。
- CPHA=1，表示数据采样是在第 2 个边沿，数据发送在第 1 个边沿。

主设备能够控制时钟，因为 SPI 通信并不像 UART 或者 I^2C 通信那样有专门的通信周期，有专门的通信起始信号，有专门的通信结束信号；所以 SPI 协议能够通过控制时钟信号线，当没有数据传输时时钟线要么保持高电平要么保持低电平。

（2）W25Q80DV 控制指令

W25Q80DV 的指令集包含 34 个基本指令（完全通过 SPI 总线控制）。指令由片选信号的下降沿开始，数据的第一个字节是指令码，DI 输入引脚在时钟上升沿时采集数据，MSB 在前。

指令长度从单个字节到多个字节变化，指令码后面可能带有 address bytes、data bytes、dummy bytes（不关心），在一些情况下，会组合起来。

所有的读指令能在任意时钟位之后完成，但是所有的写、编程、擦除指令必须在一个字节界限之后才能完成，否则指令将会被忽略。W25 × Flash 存储器指令见表 7-1-2。

W25Q80DV 支持标准 SPI 指令。W25Q80DV 允许通过 SPI 兼容总线进行操作，包括四个信号：串行时钟（CLK）、片选（/CS）、串行数据输入（DI）和串行数据输出（DO）。标准 SPI 指令使用 DI 输入引脚将指令、地址和数据连续地写入设备（在 CLK 上升沿），DO 输出引脚用于从设备端读数据或状态（在 CLK 下降沿）。支持 SPI 总线操作模式 0（0，0）和模式 3（1，1）。

表 7-1-2　W25×Flash 存储器指令表

指令名称	指令码	描述
WriteEnable	0x06	写使能
WriteDisable	0x04	写失能
ReadStatusRegister-1	0x05	读状态寄存器
WriteStatusRegister-1	0x01	写状态寄存器，后面接 1B
ReadData	0x03	读数据字节（低速）
FastRead	0x0B	读数据字节（高速）
PageProgram	0x02	页编程（最多 256B）
SectorErase（4KB）	0x20	擦除 4KB 扇区
BlockErase（32KB）	0x52	擦除 32KB 扇区
BlockErase（64KB）	0xD8	擦除 64KB 扇区
ChipErase	0xC7	擦除整片 Flash
JEDECID	0x9F	读 JEDECID

任务实施

任务实施前必须准备好表 7-1-3 所列设备和资源。

表 7-1-3　设备清单表

序号	设备 / 资源名称	数量	是否准备到位（√）
1	M3 核心模块	1	
2	功能扩展模块	1	
3	杜邦线	6	
4	配书资源	1	

要完成本任务，可以将实施步骤分成以下 7 步：
- STM32CubeMX 工程配置 SPI。
- 在工程中添加代码包。
- 在源文件中添加代码程序。
- 编译代码。
- 硬件环境搭建。

● M3 核心模块固件下载。

● 结果验证。

具体实施步骤如下：

1. STM32CubeMX 工程配置 SPI

具体操作可以参考项目 1 中的任务 1 完成以下操作。

1）打开 STM32CubeMX，选择 "New Project" 进入芯片选择界面。

2）在搜索栏输入 "stm32f103ve"，右侧会出现 STM32F103VE 的芯片，选择 LQFP 封装，双击进入芯片配置界面。

3）选择 "System Core" → "RCC"，High Speed Clock（HSE）和 Low Speed Clock（LSE）都选择 "Crystal/Ceramic Resonator"。

4）单击 "SYS"，Debug 选择 "Serial Wire"。

5）选择 "Connectivity" → "USART1"，配置串口一，MODE 选择 "Asynchronous"，Baud Rate 选择 115200bit/s，Data Direction 选择 "Receive and Transmit"，然后单击 "NVIC Settings"，勾选 "USART1 global interrupt"，使能串口中断，如图 7-1-2 所示。

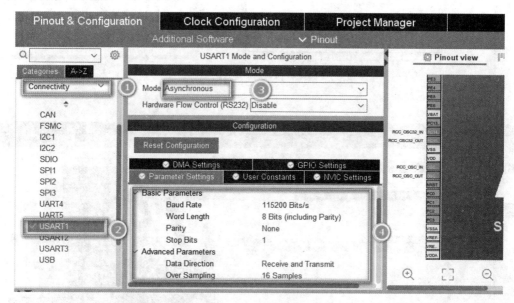

图 7-1-2　配置串口

6）选择 "Connectivity" → "SPI1"，配置 SPI1，Mode 选择 "Full-Duplex Master"，"Parameter Settings" → "Clock Parameters" → "Prescaler（for Buad Rate）" 选择 "4"，其他参数都默认即可（SPI2 配置一致，如图 7-1-3 所示）。

7）单击 "PB12"，选择 "GPIO_OutPut"，将引脚设置为输出模式，并设置为默认高电平，如图 7-1-4 所示。

8）单击 "Clock Configuration"，进行图 7-1-5 所示时钟配置。

9）单击 "Project Manager"，单击 "Project" 设置文件名和保存的位置，Toolchain/IDE 选择 "MDK_ARM"。

10）单击 "Code Generator"，进行勾选设置。

11）最后单击右上角的 "GENERATE CODE" 生成初始化代码。

实现基于 STM32 的 SPI 接口通信（创建工程项目）

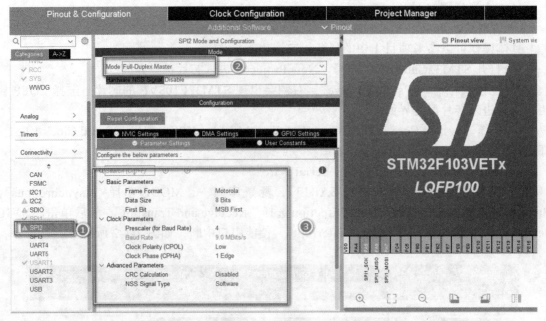

图 7-1-3　配置 SPI

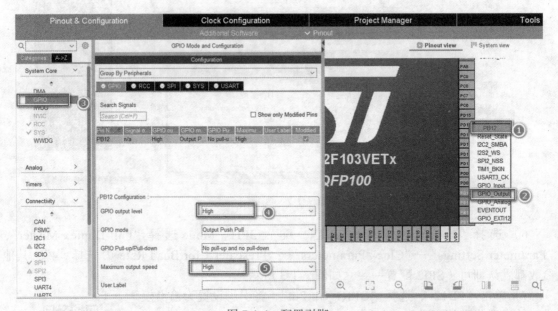

图 7-1-4　配置引脚

2. 在工程中添加代码包

　　本任务操作只用到串口，不需要添加代码包。单击编译按钮开始编译，若有 0 个错误则表示编译通过，如图 7-1-6 所示。

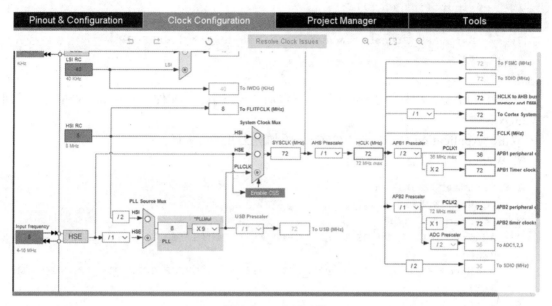

图 7-1-5　配置时钟

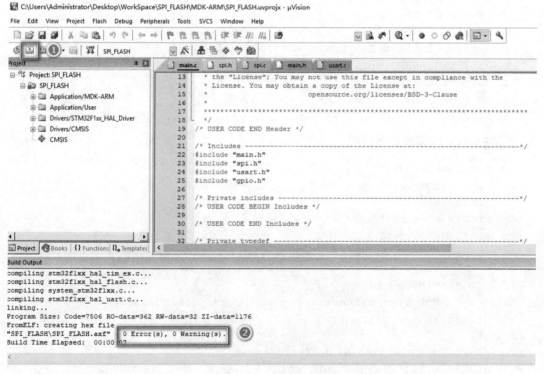

图 7-1-6　编译工程

3. 在源文件中添加代码程序

双击"usart.c"，在 /*USER CODE BEGIN 1*/ 和 /*USER CODE END 1*/ 之间添加代码的地方添加如下代码：

```
1.  int fputc(int ch,FILE*f)
2.  {
3.      HAL_UART_Transmit(&huart1, (uint8_t*)&ch,1,0xFFFF);
4.      return ch;
5.  }
```

在 SPI_FLASH 文件夹的 Src 文件夹下添加"W25Qx.c"文件,并在 Inc 文件夹下添加"W25Qx.h"文件。

双击"Application/User"将 W25Qx.c 添加进去并进行编译。

在 W25Qx.h 内添加如下代码:

```
1.  #ifndef__W25X16_H
2.  #define__W25X16_H
3.  #include"main.h"
4.  #define SPI_FLASH_CS_0 HAL_GPIO_WritePin(GPIOB,GPIO_PIN_12,GPIO_PIN_
    RESET)
5.  #define SPI_FLASH_CS_1 HAL_GPIO_WritePin(GPIOB,GPIO_PIN_12,GPIO_PIN_
    SET)
6.  #define W25Q80 0XEF13
7.  #define W25Q16 0XEF14
8.  #define W25Q32 0XEF15
9.  #define W25Q64 0XEF16
10. // 读取芯片 ID W25X16 的 ID:0XEF14
11. extern uint16_t SPI_Flash_ReadID(void);
12. void CheckBusy(void);
13. void ReadData(void);
14. void WriteData(void);
15. #endif
```

在 W25Qx.c 内添加如下代码:

```
1.  #include"w25Qx.h"
2.  #include"main.h"
3.  #include"spi.h"
4.  #include"usart.h"
5.  #include"gpio.h"
6.  static char SPI1_ReadWriteByte(uint8_t txdata)
7.  {
8.      uint8_t rxdata=00;
9.      HAL_SPI_TransmitReceive(&hspi2,&txdata,&rxdata,1,3);
10.     return rxdata;
11. }
12. // 读取芯片 ID W25X80 的 ID:0XEF13
13. uint16_t SPI_Flash_ReadID(void)
14. {
15.     uint16_t Temp=0;
16.     SPI_FLASH_CS_0;
17.     SPI1_ReadWriteByte(0x90);// 发送读取 ID 命令
18.     SPI1_ReadWriteByte(0x00);
19.     SPI1_ReadWriteByte(0x00);
```

```
20.      SPI1_ReadWriteByte(0x00);
21.      Temp|=SPI1_ReadWriteByte(0xFF)<<8;
22.      Temp|=SPI1_ReadWriteByte(0xFF);
23.      SPI_FLASH_CS_1;
24.      return Temp;
25. }
26. void W25Qx_Read_ID(uint8_t*ID)
27. {
28.      uint8_t cmd[4]={0x90,0x00,0x00,0x00};
29.      SPI_FLASH_CS_0;/*Send the read ID command*/
30.      HAL_SPI_Transmit(&hspi2,cmd,4,100);/*Reception of the data*/
31.      HAL_SPI_Receive(&hspi2,ID,2,100);
32.      SPI_FLASH_CS_1;
33. }
```

双击 "main.c"，在 /*USER CODE BEGIN Includes*/ 和 /*USER CODE END Includes*/ 之间添加头文件，如下：

```
1. /*USER CODE BEGIN Includes*/
2. #include"W25Qx.h"
3. /*USER CODE END Includes*/
```

在 /*USER CODE BEGIN PV*/ 和 /*USER CODE END PV*/ 之间添加变量：

```
1. /*USER CODE BEGIN PV*/
2. uint8_t ID[2];
3. /*USER CODE END PV*/
```

在 /*USER CODE BEGIN WHILE*/ 和 /*USER CODE END WHILE*/ 之间添加主程序：

```
1. /*Infinite loop*/
2. /*USER CODE BEGIN WHILE*/
3. while(1)
4. {
5.     W25Qx_Read_ID(ID);
6.     printf("W25Qxxx ID is:0x%02X 0x%02X\r\n\r\n",ID[0],ID[1]);
7.     HAL_Delay(2000);
8.     if(W25Q80==SPI_Flash_ReadID())
9.     {
10.        printf("SPI_Flash_ReadID is Ok!\r\n");
11.    }
12.    printf("%x\r\n",SPI_Flash_ReadID());
13. }
14.    /*USER CODE END WHILE*/
```

main.h 文件中，在 /*USER CODE BEGIN Includes*/ 和 /*USER CODE END Includes*/ 之间添加头文件 "#include <stdio.h>"。

4. 编译代码

代码添加完成后，单击 "重新编译" 按钮 完成编译，确保编译准确无误。

5. 硬件环境搭建

把 M3 核心模块和功能扩展模块正确放置到 NEWLab 实训平台，按照图 7-1-7 搭建电路，连线关系见表 7-1-4。

表 7-1-4 硬件连接引脚对应表

序号	M3 核心模块	功能扩展模块
1	3.3V	WP
2	PB14	DO
3	PB12	CS
4	3.3V	HO
5	PB13	CLK
6	PB15	DI

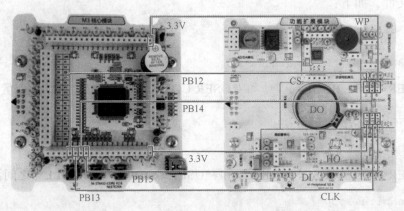

图 7-1-7 硬件连线图

6. M3 核心模块固件下载

（1）烧写前的硬件准备

● 确保 NEWLab 接线正常，并将旋钮旋到通信模式。

● 将 M3 核心模块 JP1 从 NC 拨到 BOOT 端。

● NEWLab 平台上电，并按下 M3 核心模块上的复位键。

（2）查看串口号

在"设备管理器"中查看对应的串口号。

（3）烧写

● 打开 STMFlashLoader Demo 软件，将编译好的 HEX 文件进行烧录。

● 等待下载完毕。

（4）烧写后启动 M3 核心模块

将 M3 核心模块的 JP1 从 BOOT 切换到 NC，按下复位键。

7. 结果验证

打开串口调试工具，单片机上电，选择连接的串口，打开串口，然后就可以在调试助手上看到串口输出的数据，如图 7-1-8 所示。

图 7-1-8　输出结果

任务检查与评价

完成任务实施后，进行任务检查与评价，任务检查与评价表存放在书籍配套资源中。

任务小结

通过本任务的学习，应当了解 SPI 通信协议和串行 FLASH 的相关知识，能通过 STM32CubeMX 对 SPI 进行配置，并能够通过 SPI 获取串行 FLASH 的 ID（见图 7-1-9）。

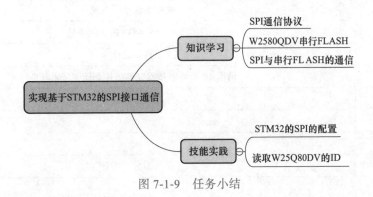

图 7-1-9　任务小结

任务拓展

通过本任务了解 SPI 通信协议以及 W25Q80DV 的相关知识，自主学习，通过 SPI 实现向串行 FLASH 芯片 W25Q25DV 写入数据并将数据读取出来。

任务 2　实现基于 SI4432 的无线通信

职业能力目标

- 能根据任务要求，快速查阅硬件连接资料并准确搭建设备环境。
- 能根据功能需求，正确添加代码实现两个无线设备之间的信息收发。

任务描述与要求

任务描述： 某公司准备为医院开发一套医疗无线呼叫系统，在考虑成本与实用性安全性后，采用 STM32 系列单片机及 SI4432 无线收发模块。主体工作分为三个阶段，任务 2 为第二阶段，实现两个 SI4432 无线收发器自动通信。

任务要求：

- 对 SI4432 无线收发模块进行初始化配置。
- 实现 SI4432 的接收和发送功能。
- 实现两个 SI4432 之间的通信。

任务分析与计划

根据所学相关知识，制订完成本次任务的实施计划，见表 7-2-1。

表 7-2-1　任务计划表

项目名称	医疗无线呼叫系统
任务名称	实现基于 SI4432 的无线通信
计划方式	自我设计
计划要求	请用 10 个计划步骤完整描述如何完成本任务
序号	任务计划
1	
2	
3	
4	
5	
6	
7	
8	
9	
10	

知识储备

一、无线通信频段介绍

根据无线通信的频段，常用的无线模块主要有 315MHz、433MHz、2.4GHz。2.4GHz 频段的模块有如 24L01，许多开发板上都配此款芯片。433MHz 频段的模块常用的有 NRF905、CC1101、SI4432。315MHz 频段做普通的遥控器比较多，如超外差模块。

2.4GHz 无线通信频率高、波长短、传输速率高、绕射能力差、通信距离短。该模块若不加功率放大其通信距离小于 100m。433MHz 无线通信频率低、波长较长、传输速率低、绕射能力强、通信距离远，价格和 2.4GHz 模块相当，但是距离一般在几百米甚至更远，加上功率放大可达一两千米。做简单的无线呼叫系统，通信数据量不大，但是通信距离需要远一点，所以选择 433MHz 模块，具体型号是 SI4432。

二、SI4432 无线模块介绍

SI4432 无线模块是采用 Silicon Laboratories SI4432 芯片制作的无线模块，可工作在 315MHz、433MHz、868MHz、915MHz 四个频段，内部集成分集式天线、功率放大器、唤醒定时器、数字调制解调器、64B 的发送和接收数据 FIFO 以及可配置的 GPIO 等。其发射功率大，接收灵敏度高，传输距离可以到上千米，具有很高的性价比。

SI4432 的接收灵敏度达到 −120dB，可提供极佳的链路质量，在扩大传输范围的同时将功耗降至最低；最小滤波带宽达 8kHz，具有极佳的频道选择性；在 240~960MHz 频段内，不加功率放大器时最大输出功率就可达 +20dBm，设计良好时收发距离最远可达 2km。SI4432 可适用于无线数据通信、无线遥控系统、小型无线网络、小型无线数据终端、无线抄表、门禁系统、无线遥感监测、水文气象监控、机器人控制、无线 RS485/RS232 数据通信等诸多领域。

如图 7-2-1 所示，SI4432 还有一些内置功能，如天线的分集算法、唤醒定时器、低电压监测、温度传感器、常用的 A/D 转换、TX/RX 先进先出缓冲寄存器（FIFOs）、上电复位（POR）和通用 I/O 口（GPIOs）。芯片内还含有一个高性能的 ADC。

SI4432 外围电路有一个 MCU、一个晶体和一些被动元件。芯片连接如图 7-2-2 所示。芯片集成了电压调节器，工作电压为 1.8~3.6V，只有四针 SPI 线与 MCU 连接；芯片有三个配置通用 I/O，可根据系统需要进行配置。

三、SI4432 的工作状态和状态机

SI4432 主要有关闭状态、空闲状态、发射状态和接收状态。关闭状态下可以降低功耗，各状态切换必须先进入空闲状态再切换。其中空闲状态又分为五种不同的子状态：待机状态、睡眠状态、传感器状态、预备状态及调谐状态。上电复位后或者芯片由掉电状态退出后，将默认进入预备状态。

在完成不同的功能时，芯片所处的状态是不同的。这些状态在满足一定的条件时可实现相互转移。状态机如图 7-2-3 所示，关闭（Shutdown）和空闲（Idle）状态称为低功耗状态，Idle 状态的 5 个细分子状态在低功耗下完成各种与无线数据收发无关的操作。发送（TX）和接收（RX）状态称为激活状态，完成无线数据的收发。除了关闭状态外（只能

通过 MCU 的 I/O 引脚来设置），其余状态都可以通过 SPI 进行设置和读取。可通过寄存器 07H 实现状态的切换，这种切换表现在两个方面：1）当设置其中的某一位时，状态立即发生切换；2）在完成收发任务后，决定返回到 Idle 状态的哪一个子状态（在本系统中为睡眠状态，即设置 enwt=1）。可通过 02H 寄存器获取当前的状态。

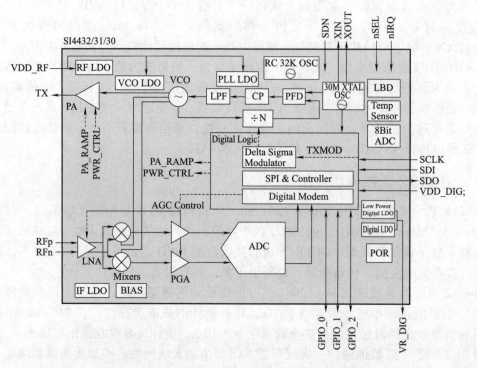

图 7-2-1　SI4432 内部逻辑图

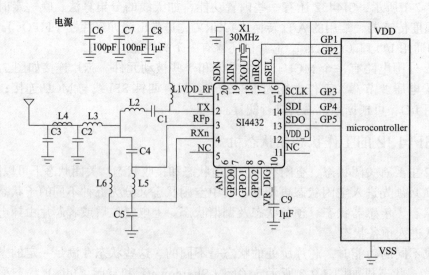

图 7-2-2　SI4432 芯片连接

四、SI4432 的数据传输方式

SI4432 数据传输方式主要有三种：FIFO
模式、直接模式和 PN9 模式。在 FIFO 模式
下，使用片内的先入先出堆栈区来发送和接
收数据。对 FIFO 的操作是通过 SPI 对 07H
寄存器的连续读或者写进行的。在 FIFO 模
式下，SI4432 自动退出发送或者接收状态，
当相关的中断信号产生时，自动处理字头和
CRC 校验码，在接收数据时，自动把字头和
CRC 校验码移去；在发送数据时，自动加上
字头和 CRC 校验码。在直接模式下，SI4432

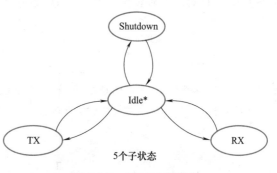

图 7-2-3　SI4432 状态机

同传统的射频收发器一样工作。在 PN9 模式下，TX 数据是内部产生使用伪随机（PN9 序列）
位发生器。这种模式的目的是用作测试模式不断观察调制频谱，而不必负载 / 提供数据。

五、SI4432 的寄存器操作

SI4432 共有 128 个寄存器（0~127），控制芯片的工作和记录芯片的状态，可通过 SPI
进行访问。命令格式为 2B 结构：读 / 写标志（1bit，0 为读，1 为写），寄存器地址（7bit）+
待写数据（对于读操作，该值也必须有，只是可为任意值）。每次可以读写一或多（burst）
个字节，它们是由时钟信号决定的，在读写一个字节后，如果时钟继续有效，那么，地址
将会自动加 1，接下来的操作将是对下一个寄存器的读写。通过 Silicon Labs 提供的 WDS
（Wireless Development Suit）可访问这些寄存器并可生成相应的初始化代码。只能在空闲
状态下对寄存器进行初始化，否则，可能会出现意外的结果。为了提高传输信号的质量，
增加发射距离，保证数据的可靠传输，系统使能数据白化、曼彻斯特（Manchester）编码、
CRC 校验和采用 GFSK 调制。

六、无线收发系统结构分析

无线收发系统拓扑如图 7-2-4 所示。系统主要由 STM32F103VET6 单片机（MCU）和
无线射频收发芯片 SI4432 组成，这也是一种较常用到的无线收发解决方案。无线收发模
块由 RF 无线射频芯片和一个单极 433MHz 天线组成，两部分通过 SPI 接口进行互联通信。
发送端和接收端主要在 433MHz 频段进行通信，这个频段传输距离比较远，可以绕开一定
的障碍物，比较适合一些距离比较远、数据传输量小的项目进行应用，医院的无线呼叫系
统也是比较合适的。

- 图中Ⅰ、Ⅱ、Ⅲ是本任务的重点，需要涉及开发相关代码。
- 图中Ⅳ主要是数据串口实现，同学们应已基本掌握。

七、SPI 控制 SI4432 收发逻辑分析

无线发送程序流程如图 7-2-5 所示。完成 STM32F103 串口发送、SPI 和 SI4432 的初始
化后，配置寄存器写入相应的初始化 RF 控制字。接下来通过配置 SI4432 的寄存器 3eH 来
设置包的长度，通过 SPI 连续写寄存器 7fH，向 TX FIFO 写入需要发送的数据。然后打开
"发送完中断允许标志"，将其他中断都禁止。当有数据包发送完时，引脚 IRQ 会被拉低以

产生一个低电平从而通知 STM32 数据包已发送完毕。完成中断使能后，使能发送功能，数据开始发送。等待 IRQ 引脚因中断产生而使电平拉低，当 IRQ 引脚变为低电平时读取中断状态并拉高 IRQ，否则继续等待。一次数据发送完成后，进入下一次数据循环发送状态。

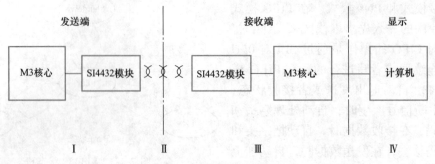

图 7-2-4 无线收发系统拓扑图

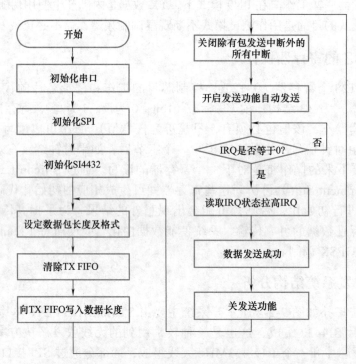

图 7-2-5 无线发送程序流程

无线接收程序流程如图 7-2-6 所示。程序完成 STM32F103 串口接收、SPI 接口和 SI4432 的初始化后，配置寄存器写入相应的初始化 RF 控制字。通过访问寄存器 7fH 从 RX FIFO 中读取接收到的数据。相应的控制字设置好之后，若引脚 IRQ 变成低电平，则表示 SI4432 准备好接收数据。完成这些初始化配置后，通过寄存器 4bH 读取包长度信息。然后打开有效包中断和同步字检测中断，将其他中断都禁止，引脚 IRQ 用来检测是否有有效包被检测到，若引脚 IRQ 变为低电平，则表示有有效的数据包被检测到。最后，使能接收功能，数据开始接收。等待 IRQ 引脚因中断产生而使电平拉低，读取中断标志位并复位 IRQ 引脚，使 IRQ 恢复为初始的高电平状态以准备下一次中断触发的检测。通过 SPI 读取 RX FIFO 中的数据，串口显示接收到的数据，之后进入下一次数据接收状态。

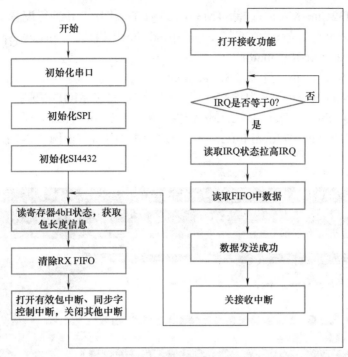

图 7-2-6　无线接收程序流程

任务实施

本任务需要两组设备配合完成，表 7-2-2 所列是每组设备清单量。

表 7-2-2　设备清单表

序号	设备 / 资源名称	数量	是否准备到位（√）
1	M3 核心模块	1	
2	无线收发模块	1	
3	杜邦线	6	
4	配书资源	1	

要完成本任务，可以将实施步骤分成以下 7 步：
- STM32CubeMX 工程配置 SPI。
- 在工程中添加代码包。
- 在源文件中添加代码程序。
- 编译代码。
- 硬件环境搭建。
- M3 核心模块固件下载。
- 结果验证。

具体实施步骤如下：

1. STM32CubeMX 工程配置 SPI

1）打开 STM32CubeMX，选择 STM32F103VET6 芯片，并进行配置。

2）选择 "System Core" → "RCC"，High Speed Clock（HSE）和 Low Speed Clock（LSE）都选择 "Crystal/Ceramic Resonator"。

3）单击 "SYS"，Debug 选择 "Serial Wire"。

4）选择 "Connectivity" → "USART1"，配置串口 1，MODE 选择 "Asynchronous"，Baud Rate 选择 9600bit/s，Data Direction 选择 "Receive and Transmit"，然后单击 "NVIC Settings"，勾选 "USART1 global interrupt"，使能串口中断，如图 7-2-7 所示。

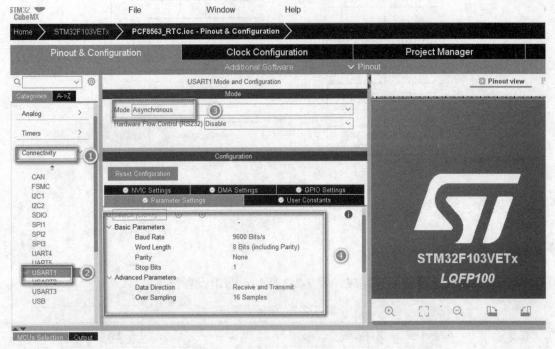

图 7-2-7　配置串口

5）选择 "Connectivity" → "SPI2"，配置 SPI2，MODE 选择 "Full-Duplex Master"，Paramater Settings 的 Prescaler 选择 "256"，Clock Polarity 选择 "High"，Clock Phase 选择 "2 Edge"，如图 7-2-8 所示。

6）PA2 设置为 "GPIO_Input"，PA3 设置为 "GPIO_Output"，PB12 设置为 "GPIO_Output"，并将 PA2 设置为上拉输入 "Pull-up"，User Label 设置为 "SI4432_IRQ"，将 PA3 设置为默认低电平 "Low"，User Label 设置为 "SI4432_SDN"，将 PB12 设置为默认高电平 "High"，User Label 设置为 "SI4432_NSEL"，如图 7-2-9 所示。

7）单击 "Clock Configuration" 进行时钟配置，如图 7-2-10 所示。

8）单击 "Project Manager"，单击 "Project" 设置文件名和保存的位置，Toolchain/IDE 选择 "MDK_ARM"。

9）单击 "Code Generator"，进行勾选设置。

10）最后单击右上角的 "GENERATE CODE" 生成初始化代码。

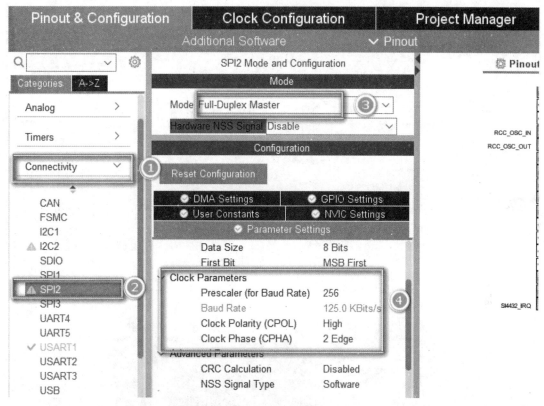

图 7-2-8　配置 SPI2

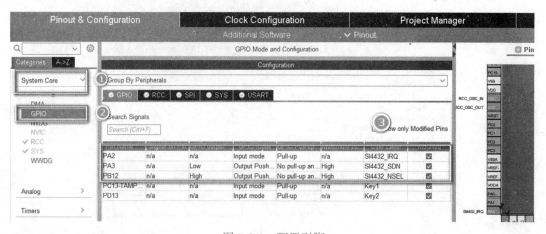

图 7-2-9　配置引脚

2. 在工程中添加代码包

（1）检查工程是否可用

如图 7-2-11 所示，打开工程后，先要对工程进行编译，若编译通过，则表示工程可用，若编译失败则参照"开发环境搭建"先完成开发环境搭建及测试。

单击编译按钮开始编译，若有 0 个错误则表示编译通过，如图 7-2-11 所示。

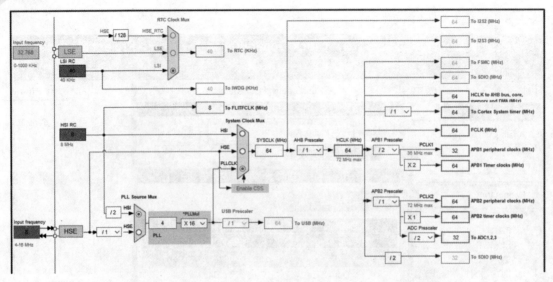

图 7-2-10　配置时钟

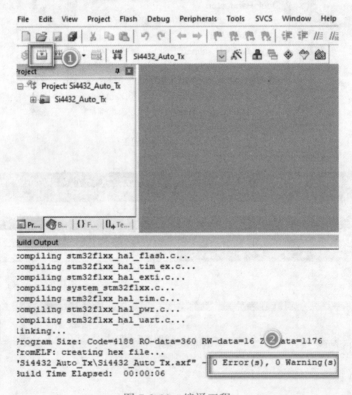

图 7-2-11　编译工程

（2）添加代码包

在项目工程文件夹的 MDK-ARM 文件夹下新建一个 HARDWORK 文件夹，并将 SI4432 和 SPI 两个文件夹复制进去，如图 7-2-12 所示。

右击项目文件名，选择"Add Group"添加组，将"NEW Group"改为"HARDWORK"，双击"HARDWORK"，选择 SI4432、SPI 文件夹添加 SI4432.c、spi.c 文件，如图 7-2-13 所示。

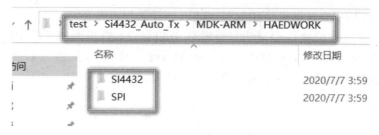

图 7-2-12　添加代码包

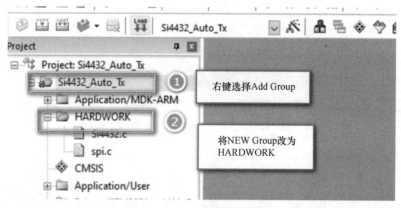

图 7-2-13　添加 SI4432.c、spi.c 文件

　　添加的文件直接编译会报错，需要包含文件夹的路径，图 7-2-14 所示就是添加 Trace 文件的路径，使程序可以找到头文件。

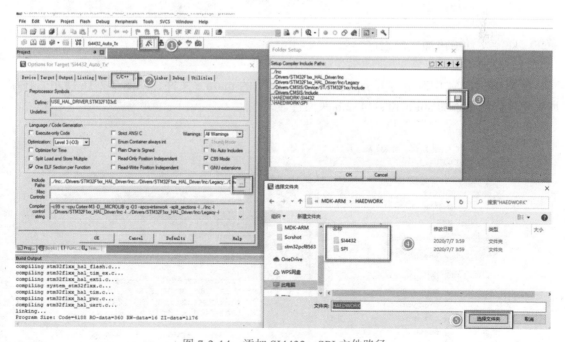

图 7-2-14　添加 SI4432、SPI 文件路径

按照图 7-2-14 所示方法继续将 SI4432 和 SPI 路径添加进去。

添加完文件后直接编译也会报错，这时双击 SI4432.c 将里面的 "UART_HandleTypeDef huart1；" 和 "DMA_HandleTypeDef hdma_usart1_tx；" 注释掉，然后双击 spi.c 将里面的 "SPI_HandleTypeDef hspi2；" 注释掉，如图 7-2-15 所示。

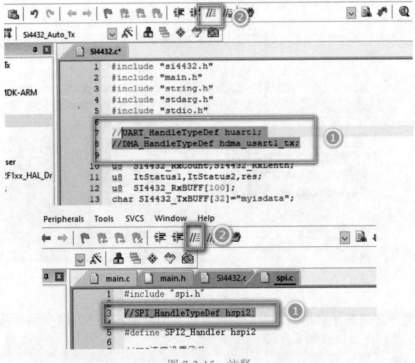

图 7-2-15　注释

3. 在源文件中添加代码程序

（1）添加头文件

在 MDK-ARM 中双击打开 Application/User 下的 main.c 文件，如图 7-2-16 所示，在添加头文件代码处添加 spi.h 和 si4432.h 头文件。

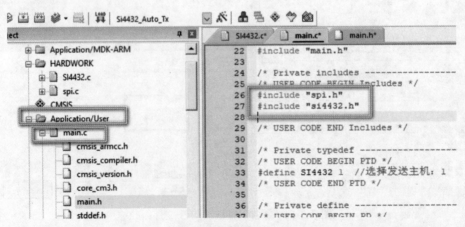

图 7-2-16　添加头文件

（2）添加变量

在 /*USER CODE BEGIN PTD*/ 和 /*USER CODE END PTD*/ 之间添加宏定义，如图 7-2-17 所示。

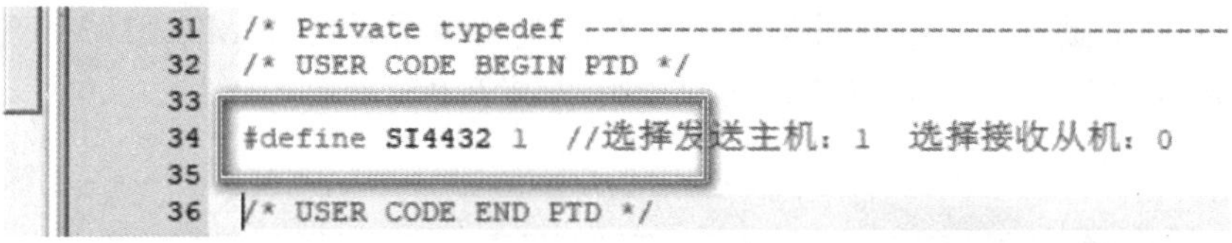

```
31   /* Private typedef -------------------------------------
32   /* USER CODE BEGIN PTD */
33
34   #define SI4432 1   //选择发送主机：1  选择接收从机：0
35
36   /* USER CODE END PTD */
```

图 7-2-17　添加变量参数

在 /*USER CODE BEGIN 2*/ 和 /*USER CODE END 2*/ 之间添加代码，如下：

```
1.   /*USER CODE BEGIN 2*/
2.   HAL_GPIO_WritePin(SI4432_SDN_GPIO_Port,SI4432_SDN_Pin,GPIO_PIN_
     SET);
3.   delay_ms(10);
4.   HAL_GPIO_WritePin(SI4432_SDN_GPIO_Port,SI4432_SDN_Pin,GPIO_PIN_
     RESET);
5.   delay_ms(100);
6.   si4432_init( );              //SI4432 初始化
7.   #if SI4432
8.
9.   #else
10.  si4322_rx_mode( );
11.  #endif
12.  /*USER CODE END 2*/
```

在 /*USER CODE BEGIN WHILE*/ 和 /*USER CODE END 3*/ 之间添加函数，实现数据收发功能，如下：

```
1.   /*Infinite loop*/
2.   /*USER CODE BEGIN WHILE*/
3.     sendstring("system is ok\r\n");
4.   while(1)
5.   {
6.       #if SI4432
7.       si4322_send( );
8.       sendstring("Send project!\r\n");
9.       delay_ms(2000);
10.    #else
11.      si4322_receive( );
12.      sendstring("Receive project!\r\n");
13.      delay_ms(2000);
14.      #endif
15.    /*USER CODE END WHILE*/
16.
17.    /*USER CODE BEGIN 3*/
18.      delay_ms(100);
19.  }
20.  /*USER CODE END 3*/
```

4. 编译代码

代码添加完成后，单击"重新编译"按钮"▦"完成编译，确保编译准确无误。

5. 硬件环境搭建

图 7-2-18 所示是本任务的硬件连线图。在断电的情况下把 STM32F103VET6 模块的引脚与无线收发模块 SI4432 进行连线，对应情况见表 7-2-3。

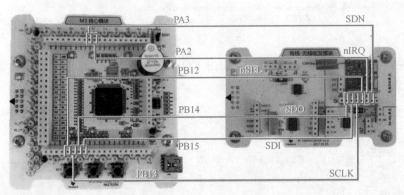

图 7-2-18　硬件连线图

表 7-2-3　硬件连接引脚对应表

序号	M3 核心模块	无线收发模块
1	PA3	SDN
2	PA2	nIRQ
3	PB12	nSEL
4	PB13	SCLK
5	PB14	SDO
6	PB15	SDI

6. M3 核心模块固件下载

本任务需要两组设备配合完成，一组设备下载"发送主机固件"，另一组设备需要下载"接收从机固件"。

（1）发送主机固件下载

1）烧写前的硬件准备。

● 确保 NEWLab 接线正常，并将旋钮旋到通信模式。

● 将 M3 核心模块 JP1 从 NC 拨到 BOOT 端。

● 给设备上电，并按下复位键。

2）烧写。

● 打开 STMFlashLoader Demo 软件，将编译好的 HEX 文件进行烧录。

● 等待下载完毕。

3）烧写后启动 M3 模块。

将 M3 模块的 JP1 从 BOOT 切换到 NC，按下复位键。

（2）接收从机固件下载

接收从机固件下载之前，需要将程序中 SI4432 的宏定义改为 0，如图 7-2-19 所示，这样程序就变成接收程序，然后编译好烧录到第二组开发板里即可。

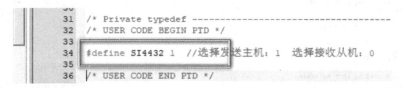

图 7-2-19　更改宏定义

7. 结果验证

打开串口调试工具，单片机上电，选择连接的串口，打开串口，将接收端通过串口与调试助手连接，显示收到的数据，如图 7-2-20 及图 7-2-21 所示。

图 7-2-20　接收端输出结果

修改 si4432.c 文件里的"char SI4432_TxBUFF［32］= "myisdata";"，就可以进行发送数据的修改。

图 7-2-21　发送端输出结果

任务检查与评价

　　完成任务实施后，进行任务检查与评价，任务检查与评价表存放在书籍配套资源中。

任务小结

　　通过本任务的学习，理解 SI4432 无线收发模块的相关知识以及通信过程。能够实现SI4432 无线收发模块的初始化配置，能够实现无线收发模块之间的通信（见图 7-2-22）。

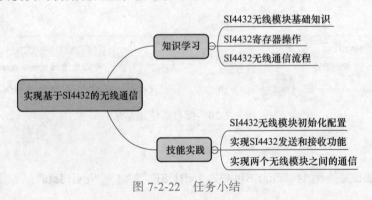

图 7-2-22　任务小结

任务拓展

　　修改 si4432.c 文件里的"char SI4432_TxBUFF［32］= "myisdata";"，将发送的数据进

行修改，发送端和接收端通过串口显示的数据变成修改的数据。

任务 3　实现按键无线呼叫功能

职业能力目标

- 能根据任务要求，快速查阅硬件连接资料并准确搭建设备环境。
- 能根据功能需求，正确添加代码实现两个无线设备之间的信息收发。

任务描述与要求

　　任务描述：某公司准备为医院开发一套医疗无线呼叫系统，在考虑成本与实用性安全性后，采用 STM32 系列单片机及 SI4432 无线收发模块。主体工作分为三个阶段，任务 3 为第三阶段，通过按键控制 SI442 发送端进行数据的发送。

　　任务要求：
- 实现 SI4432 无线接收端的自动接收。
- 实现 SI4432 无线发送端的按键控制数据发送。
- 实现发送与接收端的通信。

任务分析与计划

　　根据所学相关知识，制订完成本次任务的实施计划，见表 7-3-1。

表 7-3-1　任务计划表

项目名称	医疗无线呼叫系统
任务名称	实现按键无线呼叫功能
计划方式	自我设计
计划要求	请用 8 个计划步骤完整描述如何完成本任务
序号	任务计划
1	
2	
3	
4	
5	
6	
7	
8	

知识储备

一、SI4432 在生活中的应用

1. 智慧门禁

目前的智能门禁系统大多是基于有线通信的方式来实现的。众所周知，有线通信具有安全、稳定性好、易于实现等优点；但同时有线通信方式具有初装费用高、施工时间长、无法移动、变更余地小、维护费用高、覆盖面积小、扩展困难等缺陷。随着通信技术的发展，无线通信网络进入了一个新的天地。功能强、容易安装、组网灵活、即插即用的网络连接、可移动性强等优点，使得无线网络获得了广泛应用。因此无线射频门禁系统不但能提高安全性和可靠性，而且相对传统的契合性机械装置，无线射频门禁系统磨损消耗少，使用时间长，能有效减少门禁设备的更换。

2. 智能抄表

源于 20 世纪 90 年代的无线抄表工作组，对户表数据的自动化抄送具有非常重大的意义。传统的手工抄表费时、费力，准确性和及时性得不到可靠的保障，这导致相关营销和企业管理类软件不能获得足够详细和准确的原始数据。无线抄表系统可以避免人工抄表，利用数据通信协议传输数据。为了灵活配置不同的控制平台，一般无线抄表设备可分成两部分设计：一部分是无线收发模块（SI4432），另一部分是控制模式（单片机 C8051F930）。

SI4432 可以完全满足实现无线抄表要求的仪表或读表器等设备，并对产品的可靠性、抗干扰、低功耗等方面进行了考虑，在开发板和相关文档资源及多种辅助设计工具的支持下，可快速开发出符合要求的无线抄表设备。

二、基于按键的无线收发系统

对于发送端和接收端，使用 SI4432 模块进行数据传输，而单片机和 SI4432 之间主要通过 SPI 接口进行数据通信，而按键可以控制发送端进行特定数据的发送，图 7-3-1 就是发送端及接收端与 SI4432 模块的连接示意图。

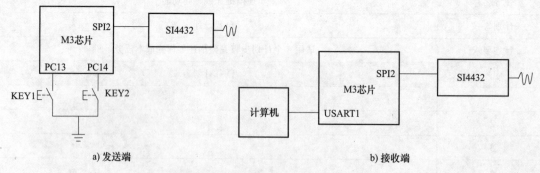

a) 发送端   b) 接收端

图 7-3-1　发送端与接收端连接示意图

- M3 芯片与 SI4432 模块通信使用 SPI2 通信口。
- KEY1 按钮用于发送指令 1。
- KEY2 按钮用于发送指令 2。
- 计算机用于接收端的数据显示。

三、按键控制 SI4432 收发逻辑分析

无线发送程序流程如图 7-3-2 所示。完成 STM32F103 串口发送、SPI 和 SI4432 的初始化后，根据按键的不同，配置寄存器写入相应的初始化 RF 控制字。接下来，通过配置 SI4432 的寄存器 3eH 来设置包的长度，通过 SPI 连续写寄存器 7fH，向 TX FIFO 写入需要发送的数据。然后打开"发送完中断允许标志"，将其他中断都禁止。当有数据包发送完时，引脚 IRQ 会被拉低产生一个低电平从而通知 STM32 数据包已发送完毕。完成中断使能后，使能发送功能，数据开始发送。等待 IRQ 引脚因中断产生而使电平拉低，当 IRQ 引脚变为低电平时读取中断状态并拉高 IRQ，否则继续等待。一次数据发送完成后，进入下一次数据循环发送状态。

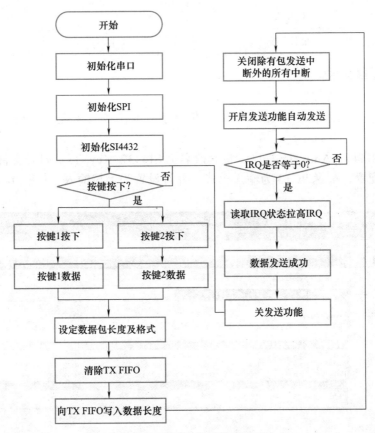

图 7-3-2　无线发送程序流程

无线接收程序流程同任务 2。

任务实施

本任务需要两组设备配合完成，表 7-3-2 所列是每组设备清单量。
要完成本任务，可以将实施步骤分成以下 7 步：

● 修改任务 2 工程配置引脚。
● 在工程中添加代码包。

- 在源文件中添加代码程序。
- 编译代码。
- 硬件环境搭建。
- M3 核心模块固件下载。
- 结果验证。

表 7-3-2　设备清单表

序号	设备 / 资源名称	数量	是否准备到位（√）
1	M3 核心模块	1	
2	无线收发模块	1	
3	杜邦线	8	
4	配书资源	1	

具体实施步骤如下：

1. 修改任务 2 工程配置引脚

由于前述任务已经编写了无线自动收发程序，本任务只需在原代码基础上进行修改即可。

复制一份 SI4432_Auto_Tx 程序，将其改名为 SI4432_Key_Tx。打开文件内的 ioc 文件，进行按键引脚配置，配置 PC13 为输入模式，并且设置为上拉输入，如图 7-3-3 所示。

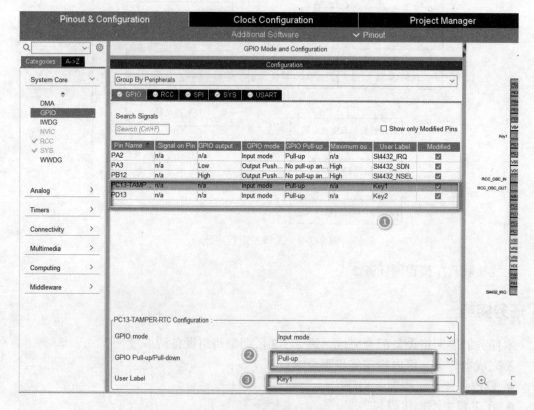

图 7-3-3　配置按键引脚

最后单击右上角的"GENERATE CODE"生成初始化代码。

2. 在工程中添加代码包

本次操作不用添加代码包。单击 keil 开发工具中的编译按钮 ，开始编译，若出现 0 个错误，则表示编译通过。

3. 在源文件中添加代码程序

在 /*USER CODE BEGIN PD*/ 和 /*USER CODE END PD*/ 之间添加宏定义，如图 7-3-4 所示。

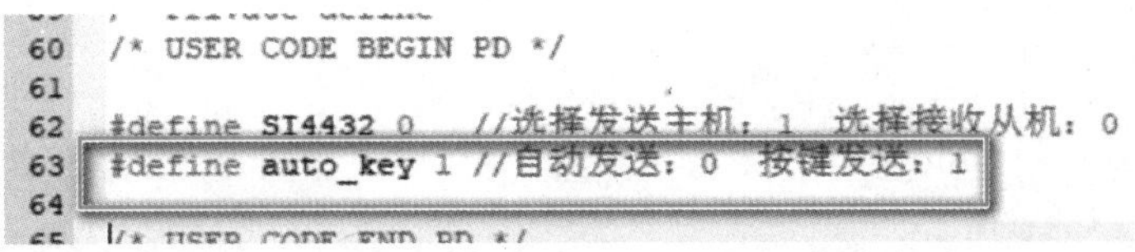

```
60    /* USER CODE BEGIN PD */
61
62    #define SI4432 0     //选择发送主机：1 选择接收从机：0
63    #define auto_key 1 //自动发送：0  按键发送：1
64
65    /* USER CODE END PD */
```

图 7-3-4 添加宏定义

在 /*USER CODE BEGIN 2*/ 和 /*USER CODE END 2*/ 之间添加代码，如下：

```
1.   /*USER CODE BEGIN 2*/
2.   HAL_GPIO_WritePin(SI4432_SDN_GPIO_Port,SI4432_SDN_Pin,GPIO_PIN_
     SET);
3.   delay_ms(10);
4.   HAL_GPIO_WritePin(SI4432_SDN_GPIO_Port,SI4432_SDN_Pin,GPIO_PIN_
     RESET);
5.   delay_ms(100);
6.   si4432_init( );                    //SI4432 初始化
7.   #if SI4432
8.
9.   #else
10.    si4322_rx_mode( );
11.   #endif
12.  /*USER CODE END 2*/
```

在 /*USER CODE BEGIN WHILE*/ 和 /*USER CODE END 3*/ 之间添加函数，实现数据收发功能，如下：

```
1.   /*Infinite loop*/
2.   /*USER CODE BEGIN WHILE*/
3.   sendstring("system is ok\r\n");
4.   while(1)
5.   {
6.      #if SI4432
7.         #if auto_key
8.         if(HAL_GPIO_ReadPin(Key1_GPIO_Port,Key1_Pin)==0)
9.         {
10.            delay_ms(10);
11.            if(HAL_GPIO_ReadPin(Key1_GPIO_Port,Key1_Pin)==0)
12.            {
13.               si4322_send( );
```

```
14.                    sendstring("Send Project!\r\n");
15.                    delay_ms(100);
16.               }
17.           }
18.           #else
19.           si4322_send();
20.           sendstring("Send Project!\r\n");
21.           delay_ms(200);
22.           #endif
23.      #else
24.      si4322_receive();
25.      sendstring("Receive Project!\r\n");
26.      delay_ms(2000);
27.      #endif
28.      /*USER CODE END WHILE*/
29.
30.      /*USER CODE BEGIN 3*/
31.      delay_ms(100);
32.    }
33.    /*USER CODE END 3*/
```

4. 编译代码

代码添加完成后，单击"重新编译"按钮 ▦ 完成编译，确保编译准确无误。

5. 硬件环境搭建

同任务 2。

6. M3 核心模块固件下载

本任务需要两组设备配合完成，一组设备下载"发送主机固件"，另一组设备需要下载"接收从机固件"。

（1）发送主机固件下载

同任务 2。

（2）接收从机固件下载

接收从机固件下载之前，需要将程序中 SI4432 的宏定义改为 1，如图 7-3-5 所示，这样程序就变成一个接收程序，然后编译好烧录到第二组开发板里即可。

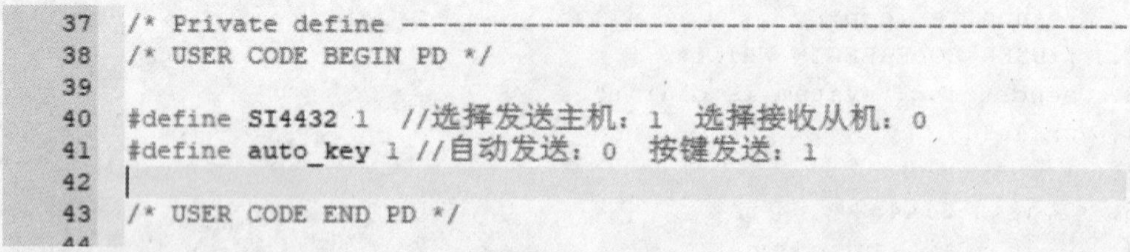

```
37    /* Private define --------------------------------------------
38    /* USER CODE BEGIN PD */
39
40    #define SI4432 1   //选择发送主机：1  选择接收从机：0
41    #define auto_key 1 //自动发送：0  按键发送：1
42
43    /* USER CODE END PD */
44
```

图 7-3-5　更改宏定义

7. 结果验证

打开串口调试工具，单片机上电，选择连接的串口，打开串口，将接收端打开，当按下发送端的按键 key1 时，就会有数据发送出去，接收端与串口调试助手相连，就会显示数据，如图 7-3-6 及图 7-3-7 所示。

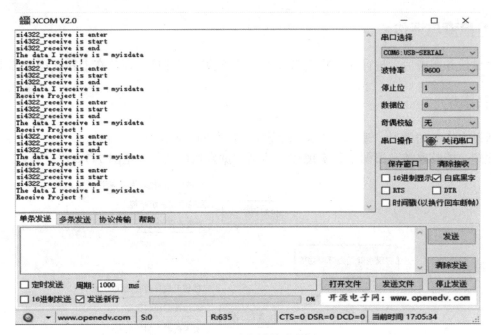

图 7-3-6　接收端输出结果

图 7-3-7　发送端输出结果

修改 si4432.c 文件里的 "char SI4432_TxBUFF［32］="myisdata";"，就可以进行发送数据的修改。

任务检查与评价

完成任务实施后，进行任务检查与评价，任务检查与评价表存放在书籍配套资源中。

任务小结

通过本任务的学习，理解 SI4432 无线收发模块的一些应用，了解医疗无线呼叫系统的工作原理，能够移植和添加代码实现按键控制数据发送的功能（见图 7-3-8）。

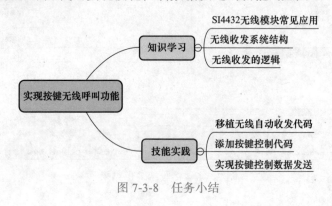

图 7-3-8　任务小结

任务拓展

修改 si4432.c 文件里的"char SI4432_TxBUFF［32］="myisdata";"，修改数据，接收端对收到的数据进行判断，进而控制 LED 灯闪烁提醒。

项目 ⑧

多功能电子时钟

▶ 引导案例

现在多功能的电子时钟已经成为人们生活的重要组成部分，出现在生活的各个场景中。

传统的电子时钟一般只有显示时间或闹钟定时的功能，功能比较单一，无法满足人们生活中日益增长的需求。随着社会的发展、科技的进步，智能设备越来越多地进入人们的生活，多功能电子时钟是其中之一。家庭中的多功能电子时钟，除了显示时间，有的还可以显示湿度、光照数据，检测室内空气质量，将室内环境数据发送到移动端进行查看。这样我们随时随地都可以知道家里环境状况。未来结合智能家居的发展，电子时钟还会有更多的功能，更加便捷，更加智能。

生活中的多功能电子时钟，如图 8-1-1 所示。大家可以思考一下，生活中还有哪些多功能电子时钟，未来的多功能电子时钟会是什么样子？

图 8-1-1　生活中的多功能电子时钟

任务 1　采集湿度、光照数据

▶ 职业能力目标

● 能根据 MCU 编程手册，利用 STM32CubeMX 软件准确对 ADC 进行配置。
● 能根据 MCU 编程手册，利用 STM32CubeMX 软件准确对 TIM 进行配置。
● 能利用湿度、光照传感器的知识，通过编写代码准确获取湿度、光照数据。

任务描述与要求

任务描述： 某公司因为市场需求，准备研发一款多功能电子时钟以满足市场需求。经过研究，准备使用 STM32 单片机和 PCF8563 时钟芯片以及湿敏、光照传感器来实现多功能需求。本项目主要分为 3 个任务，任务 1 主要完成湿度和光照数据的获取。

任务要求：
- 配置单片机的 ADC。
- 配置单片机的 TIM 定时器。
- 获取湿度和光照数据并通过串口显示。

任务分析与计划

根据所学相关知识，制订完成本次任务的实施计划，见表 8-1-1。

表 8-1-1　任务计划表

项目名称	多功能电子时钟
任务名称	采集湿度、光照数据
计划方式	自我设计
计划要求	请用 10 个计划步骤完整描述如何完成本任务
序号	任务计划
1	
2	
3	
4	
5	
6	
7	
8	
9	
10	

知识储备

一、多功能电子时钟

电子时钟主要是利用电子技术将时钟电子化、数字化，从而拥有体积小、界面友好、可拓展性强的特点，被广泛用于生活和工作中。另外，在工农业生产中，也常常需要温度等数据，这就需要电子时钟具有多功能性。

电子时钟采用电子电路实现时、分、秒的数字化显示，广泛应用于家庭、车站、码头、办公室等场所，成为人们日常生活必不可少的必需品。由于数字集成电路的发展和石英晶体振荡器的广泛应用，电子时钟的精度远远超过老式钟表，给人们生产带来了极大的方便，而且扩展了钟表的功能，如定时报警、闹钟、定时开关等。另外，温度、湿度、光照等实时显示系统应用同样越来越广泛，如果能够在电子时钟上附加温度、湿度、光照采集功能，将使电子时钟的应用更加广泛。

二、湿敏传感器介绍

湿敏传感器是能够感受外界湿度变化，并通过器件材料的物理或化学性质变化，将湿度转化成可用信号的器件。湿度检测较之其他物理量的检测显得困难，这首先是因为空气中水蒸气含量要比空气少得多；另外，液态水会使一些高分子材料和电解质材料溶解，一部分水分子电离后与溶入水中的空气中的杂质结合成酸或碱，使湿敏材料不同程度地受到腐蚀和老化，从而丧失其原有的性质；再者，湿度信息的传递必须靠水对湿敏器件直接接触来完成，因此湿敏器件只能直接暴露于待测环境中不能密封。通常，对湿敏器件有下列要求：在各种气体环境下稳定性好、响应时间短、寿命长、有互换性、耐污染和受温度影响小等。微型化、集成化及廉价是湿敏器件的发展方向。

三、光照传感器介绍

光照传感器是将光通量转换为电量的一种传感器，它的基础是光电转换元件的光电效应。

光电效应是光电器件的理论基础。光可以认为是由具有一定能量的粒子（一般称为光子）所组成的，而每个光子所具有的能量 E 与其频率大小成正比。光照射在物体表面上可以看作物体受到一连串能量为 E 的光子轰击，而光电效应就是由于该物质吸收到光子能量为 E 的光后产生的电效应。通常把光线照射到物体表面后产生的光电效应分为三类：

● 外光电效应。在光线作用下能使电子逸出物体表面的称为外光电效应。例如光电管、光电倍增管等就是基于外光电效应的光电器件。

● 内光电效应。在光线作用下能使物体电阻率改变的称为内光电效应，又称为光电导效应。例如光敏电阻就是基于内光电效应的光电器件。

● 半导体光生伏特效应。在光线作用下能使物体产生一定方向电动势的称为半导体光生伏特效应。例如光电池、光电晶体管就是基于半导体光生伏特效应的光电器件。

基于外光电效应的光电器件属于真空光电器件，基于内光电效应和半导体光生伏特效应的光电器件属于半导体光电器件。

四、STM32 获取湿度、光照数据分析

1. 温度、光照传感模块

图 8-1-2 所示为 NEWLab 温度 / 光照传感器模块电路板结构，图中数字对应模块情况：
① 温敏或光敏电阻传感器，本任务使用光敏电阻。
② 基准电压调节电位器。
③ 比较器电路。
④ 基准电压测试接口 J10，测试光照感应的阈值电压，即比较器 1 负端（3 脚）电压。

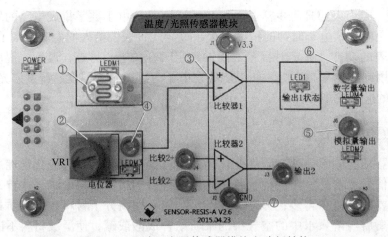

图 8-1-2 温度 / 光照传感器模块电路板结构

⑤ 模拟量输出接口 J6,测试光敏电阻两端的电压,即比较器 1 正端(2 脚)电压。

⑥ 数字量输出接口 J7,测试比较器 1 输出电平电压。

⑦ 接地 GND 接口 J2。

调节 VR1,调节比较器 1 正端的输入电压,设置光照感应灵敏度,即阈值电压。当光照较低时,光敏电阻的阻值较高,采集光敏电阻两端的输出电压高于阈值电压,比较器 1 脚输出为高电平;温度上升,光敏电阻的阻值下降,当采集光敏电阻两端的电压低于阈值电压时,比较器 1 脚输出低电平。

2. 湿度传感器模块

图 8-1-3 所示为 NEWLab 湿度传感器模块电路板结构图,图中数字对应模块情况:

① 湿度传感器 HS1101。

② 振荡电路模块。

③ 频率信号接口 J4。

④ 接地 GND 接口 J2。

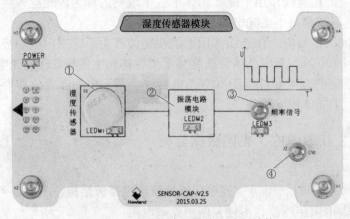

图 8-1-3 湿度传感器模块电路板结构

湿度传感器模块电路如图 8-1-4 所示。集成定时器 555 芯片的外接电阻 R_1、R_2 与湿敏电容 C_3 构成对 C_3 的充电回路。7 端通过芯片内部的晶体管对地又构成了 C_3 的放电回路,并将引脚 2、6 端相连引入到片内比较器,便构成为一个典型的多谐振荡器,即方波发生器。另外，R_4、R_5 是防止输出短路的保护电阻；R_3 用于平衡温度系数。

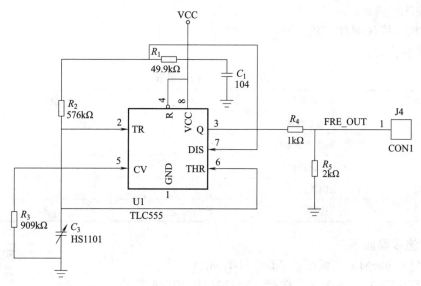

图 8-1-4 湿度传感器模块电路

充电时间 $T_{high} = C_3(R_1 + R_2)\ln2$

放电时间 $T_{low} = C_3 R_2 \ln2$

脉冲周期 $T = T_{high} + T_{low} = C_3(2R_2 + R_1)\ln2$

脉冲频率 $f = 1/T = 1/[C_3(2R_2 + R_1)\ln2]$；

脉冲占空比 $T_{high}/T = (R_2 + R_1)/(2R_2 + R_1)$

注：C_3 为传感器等效电容；$\ln2$ 为 2 的自然对数，约为 0.693。

湿度传感器产生的电容影响输出信号的频率，当湿度增加时，湿度传感器的电容量也变大，输出信号频率降低。湿度和电压频率的关系见表 8-1-2。

表 8-1-2 湿度与电压频率关系

湿度（%RH）	频率 /Hz	湿度（%RH）	频率 /Hz
0	7351	60	6600
10	7224	70	6468
20	7100	80	6330
30	6976	90	6186
40	6853	100	6033
50	6728		

任务实施

任务实施前必须准备好表 8-1-3 所列设备和资源。要完成本任务，可以将实施步骤分成以下 7 步：

- STM32CubeMX 工程配置 ADC 和 TIM。
- 在工程中添加代码包。
- 在源文件中添加代码程序。

- 编译代码。
- 硬件环境搭建。
- M3 核心模块固件下载。
- 结果验证。

表 8-1-3 设备清单表

序号	设备 / 资源名称	数量	是否准备到位（√）
1	M3 核心模块	1	
2	温度 / 光照传感器模块	1	
3	湿度传感器模块	1	
4	光照连接线	1	
5	杜邦线	2	

具体实施步骤如下：

1. STM32CubeMX 工程配置 ADC 和 TIM

1）打开 STM32CubeMX，选择 STM32F103VET6 芯片，并进行配置。

2）选择"System Core"→"RCC"，High Speed Clock（HSE）和 Low Speed Clock（LSE）都选择"Crystal/Ceramic Resonator"。

3）单击"SYS"，Debug 选择"Serial Wire"。

采集湿度、光照传感器数据（创建工程项目）

4）选择"Connectivity"→"USART1"，配置串口 1，MODE 选择"Asynchronous"，Baud Rate 选择 115200bit/s，Data Direction 选择"Receive and Transmit"，然后单击"NVIC Settings"，勾选"USART1 global interrupt"，使能串口中断，如图 8-1-5 所示。

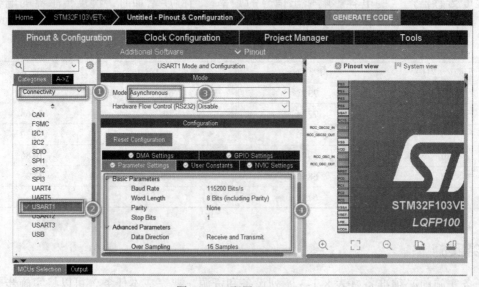

图 8-1-5 配置 USART1

5）单击"ADC1"，勾选"IN0"，也可以单击引脚进行选择，如图 8-1-6 所示。

6）单击"TIM6"，勾选"Activated"，设置 Counter Settings，将 Prescaler 设置为"7199"，Counter Mode 设置为"Up"，Counter Period 设置为"9999"，如图 8-1-7 所示。

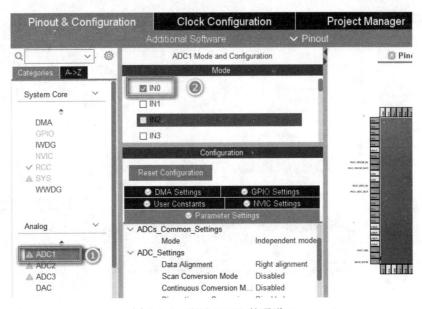

图 8-1-6　配置 ADC1 的通道 0

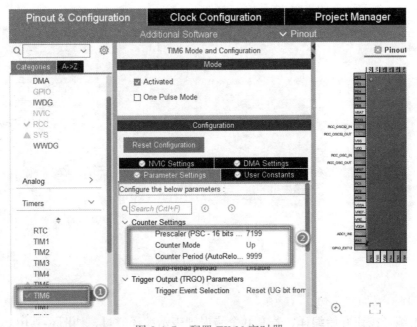

图 8-1-7　配置 TIM6 定时器

7）单击"PA2"引脚，设置为外部中断"GPIO_EXTI2"，然后单击"NVIC"使能外部中断、串口中断和 TIM6 的中断，如图 8-1-8 所示。

8）单击"Clock Configuration"进行时钟配置，如图 8-1-9 所示。

9）单击"Project Manager"，单击"Project"设置文件名和保存的位置，Toolchain/IDE 选择"MDK_ARM"。

10）单击"Code Generator"，进行勾选设置。

11）最后单击右上角的"GENERATE CODE"生成初始化代码。

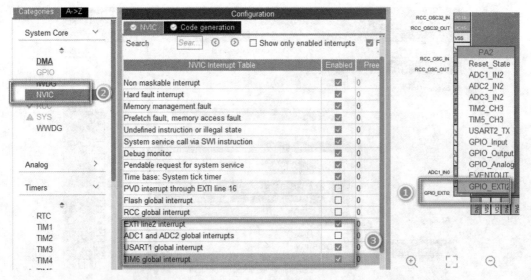

图 8-1-8　使能中断

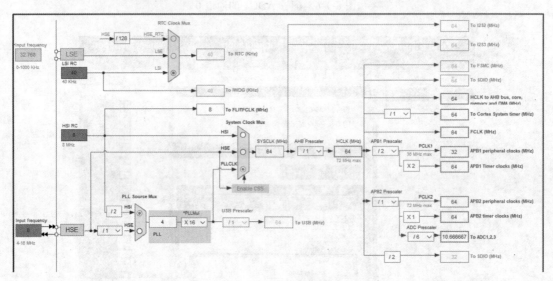

图 8-1-9　配置时钟

2. 在工程中添加代码包

1）单击编译按钮开始编译，若有 0 个错误则表示编译通过，如图 8-1-10 所示。

2）在项目工程文件夹的 MDK-ARM 文件夹下新建一个 HARDWORK 文件夹，并将图 8-1-11 所示文件夹复制进去。

3）右击项目文件名，选择"Add Group"添加组，将 NEW Group 改为"HARDWORK"，双击"HARDWORK"，选择 delay、Trace、HS1101、Light 和 user_adc 文件夹分别添加 delay.c、trace.c、hs1101.c、light.c 和 user_adc.c 文件，如图 8-1-12 所示。

4）添加的文件直接编译会报错，需要包含文件夹的路径，图 8-1-13 就是添加 Trace 文件的路径，使程序可以找到头文件。

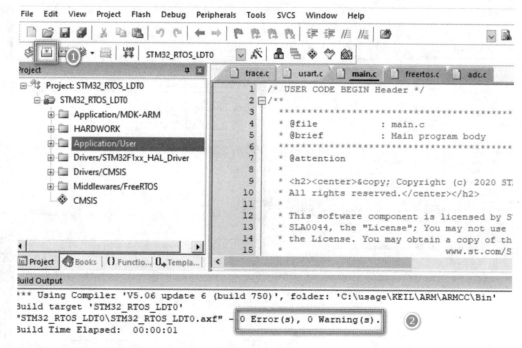

图 8-1-10　编译工程

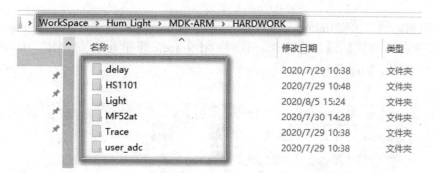

图 8-1-11　添加代码包

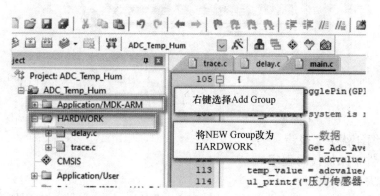

图 8-1-12　添加文件

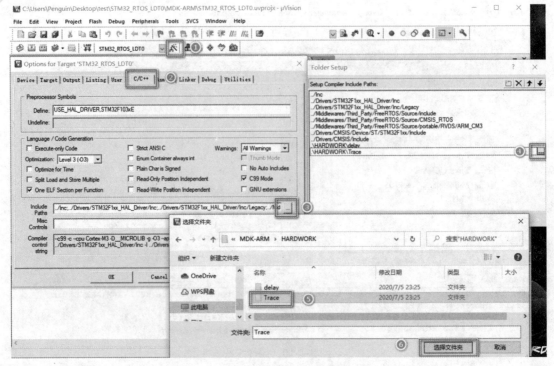

图 8-1-13　添加 Trace 文件的路径

5）按照相同的方法将 delay、HS1101、Light 和 user_adc 的文件路径添加进去。

添加完文件后直接编译也会报错，这时双击 trace.c 将里面的 "UART_HandleTypeDef huart1；" 注释掉，如图 8-1-14 所示。

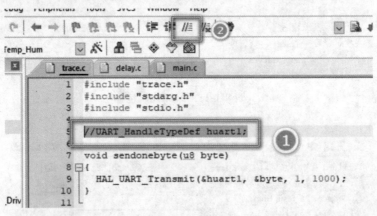

图 8-1-14　注释

再次进行编译就不会报错。

3. 在源文件中添加代码程序

（1）添加头文件

在 MDK-ARM 中双击打开 Application/User 下的 main.c 文件，在添加头文件代码处添加 trace.h、delay.h、hs1101.h、light.h 头文件，如下：

```
1.  /*Private includes-----------------------------------------------*/
2.  /*USER CODE BEGIN Includes*/
3.  #include"trace.h"
4.  #include"delay.h"
5.  #include"hs1101.h"
6.  #include"light.h"
7.  /*USER CODE END Includes*/
```

（2）添加变量

在 /*USER CODE BEGIN PV*/ 和 /*USER CODE END PV*/ 之间添加变量，如下：

```
1.  /*USER CODE BEGIN PV*/2
2.  int sensor_hum=0;
3.  uint32_t sensor_tem=0;
4.  /*USER CODE END PV*/
```

（3）添加函数

在 /*USER CODE BEGIN 2*/ 和 /*USER CODE END 2*/ 之间添加函数，如下：

```
1.  /*USER CODE BEGIN 2*/
2.  HAL_TIM_Base_Start_IT(&htim6);
3.  EXTI2_Disable( );
4.  delay_init(72);
5.  /*USER CODE END 2*/
```

（4）添加主程序代码

在 /*USER CODE BEGIN WHILE*/ 和 /*USER CODE END 3*/ 之间添加主程序代码，
如下：

```
1.  /*Infinite loop*/
2.  /*USER CODE BEGIN WHILE*/
3.  while(1)
4.  {
5.      sensor_hum=ucGetHumidity( );
6.      sensor_tem=getLight( );
7.      u1_printf("sensor_hum%d%\r\n",sensor_hum);
8.      u1_printf("sensor_Light%d Lux\r\n",sensor_tem);
9.      delay_ms(5000);
10.  /*USER CODE END WHILE*/
11.
12.  /*USER CODE BEGIN 3*/
13.  }
14.  /*USER CODE END 3*/
```

4. 编译代码

代码添加完成后，单击"重新编译"按钮 ▦ 完成编译，确保编译准确无误。

5. 硬件环境搭建

如图 8-1-15 所示，把相关模块正确放置到 NEWLab 实训平台，并在断电的情况下完成
硬件电路搭建。硬件连线引脚对应情况见表 8-1-4。

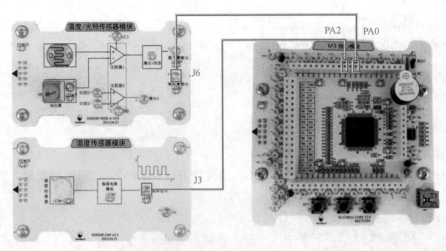

图 8-1-15　硬件连线图

表 8-1-4　硬件连线引脚对应表

序号	M3 核心模块	光照传感模块	湿度传感模块
1	PA0	J6	/
2	PA2	/	J3

6. M3 核心模块固件下载

（1）烧写前的硬件准备

● 确保 NEWLab 接线正常，并将旋钮旋到通信模式。

● 将 M3 核心模块 JP1 从 NC 拨到 BOOT 端。

● 给设备上电，并按下复位键。

（2）烧写

● 打开 STMFlashLoader Demo 软件，将编译好的 HEX 文件进行烧录。

● 等待下载完毕。

（3）烧写后启动 M3 核心模块

将 M3 核心模块的 JP1 从 BOOT 切换到 NC，按下复位键。

7. 结果验证

打开串口调试工具，单片机上电，选择连接的串口，打开串口，然后就可以在调试助手上看到串口输出的数据，如图 8-1-16 所示，此处可以获取当前湿度、光照数据。

任务检查与评价

完成任务实施后，进行任务检查与评价，任务检查与评价表存放在书籍配套资源中。

任务小结

通过本任务的学习，能够了解湿敏、光照传感器的相关知识，掌握 STM32 的 ADC 和 TIM 定时器的配置，能够添加代码实现湿度和光照数据的获取（见图 8-1-17）。

图 8-1-16　结果输出

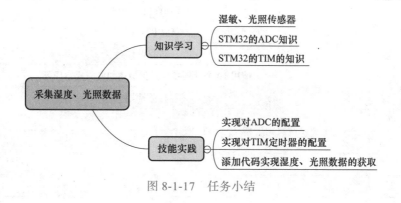

图 8-1-17　任务小结

任务拓展

　　根据前面所学知识，为获取到的湿度和光照数据设置阈值，当达到阈值时进行报警，湿度超过警报值时，蜂鸣器响；光照超过警报值时，LED 闪烁。

任务 2　获取 RTC 时间

职业能力目标

- 能根据 MCU 编程手册，通过 STM32CubeMX 软件准确配置引脚。
- 能根据 I^2C 相关资料，理解 I^2C 的工作过程。
- 能根据 PCF8563 相关手册，通过 I^2C 进行读写等操作，获取 RTC 时间。

任务描述与要求

任务描述： 某公司因为市场需求，准备研发一款多功能电子时钟以满足市场需求。经过研究，准备使用 STM32 单片机和 PCF8563 时钟芯片以及湿敏、光照传感器来实现多功能需求。本项目主要分为 3 个任务，任务 2 主要完成实时时间的获取和显示。

任务要求：
- 实现 STM32 的 I²C 的配置。
- 实现 STM32 与外设 PCF8563 时钟芯片的通信。
- 实现 PCF8563 芯片实时时间的获取。

任务分析与计划

根据所学相关知识，制订完成本次任务的实施计划，见表 8-2-1。

表 8-2-1　任务计划表

项目名称	多功能电子时钟
任务名称	获取 RTC 时间
计划方式	自我设计
计划要求	请用 10 个计划步骤完整描述如何完成本任务
序号	任务计划
1	
2	
3	
4	
5	
6	
7	
8	
9	
10	

知识储备

一、RTC 简介

实时时钟的缩写是 RTC（Real_Time Clock）。RTC 是集成电路，通常称为时钟芯片。

实时时钟芯片是日常生活中应用最为广泛的消费类电子产品之一。它为人们提供精确的实时时间，或者为电子系统提供精确的时间基准，目前实时时钟芯片大多采用精度较高的晶体振荡器作为时钟源。有些时钟芯片为了在主电源掉电时还可以工作，需要外加电池供电。

为了使 RTC 外设掉电可以继续运行，必须给 STM32 芯片通过 VBAT 引脚接上电池。当主电源 VDD 有效时，由 VDD 给 RTC 外设供电。VDD 掉电时，由 VBAT 给 RTC 外设供电。无论由什么电源供电，RTC 中的数据始终都保存在属于 RTC 的备份域中，如果主电源和 VBAT 都掉电，那么备份域中保存的所有数据都将丢失（备份域除了 RTC 模块的寄存器，还有 42 个 16 位的寄存器，可以在 VDD 掉电的情况下保存用户程序的数序，系统复位或电源复位时这些数据不会被复位）。

从 RTC 的定时器特性来说，它是一个 32 位的计数器，只能向上计数。它使用的时钟源有三种，分别为：

1）高速外部时钟的 128 分频：HSE/128。

2）低速内部时钟 LSI。

3）低速外部时钟 LSE。

使用 HSE 分频时钟或者 LSI 时，在主电源 VDD 掉电的情况下，这两个时钟来源都会受到影响，因此没法保证 RTC 正常工作。所以 RTC 一般选择低速外部时钟 LSE，频率为实时时钟模块中常用的 32.768kHz，因为 $32768 = 2^{15}$，分频容易实现，所以被广泛应用于 RTC 模块［在主电源 VDD 有效的情况下（待机），RTC 还可以配置闹钟，使 STM32 退出待机模式］。

二、RTC 工作过程

RTC 工作过程如图 8-2-1 所示。

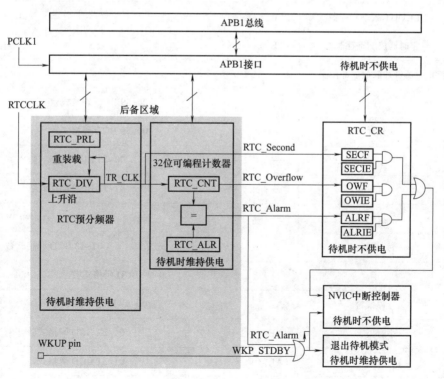

图 8-2-1　RTC 工作过程

三、PCF8563 介绍

PCF8563 是低功耗的 CMOS 实时时钟日历芯片。它提供一个可编程时钟输出、一个中断输出和掉电检测器。所有的地址和数据通过 I²C 总线接口串行传递，最大总线速度为 400kbit/s，每次读写数据后内嵌的字地址寄存器会自动产生增量。

PCF8563 有 16 个 8 位寄存器，一个可自动增量的地址递增寄存器，一个内置 32.768 kHz 片上集成电容振荡器，一个实时时钟源（RTC）的分频器，一个可编程的时钟输出，一个定时器，一个报警器，一个低压检测器和一个 400kHz 的 I²C 接口。

所有 16 个寄存器被设计成可寻址的 8 位并行寄存器，但不是所有的位都有效。前两个寄存器（内存地址 00H 和 01H）为控制 / 状态寄存器；内存地址 02H~08H 是时钟功能的计数器，用于秒、分钟、小时、日、星期、月 / 世纪、年计数；内存地址 09H~0CH 为报警寄存器（定义报警条件）；内存地址 0DH 为 CLKOUT 频率寄存器；内存地址 0EH 和 0FH 分别为定时器控制寄存器和定时器倒计数数值寄存器。

PCF8563 各寄存器见表 8-2-2 ~ 表 8-2-9。

表 8-2-2　PCF8563 寄存器配置

地址	寄存器名称	bit7	bit6	bit5	bit4	bit3	bit2	bit1	bit0
00H	控制 / 状态寄存器 1	TEST	0	STOP	0	TESTC	0	0	0
01H	控制 / 状态寄存器 2	0	0	0	TI/TP	AF	TF	AIE	TIE
0DH	CLKOUT 频率寄存器	FE	—	—	—	—	—	FD1	FD0
0EH	定时器控制寄存器	TE	—	—	—	—	—	TD1	TD0
0FH	定时器倒计数数值寄存器								
02H	秒	VL	00~59 BCD 码格式数						
03H	分钟	—	00~59 BCD 码格式数						
04H	小时	—	—	00~23 BCD 码格式数					
05H	日	—	—	01~31 BCD 码格式数					
06H	星期	—	—	—	—	—	0~6		
07H	月 / 世纪	C	—	—	01~12 BCD 码格式数				
08H	年	00~99 BCD 码格式数							
09H	分钟报警	AE	00~59 BCD 码格式数						
0AH	小时报警	AE	—	01~23 BCD 码格式数					
0BH	日报警	AE	—	—	01~31 BCD 码格式数				
0CH	星期报警	AE	—	—	—	—	—		

表 8-2-3　控制 / 状态寄存器

控制 / 状态寄存器 1（内存地址 00H）		
位	符号	描述
7	TEST	TEST=0：常规模式 TEST=1：EXT_CLK 测试模式
5	STOP	STOP=0：RTC 时钟源运行 STOP=1：所有 RTC 分频器触发器异步清 0，RTC 时钟停止（CLKOUT 脚的 3.2768kHz 仍可用）
3	TESTC	TESTC=0：上电复位功能禁用（常规模式时清 0） TESTC=1：上电复位功能有效
0、1、2、4、6	0	默认值为 0
控制 / 状态寄存器 2（内存地址 01H）		
位	符号	描述
5、6、7	0	默认值为 0
4	TI/TP	TI/TP = 0：当 TF 有效时 INT 有效（取决于 TIE 的状态） TI/TP = 1：INT 脉冲有效（取决于 TIE 的状态） 注意：若 AF 和 AIE 有效，则 INT 一直有效
3	AF	当报警发生时，AF 置 1
2	TF	在计时器倒计时结束时，TF 置 1 如果定时器和报警器同时产生中断，通过读此位判断是哪个中断源
1	AIE	AIE = 0：报警器中断无效 AIE = 1：报警器中断有效
0	TIE	TIE = 0：定时器中断无效 TIE = 1：定时器中断有效

表 8-2-4　秒、分钟和小时寄存器

秒 /VL 寄存器位描述（地址 02H）		
位	符号	描述
7	VL	VL=0：保证准确的时钟 / 日历数据 VL=1：不保证准确的时钟 / 日历数据
6~0	＜秒＞	代表 BCD 格式的当前秒数值，值为 00~59 例如：1011001 代表 59s
分钟寄存器位描述（地址 03H）		
位	符号	描述
7	—	无效
6~0	＜分＞	代表 BCD 格式的当前分钟数值，值为 00~59
小时寄存器位描述（地址 04H）		
位	符号	描述
7~6	—	无效
5~0	＜时＞	代表 BCD 格式的当前小时数值，值为 00~23

表 8-2-5　日、星期寄存器

日寄存器位描述（地址 05H）		
位	符号	描述
7~6	—	无效
5~0	<日>	代表 BCD 格式的当前日数值，值为 01~31。当年计数器的值是闰年时，PCF8563 自动给二月增加一个值，使其成为 29 天
星期寄存器位描述（地址 06H）		
位	符号	描述
7~3	—	无效
2~0	<星期>	代表当前星期数值 0~6。见表 8-2-6，这些位也可由用户重新分配

表 8-2-6　星期分配表

日	bit2	bit1	bit0
星期日	0	0	0
星期一	0	0	1
星期二	0	1	0
星期三	1	0	0
星期四	1	0	1
星期五	1	1	0
星期六	1	1	1

表 8-2-7　月 / 世纪寄存器（地址 07H）

位	符号	描述
7	C	世纪位：C=0 指定世纪数为 20××，C=1 指定世纪数为 19××，"××"为年寄存器中的值，见表 8-2-9。当年寄存器中的值由 99 变为 00 时，世纪位会改变
6~5	—	无效
4~0	<月>	代表 BCD 格式的当前月份，值为 01~12，见表 8-2-8

表 8-2-8　月分配表

月	bit4	bit3	bit2	bit1	bit0
一月	0	0	0	0	1
二月	0	0	0	1	0
三月	0	0	0	1	1
四月	0	0	1	0	0
五月	0	0	1	0	1
六月	0	0	1	1	0
七月	0	0	1	1	1

（续）

月	bit4	bit3	bit2	bit1	bit0
八月	0	1	0	0	0
九月	0	1	0	0	1
十月	1	0	0	0	0
十一月	1	0	0	0	1
十二月	1	0	0	1	0

表 8-2-9　年寄存器（地址 08H）

位	符号	描述
7~0	<年>	代表 BCD 格式的当前年数值，值为 00~99

四、PCF8563 功能描述

1. 报警功能模式

通过清除一个或多个报警寄存器最高有效位（报警使能位 AE），相应的报警条件将被激活。这种方式可以产生从每分钟至每周一次的报警。设置报警标志位 AF（控制 / 状态寄存器 2 的 bit3）用于产生一个中断，AF 只能通过软件清 0。

2. 定时器模式

8 位减数计时器（地址 0FH）由定时器控制寄存器（地址 0EH）控制。定时器控制寄存器可以选择定时器的时钟源频率（4096Hz、64Hz、1Hz 或 1/60Hz）和启用 / 禁用计时器。从软件加载的 8 位二进制值倒计数，在每个倒计时结束时，定时器设置定时器标志位 TF，定时器标志位 TF 只能由软件清 0，TF 位可以产生一个中断。当读取定时器时，当前的倒计时数值作为返回值。

3. CLKOUT 输出

管脚 CLKOUT 输出可编程方波。由 CLKOUT 频率寄存器（地址 0DH）控制。可输出 32.768kHz（默认）、1024Hz、32Hz 和 1Hz 的方波。CLKOUT 开漏输出，如果禁用它则为高阻抗。

4. 复位

PCF8563 包含一个片内复位电路，当振荡器停止时，复位电路激活。在复位状态下，I^2C 总线则初始化，寄存器 VL、TD1、TD0、TESTC 和 AE 被置为 1，其他寄存器和地址指针被清 0。

5. 低电压检测器和时钟监视器

PCF8563 内嵌掉电检测器，当 $VDD<V_{low}$ 时，VL 位（秒寄存器第 7 位）被置 1，用于表明可能产生不准确的时钟 / 日历信息，VL 位只能由软件清 0。当 VDD 慢慢降低到 V_{low}（比如以电池供电），寄存器中的 VL 位被置 1 时，则会产生中断。

任务实施

任务实施前必须准备好表 8-2-10 所列设备和资源。

表 8-2-10　设备清单表

序号	设备 / 资源名称	数量	是否准备到位（√）
1	M3 核心模块	1	
2	功能扩展模块	1	
3	杜邦线	2	

要完成本任务，可以将实施步骤分成以下 7 步：

● 进行 STM32CubeMX 工程配置。

● 在工程中添加代码包。

● 在源文件中添加代码程序。

● 编译代码。

● 硬件环境搭建。

● M3 核心模块固件下载。

● 结果验证。

具体实施步骤如下：

1. 进行 STM32CubeMX 工程配置

1）打开 STM32CubeMX，选择 STM32F103VET6 芯片，并进行配置。

2）选择"System Core"→"RCC"，High Speed Clock（HSE）和 Low Speed Clock（LSE）都选择 Crystal/Ceramic Resonator。

3）单击"SYS"，Debug 选择"Serial Wire"

4）选择"Connectivity"→"USART1"，配置串口 1，MODE 选择"Asynchronous"，Baud Rate 选择 9600bit/s，Data Direction 选择"Receive and Transmit"，然后单击"NVIC Settings"，勾选"USART1 global interrupt"，使能串口中断，如图 8-2-2 所示。

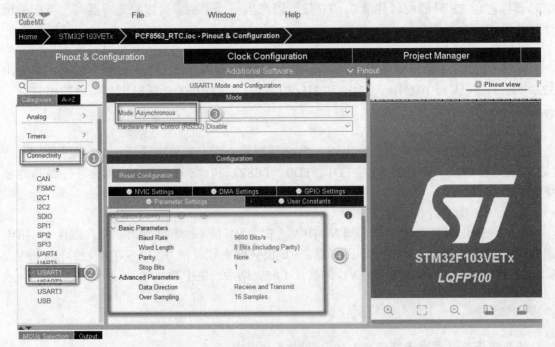

图 8-2-2　配置串口

5）单击"Clock Configuration"进行时钟配置，如图 8-2-3 所示，其中 ADC Prescaler 为默认值 32。

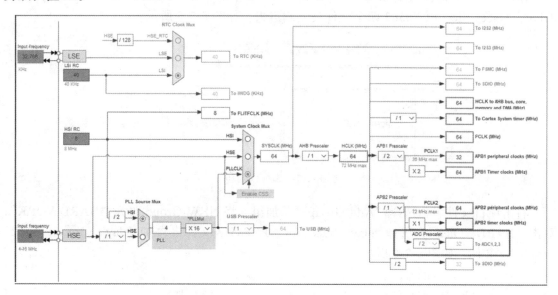

图 8-2-3　配置时钟

6）单击"Project Manager"，单击"Project"设置文件名和保存的位置，Toolchain/IDE 选择"MDK_ARM"。

7）单击"Code Generator"，进行勾选设置。

8）最后单击右上角的"GENERATE CODE"生成初始化代码。

2. 在工程中添加代码包

（1）检查工程是否可用

如图 8-2-4 所示，打开工程后，先对工程进行编译，若编译通过，则表示工程可用，若编译失败请参照"开发环境搭建"先完成开发环境搭建及测试。

单击编译按钮开始编译，若有 0 个错误则表示编译通过，如图 8-2-4 所示。

图 8-2-4　编译工程

（2）添加代码包

在项目工程文件夹的 MDK-ARM 文件夹下新建一个 HARDWORK 文件夹，并将 delay、Trace、iic、PCF8563 四个文件夹复制进去，如图 8-2-5 所示。

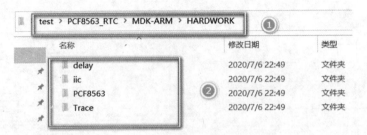

图 8-2-5　添加代码包

右击项目文件名，选择"Add Group"添加组，将 NEW Group 改为"HARDWORK"，双击"HARDWORK"，选择 delay、trace、iic、PCF8563 文件夹添加 delay.c、trace.c、iic.c、pcf8563.c 文件，如图 8-2-6 所示。

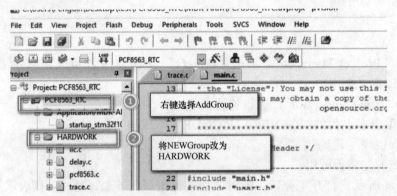

图 8-2-6　添加 delay.c、trace.c、iic.c、pcf8563.c 文件

添加的文件直接编译会报错，需要包含文件夹的路径，图 8-2-7 就是添加 Trace 文件的路径，使程序可以找到头文件。

按照图 8-2-7 所示方法继续将 delay、iic 和 PCF8563 路径添加进去。

添加完文件后直接编译也会报错，这时双击 trace.c 将里面的"UART_HandleTypeDef huart1；"注释掉，如图 8-2-8 所示。

再次进行编译就不会报错。

3. 在源文件中添加代码程序

（1）添加头文件

在 MDK-ARM 中双击打开 Application/User 下的 main.c 文件，如图 8-2-9 所示，在添加头文件代码处添加 pcf8563.h、stdio.h、iic.h、trace.h、delay.h 头文件。

（2）添加变量

在 /*USER CODE BEGIN PV*/ 和 /*USER CODE END PV*/ 之间添加全局变量，如图 8-2-10 所示。

在 /*USER CODE BEGIN 2*/ 和 /*USER CODE END 2*/ 之间添加函数，进行函数的调用，如图 8-2-11 所示。

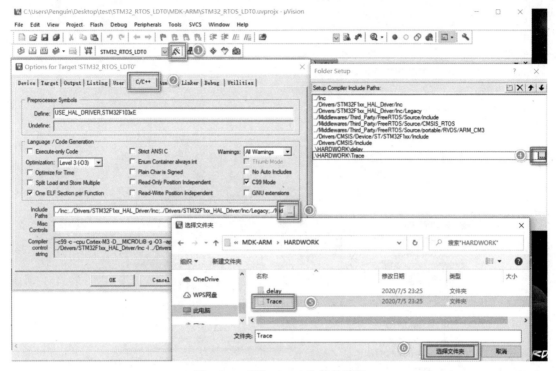

图 8-2-7　添加 Trace 文件的路径

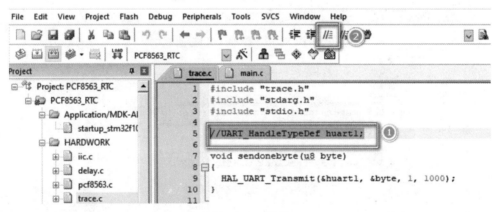

图 8-2-8　注释

在 /*USER CODE BEGIN WHILE*/ 和 /*USER CODE END WHILE*/ 之间添加函数，实现时钟数据的获取与显示，如下：

```
1.  /*USER CODE BEGIN WHILE*/
2.  u1_printf("system is start\r\n");
3.  while(1)
4.  {
5.    // 实时获取时间
6.    PCF8563_Read_Time( );// 读取时钟 time_buf1_sp
7.    u1_printf("data is 20%d-%d-%d%d:%d:%d%d\r\n",time_buf1[1],
8.    time_buf1[2],time_buf1[3],time_buf1[4],time_buf1[5],time_buf1[6],
      time_buf1[7]);
```

物联网嵌入式技术

```
9.      delay_ms(1000);
10.   /*USER CODE END WHILE*/
11.
12.   /*USER CODE BEGIN 3*/
13. }

14. /*USER CODE END 3*/
```

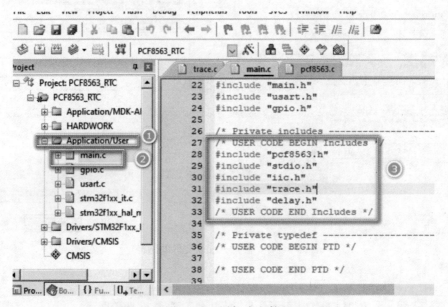

图 8-2-9　添加头文件

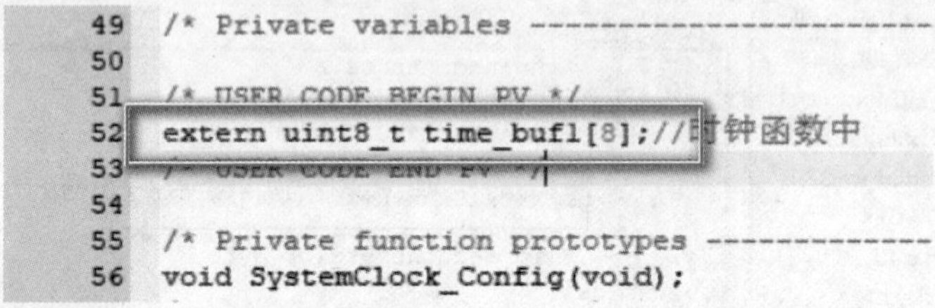

图 8-2-10　添加全局变量

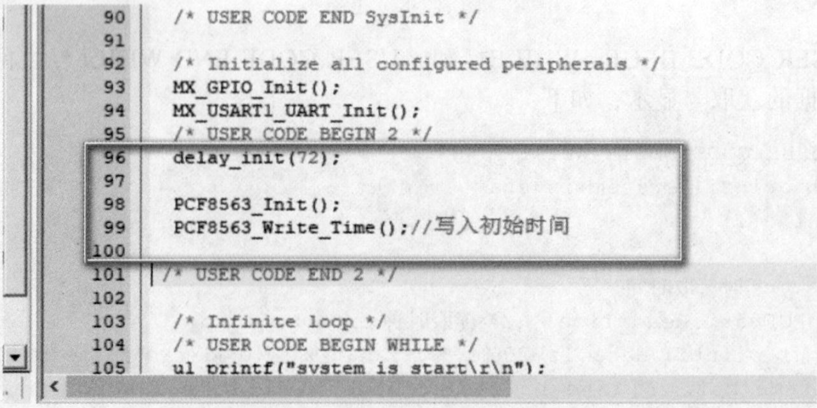

图 8-2-11　添加函数进行调用

4. 编译代码

代码添加完成后，单击"重新编译"按钮 ⊞ 完成编译，确保编译准确无误。

5. 硬件环境搭建

图 8-2-12 所示是本任务的硬件连线图。把 STM32F103VET6 模块的 PB6 引脚接到时钟芯片的 SCL，PB7 接 SDA。

把 M3 核心模块和功能扩展模块正确放置到 NEWLab 实训平台，在断电情况下按照图 8-2-12 搭建电路，连线关系见表 8-2-11。

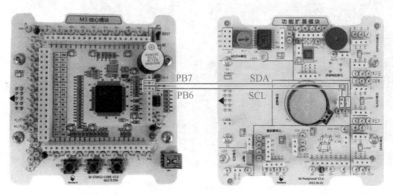

图 8-2-12　硬件连线图

表 8-2-11　硬件连线引脚对应表

序号	M3 核心模块	功能扩展模块
1	PB6	SCL
2	PB7	SDA

6. M3 核心模块固件下载

（1）烧写前的硬件准备

● 确保 NEWLab 接线正常，并将旋钮旋到通信模式。

● 将 M3 核心模块 JP1 从 NC 拨到 BOOT 端。

● NEWLab 平台上电，并按下 M3 核心模块上的复位键。

（2）烧写

● 打开 STMFlashLoader Demo 软件，将编译好的 HEX 文件进行烧录。

● 等待下载完毕。

（3）烧写后启动 M3 核心模块

将 M3 核心模块的 JP1 从 BOOT 切换到 NC，按下复位键。

7. 结果验证

打开串口调试工具，单片机上电，选择连接的串口，打开串口，然后就可以在调试助手上看到串口输出的数据，如图 8-2-13 所示，随着时间变化，秒数在增加。

任务检查与评价

完成任务实施后，进行任务检查与评价，任务检查与评价表存放在书籍配套资源中。

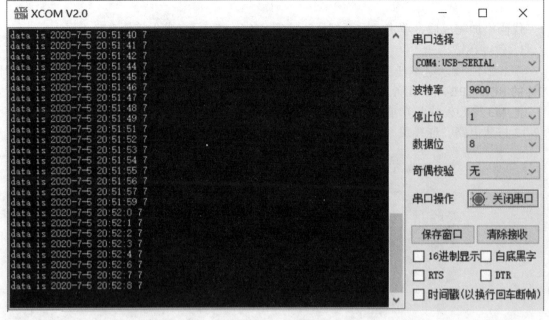

图 8-2-13　输出结果

任务小结

通过本任务的学习，能够了解 RTC 实时时钟和 PCF8563 的相关知识，能够实现 STM32 单片机与 PCF8563 的通信时间的设置和获取（见图 8-2-14）。

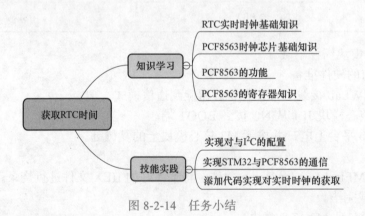

图 8-2-14　任务小结

任务拓展

修改 pcf8563.c 文件内的 "unsigned char　time_buf1［8］={20，20，07，01，00，00，00，03}；"，修改显示的起始时间。数组内数据表示的是：2020 年 07 月 01 日 00 时 00 分 00 秒周三。

实现多功能电子时钟功能

职业能力目标

- 能根据相关资料，理解 I^2C 通信协议；
- 能在 PCF8563_RTC 时钟基础上移植湿敏、光照传感器，实现时间以及湿度、光照数据的显示。

任务描述与要求

任务描述： 某公司因为市场需求，准备研发一款多功能电子时钟以满足市场需求。经过研究，准备使用 STM32 单片机和 PCF8563 时钟芯片以及湿敏、光照传感器，来实现多功能需求。本项目主要分为 3 个任务，任务 3 主要完成移植代码实现多功能电子时钟功能。

任务要求：
- 移植湿敏、光照传感器代码。
- 修改湿敏、光照传感器和 PCF8563 时钟程序，实现多功能电子时钟功能 。

任务分析与计划

根据所学相关知识，制订完成本次任务的实施计划，见表 8-3-1。

表 8-3-1　任务计划表

项目名称	多功能电子时钟
任务名称	实现多功能电子时钟功能
计划方式	自我设计
计划要求	请用 10 个计划步骤完整描述如何完成本任务
序号	任务计划
1	
2	
3	
4	
5	
6	

（续）

序号	任务计划
7	
8	
9	
10	

知识储备

PCF8563 的串行接口为 I^2C 总线。

（1） I^2C 总线特性

I^2C 总线用两条线（SDA 和 SCL）在芯片和模块间传递信息。SDA 为串行数据线，SCL 为串行时钟线，两条线必须用一个上拉电阻与正电源相连，其数据只有在总线不忙时才可传送。

系统配置参如图 8-3-1 所示，产生信号的设备是传送器，接收信号的设备是接收器，控制信号的设备是主设备，受控制信号的设备是从设备。

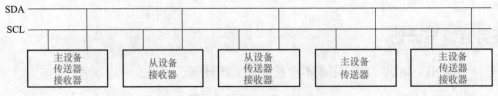

图 8-3-1　I^2C 总线系统配置

（2）起动（START）和停止（STOP）条件

总线不忙时，数据线和时钟线保持高电平。数据线在下降沿而时钟线为高电平时为起动条件（S），数据线在下降沿而时钟线为高电平时为停止条件（P），如图 8-3-2 所示。

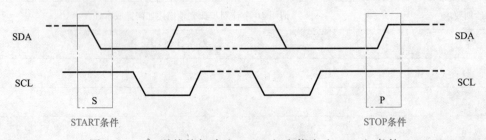

图 8-3-2　I^2C 总线的起动（START）和停止（STOP）条件

（3）位传送

每个时钟脉冲传送一个数据位，SDA 线上的数据在时钟脉冲高电平时应保持稳定，否则 SDA 线上的数据将成为上面提及的控制信号，如图 8-3-3 所示。

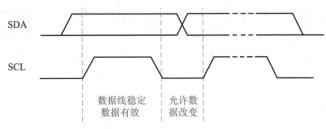

图 8-3-3　I²C 总线上的位传送

（4）标志位

在起动条件和停止条件之间的时间，传送器传送给接收器的数据数量没有限制。每个 8 位字节后加一个标志位，传送器产生高电平的标志位，这时主设备产生一个附加标志时钟脉冲。

从接收器必须在接收到每个字节后产生一个标志位，主接收器也必须在接收从传送器传送的每个字节后产生一个标志位。在标志位时钟脉冲出现时，SDA 线应保持低电平（应考虑起动和保持时间）。传送器应在从设备接收最后一个字节时变为低电平，使接收器产生标志位，这时主设备可产生停止条件。如图 8-3-4 所示。

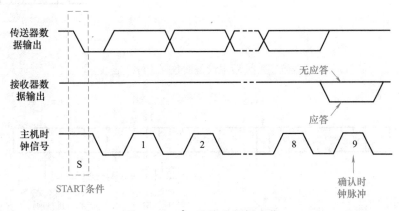

图 8-3-4　I²C 总线上的标志位

（5）　I²C 总线协议

注意：用 I²C 总线传递数据前，接收的设备应先标明地址，在 I²C 总线起动后，这个地址与第一个传送字节一起被传送。PCF8563 可以作为一个从接收器或从传送器，这时时钟线 SCL 只能是输入信号线，数据线 SDA 是一条双向信号线。

PCF8563 从地址如图 8-3-5 所示。

时钟/日历芯片读/写周期：三种 PCF8563 读/写周期中，I²C 总线的配置如图 8-3-6、图 8-3-7 和图 8-3-8 所示，图中字地址是四个位的数，用于指出下一个访问的寄存器，字地址的高四位无用。

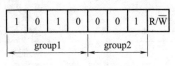

图 8-3-5　PCF8563 从地址

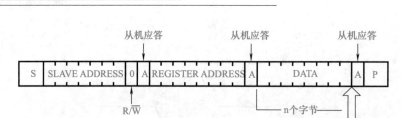

图 8-3-6　主传送器到从接收器（写模式）

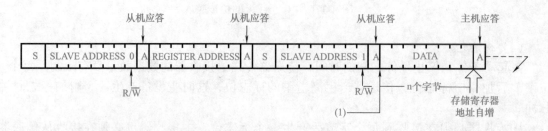

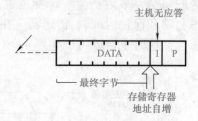

图 8-3-7　设置字地址后主设备读数据（写字地址、读数据）

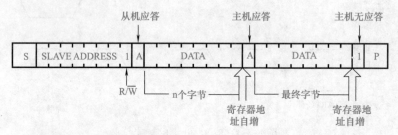

图 8-3-8　主设备读从设备第一个字节数据后的数据（读模式）

任务实施

任务实施前必须准备好表 8-3-2 所列设备和资源。

表 8-3-2　设备清单表

序号	设备 / 资源名称	数量	是否准备到位（√）
1	M3 核心模块	1	
2	功能拓展模块	1	
3	温度 / 光照传感器模块	1	
4	湿度传感器模块	1	
5	杜邦线及杜邦线转香蕉线	各 2	

要完成本任务, 可以将实施步骤分成以下 7 步:

- 进行 STM32CubeMX 工程配置。
- 在工程中添加代码包。
- 在源文件中添加代码程序。
- 编译代码。
- 硬件环境搭建。
- M3 核心模块固件下载。
- 结果验证。

具体实施步骤如下:

1. 进行 STM32CubeMX 工程配置

由于之前已经进行过 PCF8563_RTC 的配置, 此处不再重新进行配置。

2. 在工程中添加代码包

(1) 重命名文件

本任务是在任务 1 或者任务 2 的基础上进行程序编写, 所以将任务 1 或任务 2 程序复制一份, 并将文件命名为 "Stm32_Multi_Clk"。

(2) 添加代码包

在项目工程文件夹的 MDK-ARM 文件夹下的 HARDWORK 文件夹里添加代码包, 并使 HARDWORK 文件夹包含图 8-3-9 所示文件。

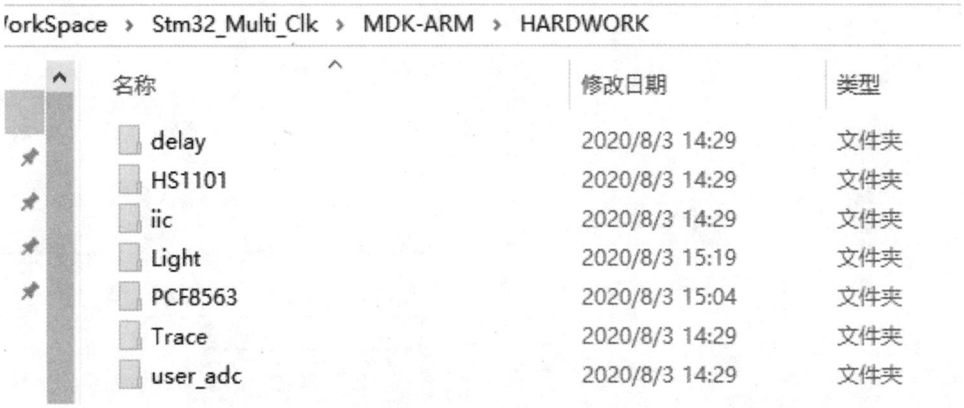

图 8-3-9　添加代码包

右击项目文件名, 选择 "Add Group" 添加组, 将 NEW Group 改为 "HARDWORK", 双击 "HARDWORK", 选择 PCF8563 文件夹添加 PCF8563.c 文件, 如图 8-3-10 所示。

添加的文件直接编译会报错, 需要包含文件夹的路径, 图 8-3-11 就是添加 Trace 文件的路径, 使程序可以找到头文件。

按照图 8-3-11 所示方法继续将 PCF8563 路径添加进去。添加文件后直接编译不会报错。

3. 在源文件中添加代码程序

(1) 添加头文件

在 MDK-ARM 中双击打开 Application/User 下的 main.c 文件, 在添加头文件代码处添加头文件, 如下:

```
1.  /*USER CODE BEGIN Includes*/
2.  #include"trace.h"
3.  #include"delay.h"
4.  #include"hs1101.h"
5.  #include"light.h"
6.  #include"pcf8563.h"
7.  #include"stdio.h"
8.  #include"iic.h"
9.  /*USER CODE END Includes*/
```

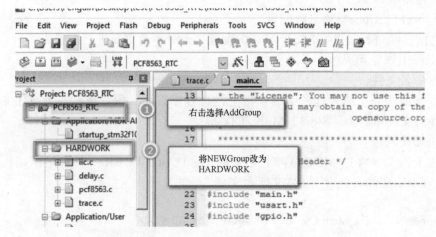

图 8-3-10　添加 PCF8563.c 文件

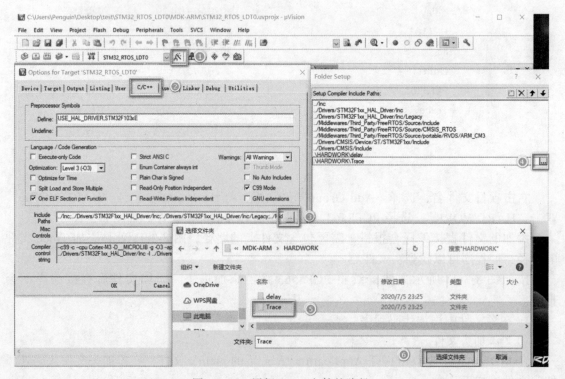

图 8-3-11　添加 Trace 文件的路径

（2）添加变量

在 /*USER CODE BEGIN PV*/ 和 /*USER CODE END PV*/ 之间添加变量，如下：

```
1.  /*USER CODE BEGIN PV*/
2.  extern uint8_t time_buf1[8];//时钟函数中
3.  int sensor_hum=0;
4.  uint32_t sensor_tem=0;
5.  /*USER CODE END PV*/
```

在 /*USER CODE BEGIN 2*/ 和 /*USER CODE END 2*/ 之间添加函数，进行函数的调用，如下：

```
1.  /*USER CODE BEGIN 2*/
2.   HAL_TIM_Base_Start_IT(&htim6);
3.   EXTI2_Disable( );
4.   delay_init(72);
5.   PCF8563_Init( );
6.   PCF8563_Write_Time( );//写入初始时间
7.  /*USER CODE END 2*/
```

在 /*USER CODE BEGIN WHILE*/ 和 /*USER CODE END 3*/ 之间添加函数，实现时钟数据的获取与显示以及湿度、光照的显示，如下：

```
1.  /*Infinite loop*/
2.  /*USER CODE BEGIN WHILE*/
3.  while(1)
4.  {   //实时获取时间
5.      PCF8563_Read_Time( );//读取时钟time_buf1_sp
6.      u1_printf("Time:20%d-%d-%d%d:%d:%d%d\r\n",time_buf1[1],
7.      time_buf1[2],time_buf1[3],time_buf1[4],time_buf1[5],time_buf1[6],
        time_buf1[7]);
8.      sensor_hum=ucGetHumidity( );
9.      sensor_tem=getLight( );
10.     u1_printf("sensor_hum%d%%\r\n",sensor_hum);
11.     u1_printf("sensor_Light%d Lux\r\n",sensor_tem);
12.     delay_ms(1000);
13.    /*USER CODE END WHILE*/
14.
15.    /*USER CODE BEGIN 3*/
16.  }
17.  /*USER CODE END 3*/
```

4. 编译代码

代码添加完成后，单击"重新编译"按钮 🏛 完成编译，确保编译准确无误。

5. 硬件环境搭建

图 8-3-12 所示是本任务的硬件连线图。STM32F103VET6 模块的 PB6 引脚连接时钟芯片的 SCL，PB7 连接 SDA，PB6 连接 PCF8591 的 SCL，PB7 连接 PCF8591 的 SDA，温度 / 光照传感器模块的模拟量输出连接 PA0，湿度传感器模块的输出接 PA2，见表 8-3-3。

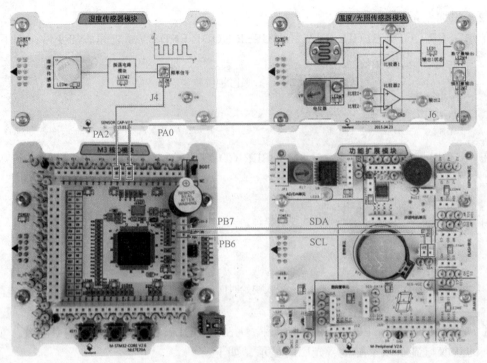

图 8-3-12　硬件连线图

表 8-3-3　硬件连线引脚对应表

序号	M3 核心模块	功能扩展模块	温度 / 光照传感器模块	湿度传感器模块
1	PB6	SCL	/	/
2	PB7	SDA	/	/
3	PA0	/	J6	/
4	PA2	/	/	J4

6. M3 核心模块固件下载

（1）烧写前的硬件准备

● 搭建硬件平台，把 M3 核心模块和压电传感器模块放到 NEWLab 平台上。

● 确保 NEWLab 接线正常，并将旋钮旋到通信模式。

● 将 M3 核心模块 JP1 从 NC 拨到 BOOT 端。

● NEWLab 平台上电，并按下 M3 核心模块上的复位键。

（2）烧写

● 打开 STMFlashLoader Demo 软件，将编译好的 HEX 文件进行烧录。

● 等待下载完毕。

（3）烧写后启动 M3 核心模块

将 M3 核心模块的 JP1 从 BOOT 切换到 NC，按下复位键。

7. 结果验证

打开串口调试工具，单片机上电，选择连接的串口，打开串口，然后可以在调试助手上看到串口输出的数据，如图 8-3-13 所示，随着时间变化，秒数在增加，湿度及光照数据可以显示出来。

图 8-3-13 输出结果

任务检查与评价

完成任务实施后,进行任务检查与评价,任务检查与评价表存放在书籍配套资源中。

任务小结

通过本任务学习,能够了解 I^2C 通信协议的相关知识,掌握代码的移植,能够添加代码实现多功能电子时钟功能(见图 8-3-14)。

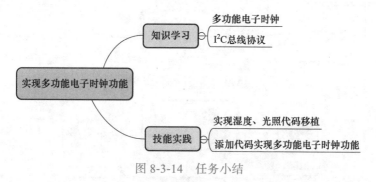

图 8-3-14 任务小结

任务拓展

结合项目 4 温度传感器的相关知识,将温度传感器的代码移植过来,实现对于温度数据的获取和输出。

项目 ⑨

智能家居防盗系统

引导案例

随着社会与技术的发展，人们的生活也有了很大的提升。各种智能家居设备也逐渐在生活中普及，人们也越来越注重家庭的安全。

虽然一些智能家居设备在人们生活中有了应用，但是有些传统的住宅防盗系统，会出现报警延时或者误报漏报的情况，依然存在很多的漏洞。现在一些新兴的智能家居防盗系统（见图 9-1-1）减少了延时漏报的情况。当检测到有人进入监控区域内，会通过手机进行提醒，通过手机可以查看报警区域的状况，或者是通过摄像头进行查看。这样用户就可以及时获取家庭的安全状况，确保了家庭住宅的安全。

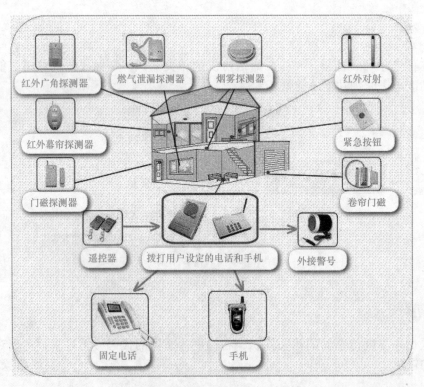

图 9-1-1　常见的智能安防报警系统

任务 1 配置 RTOS 操作系统

职业能力目标

- 能根据 RTOS 相关手册，利用 STM32CubeMX 准确配置 STM32 的操作系统。
- 能够在配置的 RTOS 系统的基础上，配置串口，进行数据显示。

任务描述与要求

任务描述：某公司为了市场需要准备研发一款智能防盗系统。经过讨论与成本需求，决定使用 STM32 系列单片机，为了保证多种传感器数据获取的实时性与准确性，准备使用 RTOS 操作系统。本项目是一个综合性项目，主要分成 3 个部分，任务 1 主要完成配置 RTOS 实现简单的串口任务。

任务要求：
- 通过 STM32CubeMX 软件进行 RTOS 操作系统的安装与配置。
- 实现单任务的串口数据输出。

任务分析与计划

根据所学相关知识，制订完成本任务的实施计划，见表 9-1-1。

表 9-1-1　任务计划表

项目名称	智能家居防盗系统
任务名称	配置 RTOS 操作系统
计划方式	自我设计
计划要求	请用 10 个计划步骤完整描述如何完成本任务
序号	任务计划
1	
2	
3	
4	
5	
6	
7	
8	
9	
10	

一、了解生活中的智能家居防盗系统

随着经济的发展、社会的进步，人们的生活水平得到了很大的提高。享受生活之余，家居安全成为人们非常注重的事情。智能家居报警系统是由各种传感器、功能键、探测器及执行器共同构成的家庭安防体系，是家庭安防体系的"大脑"。报警功能包括防火、防盗、煤气泄露报警及紧急求助等功能，报警系统采用先进智能型控制网络技术，由微机管理控制，实现对匪情、盗窃、火灾、煤气泄漏、紧急求助等意外事故的自动报警。

智能化安防技术的主要内涵是其相关内容和服务的信息化、图像的传输和存储、数据的存储和处理等。一个完整的智能家居防盗系统主要包括门禁、报警和监控三大部分，通常包括防盗报警系统、视频监控报警系统、出入口控制报警系统、保安人员巡更报警系统、GPS车辆报警管理系统和110报警联网传输系统等子系统。这些子系统可以单独设置、独立运行，也可以由中央控制室集中进行监控，还可以与其他综合系统进行集成和集中监控。

智能家居防盗系统的防卫区域分为周界防卫、建筑物区域内防卫、单位企业空旷区域内防卫、单位企业内设备器材防卫等。系统的前端设备为各种类别的报警传感器或探测器；系统的终端是显示、控制、通信设备，可应用独立的报警控制器，也可采用采用报警中心控制台控制。不论采用什么方式控制，均必须对设防区域的非法入侵进行实时、可靠和正确无误地复核和报警。漏报警是绝对不允许发生的，误报警应该降低到可以接受的限度。考虑到值勤人员容易受到作案者的武力威胁与抢劫，系统应设置紧急报警按钮并留有与110报警中心联网的接口。

二、嵌入式操作系统介绍

嵌入式操作系统（Embedded Operating System，EOS）是一种应用广泛的系统，过去主要应用于工业控制和国防系统领域。EOS负责嵌入系统的全部软、硬件资源的分配、调度工作；它必须体现其所在系统的特征，能够通过装卸某些模块来达到系统所要求的功能。目前，已推出一些应用比较成功的EOS产品系列。随着Internet技术的发展、信息家电的普及应用及EOS的微型化和专业化，EOS开始从单一的弱功能向高专业化的强功能方向发展。嵌入式操作系统在系统实时高效性、硬件的相关依赖性、软件固态化以及应用的专用性等方面具有较为突出的特点。EOS是相对于一般操作系统而言的，它除具备了一般操作系统最基本的功能，如任务调度、同步机制、中断处理、文件功能等外，还有以下特点：

● 可装卸性。具有开放性、可伸缩性的体系结构。

● 强实时性。EOS实时性一般较强，可用于各种设备控制当中。

● 统一的接口。提供各种设备驱动接口。

● 操作方便、简单，提供友好的图形GUI，易学易用。

● 提供强大的网络功能，支持TCP/IP及其他协议，提供TCP/UDP/IP/PPP协议支持及统一的MAC访问层接口，为各种移动计算设备预留接口。

● 强稳定性，弱交互性。嵌入式系统一旦开始运行就不需要用户过多的干预，这就要负责系统管理的EOS具有较强的稳定性。嵌入式操作系统的用户接口一般不提供操作命令，它通过系统调用命令向用户程序提供服务。

● 固化代码。在嵌入系统中，嵌入式操作系统和应用软件被固化在嵌入式系统计算机的 ROM 中。辅助存储器在嵌入式系统中很少使用。

● 更好的硬件适应性，也就是良好的移植性。

三、常见的嵌入式操作系统

对于 STM32 单片机，常用的有以下几种嵌入式操作系统：µC/OS-II、eCos、FreeRTOS 和 RT-thread。

1. µC/OS-II

µC/OS-II 是在 µC/OS 的基础上发展起来的，是用 C 语言编写的结构小巧、抢占式的多任务实时内核。µC/OS-II 能管理 64 个任务，并提供任务调度与管理、内存管理、任务间同步与通信、时间管理和中断服务等功能，具有执行效率高、占用空间小、实时性能优良和扩展性强等特点。

在实时性的满足上，由于 µC/OS-II 内核是针对实时系统的要求设计实现的，所以只支持基于固定优先级的抢占式调度，调度方法简单，可以满足较高的实时性要求。

µC/OS-II 中断处理比较简单。一个中断向量上只能挂一个中断服务子程序 ISR，而且用户代码必须都在 ISR（中断服务程序）中完成。ISR 需要做的事情越多，中断延时也就越长，内核所能支持的最大嵌套深度为 255。

µC/OS-II 是一个结构简单、功能完备和实时性很强的嵌入式操作系统内核，对于没有 MMU 功能的 CPU，它是非常合适的。它需要很少的内核代码空间和数据存储空间，拥有良好的实时性、良好的可扩展性能，并且是开源的，网上拥有很多的资料和实例，所以很适合向 STM32F103 的 CPU 移植。

2. eCos

eCos 即嵌入式可配置操作系统，它是一个源代码开放的可配置、可移植、面向深度嵌入式应用的实时操作系统。最大特点是配置灵活，采用模块化设计，核心部分由不同的组件构成，包括内核、C 语言库和底层运行包等。每个组件可提供大量的配置选项（实时内核也可作为可选配置），使用 eCos 提供的配置工具可以很方便地配置，并通过不同的配置使得 eCos 能够满足不同的嵌入式应用要求。

eCos 操作系统的可配置性非常强大，用户可以自己加入所需的文件系统。eCos 操作系统同样支持当前流行的大部分嵌入式 CPU，eCos 操作系统可以在 16 位、32 位和 64 位等不同体系结构之间移植。eCos 由于本身内核就很小，经过裁剪后的代码最小可以为 10KB，所需的最小数据 RAM 空间为 10KB。

在系统移植方面，eCos 操作系统的可移植性很好，要比 µC/OS-II 和 µClinux 容易。

eCos 最大的特点是配置灵活，并且支持无 MMU 的 CPU 的移植，开源且具有很好的移植性，也比较适于移植到 STM32 平台的 CPU 上。但 eCos 的应用还不是太广泛，还没有像 µC/OS-II 那样普遍，并且资料也没有 µC/OS-II 多。eCos 适合用于一些商业级或工业级对成本敏感的嵌入式系统，例如消费电子领域中的一些应用。

3. FreeRTOS

由于 RTOS 需占用一定的系统资源（尤其是 RAM 资源），只有 µC/OS-II、embOS、salvo、FreeRTOS 等少数实时操作系统能在小 RAM 单片机上运行。相对于 µC/OS-II、embOS 等商业操作系统，FreeRTOS 操作系统是完全免费的操作系统，具有源码公开、可移植、可裁减、调度策略灵活的特点，可以方便地移植到各种单片机上运行。

作为一个轻量级的操作系统，FreeRTOS 提供的功能包括任务管理、时间管理、信号量、消息队列、内存管理、记录功能等，可基本满足较小系统的需要。

FreeRTOS 内核支持优先级调度算法，每个任务可根据重要程度的不同被赋予一定的优先级，CPU 总是让处于就绪态的、优先级最高的任务先运行。

FreeRTOS 内核同时支持轮换调度算法，系统允许不同的任务使用相同的优先级，在没有更高优先级任务就绪的情况下，同一优先级的任务共享 CPU 的使用时间。

相对于常见的 μC/OS-II 操作系统，FreeRTOS 操作系统既有优点，也存在不足。其不足之处，一方面体现在系统的服务功能上，如 FreeRTOS 只提供了消息队列和信号量的实现，无法以后进先出的顺序向消息队列发送消息。

另一方面，FreeRTOS 只是一个操作系统内核，需外扩第三方的 GUI（图形用户界面）、TCP/IP 协议栈、FS（文件系统）等才能实现一个较复杂的系统，不像 μC/OS-II 可以和 μC/GUI、μC/FS、μC/TCP-IP 等无缝结合。

4. RT-thread

RT-thread 是一款主要由中国开源社区主导开发的开源实时操作系统（许可证 GPLv2）。实时线程操作系统不仅仅是一个单一的实时操作系统内核，也是一个完整的应用系统，包含了实时、嵌入式系统相关的各组件：TCP/IP 协议栈、文件系统、libc 接口、图形用户界面等。

四、FreeRTOS 任务

在使用 RTOS 时一个实时应用可看作一个独立的任务，每个任务都有自己的运行环境，CPU 在任一时间只能运行一个任务，具体运行哪个任务将由任务调度器决定。因此，任务调度器将会不断地开启和关闭任务，任务无需了解 RTOS 调度器的行为，RTOS 调度器的功能是确保一个任务在开始执行时与上一次退出时的运行环境相同（寄存器值、堆栈内容等），这就是上下文切换。学过 Linux 的读者会很清楚地知道每个进程都拥有自己的堆栈，RTOS 也是一样，每个任务都拥有自己独立的堆栈，当任务发生切换时任务调度器就会将其上下文环境保存在堆栈中，等到该任务取得 CPU 的使用权时再从其堆栈中取出所保存的上下文环境，继续运行该任务。

RTOS 的任务特性：

- 任务简单。
- 没有使用限制，任务可以运行无数次。
- 支持抢占和优先级。
- 每个任务都拥有独立的堆栈，导致 RAM 必须较大。

任务实施

任务实施前必须准备好表 9-1-2 所列设备和资源。

表 9-1-2　设备清单表

序号	设备 / 资源名称	数量	是否准备到位（√）
1	M3 核心模块	1	
2	配书资源	1	

要完成本任务，可以将实施步骤分成以下7步：

● 进行 STM32CubeMX 配置。

● 添加代码包。

● 添加代码程序。

● 编译代码。

● 硬件环境搭建。

● M3 核心模块固件下载。

● 结果验证。

配置 RTOS 操作系统（创建工程项目）

具体实施步骤如下：

1. 进行 STM32CubeMX 配置

具体可以参考项目1中的任务1完成以下操作。

1）打开 STM32CubeMX，选择"New Project"进入芯片选择界面。

2）在搜索栏输入"stm32f103ve"，右侧会出现 STM32F103VE 芯片，选择 LQFP 封装，双击进入芯片配置界面。

3）选择"System Core"→"RCC"，High Speed Clock（HSE）和 Low Speed Clock（LSE）都选择"Crystal/Ceramic Resonator"。

4）单击"SYS"，Timebase Source 选择"TIM1"，如图 9-1-2 所示。

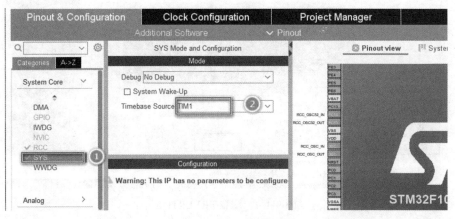

图 9-1-2　配置 SYS

5）选择"Connectivity"→"USART1"，配置串口 1，MODE 选择"Asynchronous"，Baud Rate 选择 115200bit/s，Data Direction 选择"Receive and Transmit"，然后单击"NVIC Settings"，勾选"USART1 global interrupt"，使能串口中断，如图 9-1-3 所示。

6）选择"Middleware"→"FREERTOS"，Mode→Interface 选择"CMSIS_V1"，Config parameters→Memory management settings→TOTAL_HEAP_SIZE 改为"4096Bytes"，如图 9-1-4 所示。

7）单击"Tasks and Queues"，双击 Tasks 列表里的 DefaultTask 进行 Task 设置，将 Task Name 设置为"UsartTask1"，Entry Function 设置为"StartUsartTask1"，单击"OK"按钮，如图 9-1-5 所示。

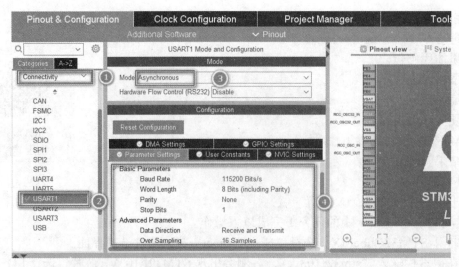

图 9-1-3　配置串口

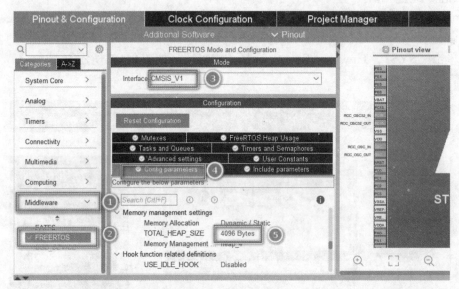

图 9-1-4　配置 FREERTOS

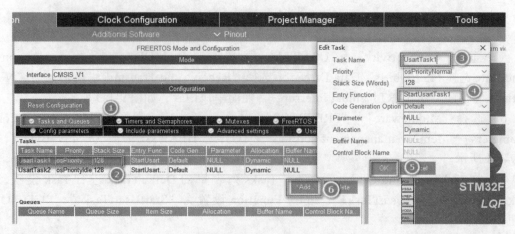

图 9-1-5　配置 Task

8）单击"Clock Configuration"，进行时钟配置，如图 9-1-6 所示。

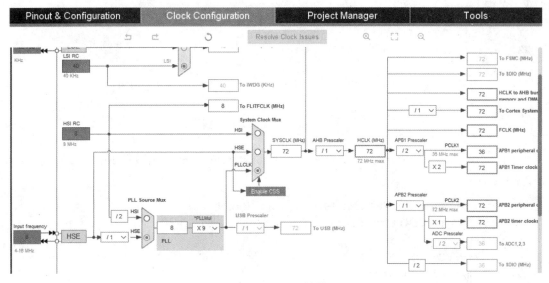

图 9-1-6　配置时钟

9）单击"Project Manager"，单击"Project"设置文件名和保存的位置，Toolchain/IDE 选择"MDK_ARM"。

10）对"Code Generator"进行配置。

11）最后单击右上角的"GENERATE CODE"生成初始化代码。

2. 添加代码包

本次操作只用到串口，不需要添加代码包。

单击编译按钮开始编译，若有 0 个错误则表示编译通过。

3. 添加代码程序

单击 Application/User 前的加号，然后单击 main.c 前的加号，双击 main.h，在添加头文件处添加头文件"#include <stdio.h>"，如图 9-1-7 所示。

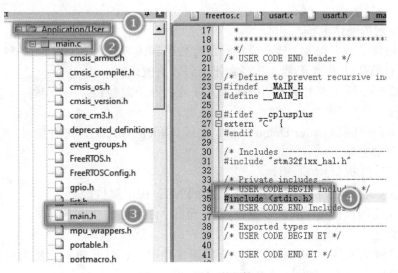

图 9-1-7　添加头文件

双击 usart.c，在 /*USER CODE BEGIN 1*/ 和 /*USER CODE END 1*/ 之间添加如下代码，实现 fputc（）函数：

```
1.  /*USER CODE BEGIN 1*/
2.  int fputc(int ch,FILE*f)
3.  {
4.      HAL_UART_Transmit(&huart1,(uint8_t*)&ch,1,0xFFFF);
5.      return ch;
6.  }
7.  /*USER CODE END 1*/
```

双击 freertos.c，在 StartUsartTask1（void const*argument）函数的 for（；；）循环内添加如下代码：

```
1.  /*USER CODE END Header_StartUsartTask1*/
2.  void StartUsartTask1(void const*argument)
3.  {
4.      /*USER CODE BEGIN StartUsartTask1*/
5.      /*Infinite loop*/
6.      for(;;)
7.      {
8.        printf("This is StartUsartTask1\r\n");
9.        osDelay(1000);
10.     }
11.     /*USER CODE END StartUsartTask1*/
12. }
```

4. 编译代码

代码添加完成后，单击"重新编译"按钮 完成编译，确保编译准确无误。

5. 硬件环境搭建

本任务只用到了 STM32F103 的核心板，没有用到其他外部设备，只有 NEWLab 设备与计算机端的串口通信，不需要进行硬件环境搭建。

6. M3 核心模块固件下载

（1）烧写前的硬件准备

● 搭建硬件平台，把 M3 核心模块和压电传感器模块放到 NEWLab 平台上。

● 确保 NEWLab 接线正常，并将旋钮旋到通信模式。

● 将 M3 核心模块 JP1 从 NC 拨到 BOOT 端，按下复位键。

（2）烧写

● 打开 STMFlashLoader Demo 软件，将编译好的 HEX 文件进行烧录。

● 等待下载完毕。

（3）烧写后启动 M3 核心模块

● 将 M3 核心模块的 JP1 从 BOOT 切换到 NC，按下复位键。

● 重新上电即可使用（或按下复位键），至此 M3 核心模块准备完毕。

7. 结果验证

打开串口调试工具，单片机上电，选择连接的串口，打开串口，然后可以在调试助手上看到串口输出的数据，如图 9-1-8 所示。

图 9-1-8 输出结果

任务检查与评价

完成任务实施后，进行任务检查与评价，任务检查与评价表存放在书籍配套资源中。

任务小结

通过本任务的学习，了解一些常见的智能安防系统和嵌入式操作系统，能够进行 RTOS 配置以及在 RTOS 操作系统上进行串口输出（见图 9-1-9）。

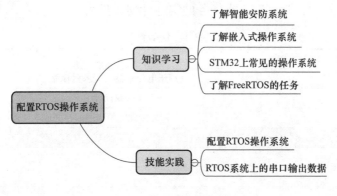

图 9-1-9 任务小结

任务拓展

请在现有的任务基础上添加一路全新的功能，该功能具体要求：

1. 不影响已有的代码功能。
2. 配置 GPIO 实现每输出 1 条数据时，LED 灯闪烁 1 次。

任务 2　用压电传感器实现入侵检测

职业能力目标

- 能根据 RTOS 相关手册，利用 STM32CubeMX 准确配置 STM32 的操作系统。
- 能够根据压电传感器的知识进行引脚的配置。
- 能够利用任务 1 的知识，正确编写代码实现压电报警的显示。

任务描述与要求

任务描述： 某公司为了市场需要准备研发一款智能防盗系统。经过讨论与成本需求，决定使用 STM32 系列单片机，为了进行多种传感器数据获取的实时性与准确性，准备使用 RTOS 操作系统。本项目是一个综合性项目，主要分成三个部分，任务 2 主要是在任务 1 的基础上配置引脚获取压电传感器的状态，并进行显示。

任务要求：

- 利用 STM32CubeMX 软件进行 RTOS 操作系统的安装与配置。
- 利用 STM32CubeMX 进行 USART 和引脚配置。
- 编程实现输出显示串口警报数据。

任务分析与计划

根据所学相关知识，制订完成本任务的实施计划，见表 9-2-1。

表 9-2-1　任务计划表

项目名称	智能家居防盗系统
任务名称	用压电传感器实现入侵检测
计划方式	自我设计
计划要求	请用 10 个计划步骤完整描述如何完成本任务
序号	任务计划
1	
2	
3	
4	
5	
6	
7	
8	
9	
10	

知识储备

一、智能家居防盗系统组成

一套完善的智能家居防盗系统可确保用户的生命和财产安全。智能家居防盗系统由家庭报警主机和各种前端探测器组成。前端探测器可分为门磁感应器、窗磁感应器、红外感应器、玻璃破碎探测器、吸顶式热感探测器、煤气泄漏探测器、烟感探测器、紧急求助按钮等。

1）门磁感应器：主要装在门及门框上，当有盗贼非法闯入时，家庭报警主机报警，管理主机会显示报警地点和性质。

2）红外感应器：主要装在窗户和阳台附近，探测非法闯入者。另外，较新的窗台布防采用幕帘式红外探头，通过一层隐蔽的电子束来保护窗户和阳台。

3）玻璃破碎探测器：装在面对玻璃位置，通过检测玻璃破碎的高频声报警。

4）吸顶式热感探测器：安装在客厅，通过检测人体温度来报警。

5）煤气泄漏探测器：安装在厨房或洗浴间，当煤气泄漏到一定浓度时报警。

6）烟感探测器：一般安装在客厅或卧室，检测家居环境烟气浓度到一定程度时报警。

7）紧急求助按钮：一般装设在较隐蔽的地方，家中发生紧急情况（如打劫、突发疾病）时，直接向保安中心求助。

手机接收警情信息后登陆远程视频查看现场实时视频，也可计算机远程登录监控中心查看历史监控记录。

二、压电传感器介绍

压电传感器是将被测量变化转换成材料受机械力产生静电电荷或电压变化的传感器，是一种典型的有源双向机电能量转换型传感器或自发电型传感器。压电元件是机电转换元件，它可以测量最终转换为力的非电物理量，例如力、加速度等。

压电传感器刚度大、固有频率高，一般都在几十千赫以上，配有适当的电荷放大器，能在0~10kHz的范围内工作，尤其适用于测量迅速变化的参数；测量值可达上百吨力，又能分辨出小到几克力。近年来电子技术的迅速发展，使压电传感器的应用越来越广泛。

LDT0-028K是一款具有良好柔韧性的传感器，采用28μm的压电薄膜，其上丝印银浆电极，薄膜被层压在0.125mm聚酯基片上，电极由两个压接端子引出。当压电薄膜在垂直方向受到外力作用偏离中轴线时，会在薄膜上产生很高的应变，从而会有很高的电压输出。当直接作用于产品使其形变时，LDT0-028K传感器可以作为一个柔性开关，所产生的输出足以直接触发MOSFET和CMOS电路；如果元件由引出端支撑并自由振动，该元件就像加速度计或者振动传感器。增加质量块或者是改变元件的自由长度都会影响传感器的谐振频率和灵敏度，将质量块偏离轴线可以得到多轴响应。LDT-028K传感器采用悬臂梁结构，一端由端子引出信号，一端固定质量块，是一款能在低频下产生高灵敏振动的振动传感器。

三、压电传感器的工作原理

1. 压电效应

某些晶体（如石英）在一定方向的外力作用下，不仅几何尺寸会发生变化，而且晶体内部会发生极化现象，晶体表面上会有电荷出现，形成电场。当外力去除后，表面恢复到不带电状态，这种现象被称为压电效应。

压电方程式为 $$Q=dF$$

式中，F 为作用的外力；Q 为产生的表面电荷；d 为压电系数，是描述压电效应的物理量。

具有压电效应的电介质材料称为压电材料。在自然界中，大多数晶体都具有压电效应。压电效应是可逆的，若将压电材料置于电场中，其几何尺寸也会发生变化。这种由于外电场作用导致压电材料产生机械形变的现象，称为逆压电效应或电致伸缩效应。

由于在压电材料表面产生的电荷只有在无泄漏的情况下才能保存，因此压电传感器不能用于静态测量。压电材料在交变力作用下，电荷可以不断补充，以供给测量回路一定的电流，所以可适用于动态测量。

压电元件具有自发电和可逆两种重要性能，因此，压电式传感器是一种典型的"双向"传感器。它的主要缺点是无静态输出，阻抗高，需要低电容、低噪声的电缆。

2. 等效处理

当压电传感器的压电元件受力时，在电极表面就会出现电荷，且两个电极表面聚集的电荷量相等，极性相反，因此，可以把压电传感器看作一个电荷源（静电荷发生器），而压电元件是绝缘体，在这一过程中，它又可以看作一个电容器。

四、智能家居防盗系统结构分析

常见的智能家居防盗系统结构示意图如图 9-2-1 所示，本任务通过 M3 核心模块将采集到的数据进行处理，当使用有线方式时，M3 核心模块相当于图 9-2-1 所示的报警主机，M3 核心模块对采集到的红外探测器和压电传感器等传感器的数据进行处理，然后 M3 核心模块通过串口将采集到的转换数据显示出来。当使用无线方式时，无线模块将获取的传感器数据进行处理，然后传送给报警主机，报警主机再将收到的数据进行处理。

本任务主要用到的是有线方式，将红外对射和红外反射传感器数据以及压电传感器数据传送给 M3 核心模块，核心模块将采集到的电压信号进行处理，通过串口显示。

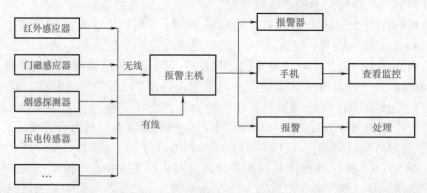

图 9-2-1　智能家居防盗系统结构示意图

压电传感器和红外传感器输出的都是模拟量信号，所以可通过 M3 核心模块的 AD 引脚进行电压信号的转换，然后通过 USART1 串口将数据通过计算机进行显示，如图 9-2-2 所示。

● M3 核心模块与计算机间通信使用 USART1 通信接口。
● 压电传感器模块与 M3 核心模块之间通过 PA0 获取电平信号。

- 红外传感器模块与 M3 核心模块之间通过 PA1 和 PA2 获取电平信号。
- M3 核心模块将采集的电平信号转换为报警信号显示。

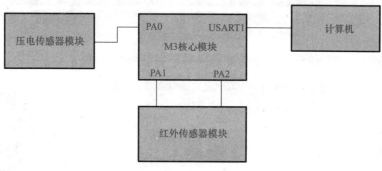

图 9-2-2 硬件连接设计

任务实施

任务实施前必须准备好表 9-2-2 所列设备和资源。

表 9-2-2 设备清单表

序号	设备 / 资源名称	数量	是否准备到位（√）
1	M3 核心模块	1	
2	压电传感器模块	1	
3	杜邦线	1	
4	配书资源	1	

要完成本任务，可以将实施步骤分成以下 7 步：
- 进行 STM32CubeMX 配置。
- 在工程中添加代码包。
- 在源文件中添加代码程序。
- 编译代码。
- 硬件环境搭建。
- M3 核心模块固件下载。
- 结果验证。

具体实施步骤如下：

1. 进行 STM32CubeMX 配置

1）打开 STM32CubeMX，选择 STM32F103VET6 芯片，并进行配置。

2）选择 "System Core" → "RCC"，High Speed Clock（HSE）选择 "Crystal/Ceramic Resonator"。

3）单击 SYS，Debug 选择 "Serial Wire"，Timebase Source 选择 "TIM1"，如图 9-2-3 所示。

4）单击 PA0、PA1 和 PA2，设置为输入模式 "GPIO_Input"，然后选择 "System Core" → "GPIO"，将 PA0、PA1 和 PA2 设置为上拉输入 "Pull-up"，如图 9-2-4 所示。

物联网嵌入式技术

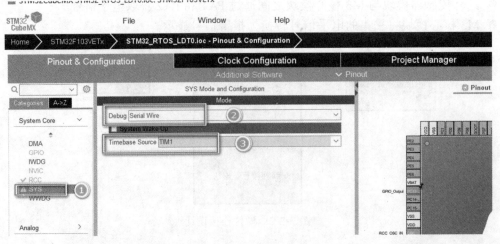

图 9-2-3　配置 SYS

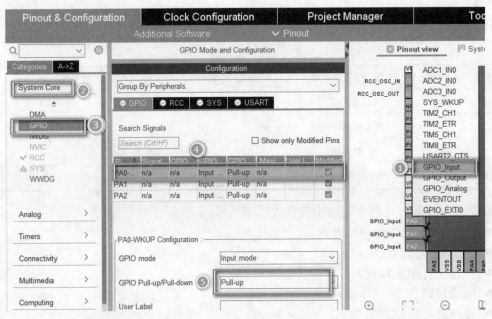

图 9-2-4　配置 PA0、PA1 和 PA2

5）选择 "Connectivity"→"USART1"，配置串口一，MODE 选择 "Asynchronous"，Baud Rate 默认选择 115200bit/s，Data Direction 选择 "Receive and Transmit"，然后单击 "NVIC Settings"，勾选 "USART1 global interrupt"，使能串口中断，如图 9-2-5 所示。

6）选择 "Middleware"→"FREERTOS"，Mode→Interface 选择 "CMSIS_V1"，其他默认设置就可以，如图 9-2-6 所示。

7）单击 "Clock Configuration" 进行时钟配置，如图 9-2-7 所示。

8）单击 "Project Manager"，单击 "Project" 设置文件名和保存的位置，Toolchain/IDE 选择 "MDK_ARM"。

9）对 "Code Generator" 进行设置。

10）最后单击右上角的 "GENERATE CODE" 生成初始化代码。

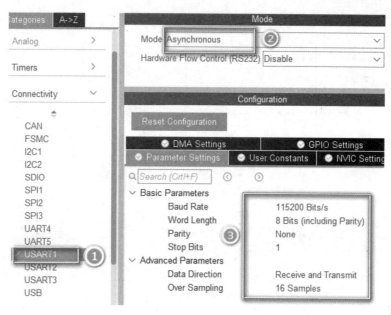

图 9-2-5　配置串口

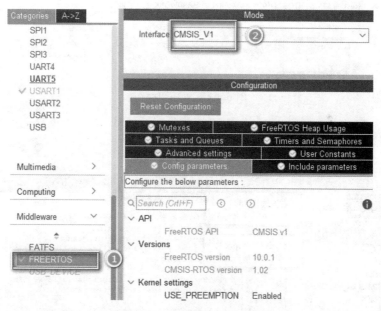

图 9-2-6　配置 FREERTOS

2. 在工程中添加代码包

1）单击编译按钮开始编译，若 0 个错误表示编译通过。

2）在项目工程文件夹的 MDK-ARM 文件夹下新建一个 HARDWORK 文件夹，并将 delay 和 Trace 两个文件夹复制进去，如图 9-2-8 所示。

3）右击项目文件名，选择"Add Group"添加组，将 NEW Group 改为"HARDWORK"，双击"HARDWORK"，选择 delay 和 Trace 文件夹，添加 delay.c 和 trace.c 文件，如图 9-2-9 所示。

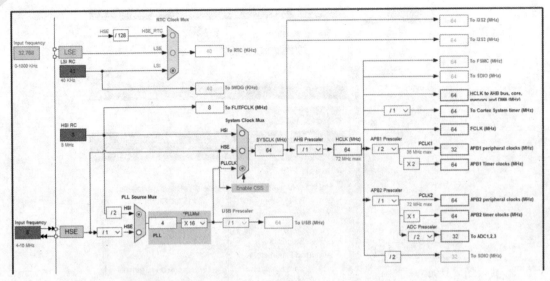

图 9-2-7　配置时钟

图 9-2-8　添加代码包

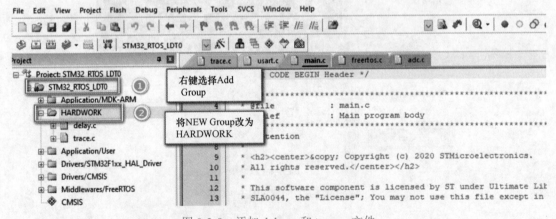

图 9-2-9　添加 delay.c 和 trace.c 文件

4）添加的文件直接编译会报错，需要包含文件夹的路径，图 9-2-10 就是添加 Trace 文件的路径，使程序可以找到头文件。

5）按照图 9-2-10 所示方法将 delay 文件路径添加进去。

3. 在源文件中添加代码程序

单击 Application/User 前的加号，然后双击 freertos.c，在 /*USER CODE BEGIN Includes*/ 和 /*USER CODE END Includes*/ 之间添加头文件，如下：

```
1.  /*Private includes-------------------------------------------------*/
2.  /*USER CODE BEGIN Includes*/
3.  #include"trace.h"
4.  #include"delay.h"
5.  /*USER CODE END Includes*/
```

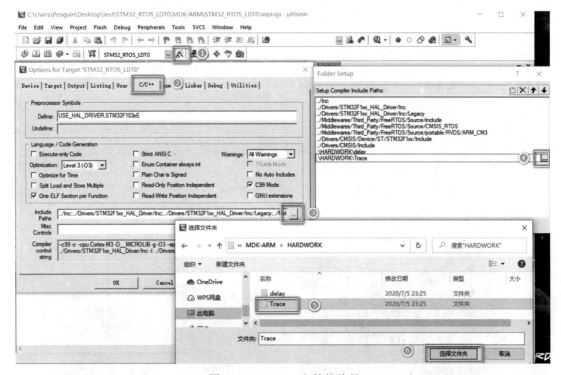

图 9-2-10　Trace 文件的路径

双击 trace.c 将里面的"UART_HandleTypeDef　huart1;"注释掉，如图 9-2-11 所示。

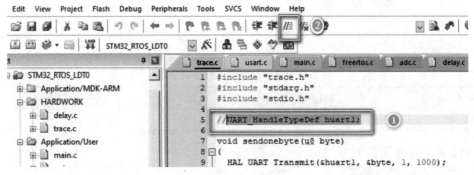

图 9-2-11　进行注释

双击 freertos.c，在 void StartDefaultTask（void const*argument）函数里添加代码实现压电数据的采集显示，如下：

```
1.  /*USER CODE END Header_StartDefaultTask*/
2.  void StartDefaultTask(void const*argument)
3.  {
```

```
4.      /*USER CODE BEGIN StartDefaultTask*/
5.      /*Infinite loop*/
6.      for(;;)
7.      {
8.          if(HAL_GPIO_ReadPin(GPIOA,GPIO_PIN_0)==1)
9.          {
10.             u1_printf("压电警报!\r\n");
11.         }
12.      osDelay(1000);
13.      }
14.      /*USER CODE END StartDefaultTask*/
15. }
```

4. 编译代码

代码添加完成后，单击"重新编译"按钮 完成编译，确保编译准确无误。

5. 硬件环境搭建

图 9-2-12 所示是本任务的硬件连线图，把相关模块正确放置到 NEWLab 实训平台，并在断电的情况下完成硬件线路搭建。硬件连线引脚对应见表 9-2-3。

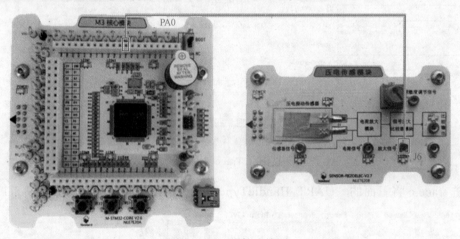

图 9-2-12　硬件连线图

表 9-2-3　硬件连线引脚对应表

序号	M3 核心模块	压电传感模块
1	PA0	J6

6. M3 核心模块固件下载

（1）烧写前的硬件准备

● 确保 NEWLab 接线正常，并将旋钮旋到通信模式。

● 将 M3 核心模块 JP1 从 NC 拨到 BOOT 端。

● 给设备上电，并按下复位键。

（2）烧写

● 打开 STMFlashLoader Demo 软件，将编译好的 HEX 文件进行烧录。

● 等待下载完毕。

（3）烧写后启动 M3 核心模块

将 M3 核心模块的 JP1 从 BOOT 切换到 NC，按下复位键。

7. 结果验证

打开串口调试工具，单片机上电，选择连接的串口，打开串口，然后就可以在调试助手上看到串口输出的数据，如图 9-2-13 所示，用手按压压电薄膜传感器，数值就会发生变化，串口就会输出压电报警信号，调节 VR 灵敏度旋钮，就会使报警器更加灵敏。

图 9-2-13　输出结果

任务检查与评价

完成任务实施后，进行任务检查与评价，任务检查与评价表存放在书籍配套资源中。

任务小结

通过本任务的学习，能够了解智能家居报警系统的组成和结构，了解压电传感器和它的工作原理，能够进行 RTOS 和压电传感器的配置，通过代码实现压电传感器的报警显示（见图 9-2-14）。

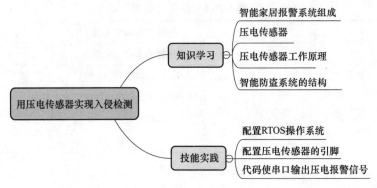

图 9-2-14　任务小结

任务拓展

在原有代码基础上添加蜂鸣器代码，判断压电传感器的输入电平信号，当有人进入时，压电传感器报警，蜂鸣器能够报警。

任务 3 实现智能家居防盗系统

职业能力目标

- 能根据 RTOS 相关手册，利用 STM32CubeMX 准确配置 STM32 的操作系统。
- 能够在配置的 RTOS 系统的基础上，配置串口并完成数据显示。
- 能够在之前代码的基础上进行修改，实现压电传感器与红外传感器的报警信息显示。

任务描述与要求

任务描述： 某公司为了市场需要准备研发一款智能防盗系统。经过讨论与成本需求，决定使用 STM32 系列单片机，为了进行多种传感器数据获取的实时性与准确性，准备使用 RTOS 操作系统。本项目是一个综合性项目，主要分成三个部分，任务 3 主要是采用多任务的方式获取压电传感器和红外传感器的状态，并进行显示。

任务要求：
- 利用 STM32CubeMX 软件进行 RTOS 操作系统的安装与配置。
- 进行 RTOS 系统多任务的配置。
- 在之前代码的基础上进行整合，实现压电和红外传感器状态获取。
- 实现各传感器报警显示。

任务分析与计划

根据所学相关知识，制订完成本次任务的实施计划，见表 9-3-1。

表 9-3-1 任务计划表

项目名称	智能家居防盗系统
任务名称	实现智能家居防盗系统
计划方式	自我设计
计划要求	请用 10 个计划步骤完整描述如何完成本任务
序号	任务计划
1	
2	
3	

（续）

序号	任务计划
4	
5	
6	
7	
8	
9	
10	

知识储备

一、了解智能家居防盗系统的功能

手机视频监控报警系统是目前较为常用的智能家居防盗系统。系统自带无线报警模块，可匹配无线门磁、探头、烟感器等无线报警触发设备，当有人闯入监控防区，系统会自动打电话、发短信、邮件给指定的用户，同时本地会产生声光警笛。远程用户收到警情电话、信息后可以上网通过手机或计算机查看监控画面情况，并通过手机控制摄像机旋转角度及焦距、报警系统布防撤防，同时启动手机录像功能并处理警情。

综上所述，智能家居防盗系统以可靠性为基础，并结合防盗报警、火灾报警和煤气泄露报警等系统，家庭中的安全探测装置都连接到家庭智能终端，并联网到保安中心。外出时，如有歹徒企图打开门窗，就会触发门磁感应器，这时，系统主机会发出报警声，同时将警情报告给数个指定电话，用户可以对家里情况及时进行异地监听，迅速采取应对措施，让歹徒得到相应的制裁，保障财产和生命安全。再如，电线短路发生火灾时，当烟火刚刚起时，烟雾探测器就会探测到，即发出警报声，提醒室内人员，并自动通过电话对外报警，以便得到迅速及时的处理，免遭更大损失。再如，如果煤气发生泄露，煤气泄漏探测器马上发出警报声，并自动启动排风扇，避免室内人员发生不测，同时将警情自动报告给指定电话。若家中不幸遇到抢劫，或者家人突发急病，无法拨打电话，只需按下遥控器或隐蔽求救器，即可及时对外报警求救，从而获得最快支援。

二、多任务前后台系统

多任务前后台系统的实时性较大（尤其是调度任务较多时），轮流执行各任务，没有轮到某任务运行时，不管该任务有多么紧急，只能等待，各任务拥有一样的优先级。但是该类系统简单，消耗的资源较少。

多任务前后台系统可以将一个大问题分成多个具有共性的小问题，逐一将这些小问题解决，从而将大问题全面解决，用户可将每个小问题都视为一个任务。每个任务是并发处理的，由于执行时间很短，用户感觉到的是所有的任务都是同时进行的。多任务运行的问题在于任务执行的先后顺序及是否该执行。此问题由任务调度器完成，具体如何实现各类系统有很大差别，通常可分为抢占式（UCos、FreeRTOS）和非抢占式（Linux）。FreeRTOS是支持抢占式的实时操作系统，如图9-3-1所示。

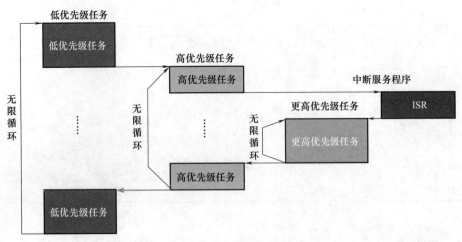

图 9-3-1　抢占式多任务系统

三、FreeRTOS 任务状态

FreeRTOS 中的任务状态有运行态、就绪态、阻塞态、挂起态，但任一任务只能处于这几种状态中的一个。

（1）运行态

当一个任务正在运行时（当前时刻该任务的代码在 CPU 中执行），该任务就处于运行态。如果使用的是单核 CPU，那么任意时刻都只有一个任务处于运行态，也即 CPU 在某一时刻只能被一个任务拿到使用权。

（2）就绪态

一些已经准备好了的任务，可以随时拿到 CPU 的使用权，进而进入运行态，但是此时该任务还没有执行，主要是因为当前有一个同优先级或者更高优先级的任务正在运行，称此任务处于就绪态。

（3）阻塞态

如果一个任务当前正在等待某一外部事件的发生，所处于的状态称为阻塞态。任务进入阻塞态有一定的时间限制，当等待超时，该任务将退出阻塞态，进入就绪态，等待拿到 CPU 的使用权，进入运行态。

（4）挂起态

任务进入挂起态和阻塞态一样，将不会被任务调度器所调用，但是处于挂起态的任务没有超时的问题。在 FreeRTOS 中，任务进入和退出挂起态只能通过调用 VTaskSuspend（）和 xTaskReume（）实现。

各状态间的转换如图 9-3-2 所示。

（5）任务优先级

FreeRTOS 中每个任务都可以分配 0~（configMAX_PRIORITIES-1）的优先级，configMAX_PRIORITIES 在文件 FreeRTOSConfig.h 中有定义。如果所使用的硬件平台支持类似计算前导零这样的指令（可以通过该指令选择下一个要运行的任务，Cortex-M 处理器是支持该指令的），并且宏 configUSE_PORT_OPTIMISED_TASK_SELECTION 也设置为 1，那么宏 configMAX_PRIORITIES 不能超过 32，也就是优先级不能超过 32 级。其他情况下宏 configMAX_PRIORITIES 可以为任意值，但是考虑到 RAM 的消耗，宏 configMAX_

PRIORITIES 最好设置为一个满足应用的最小值。

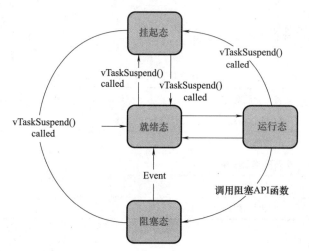

图 9-3-2　任务状态之间的转换

优先级的数字越低表示任务的优先级越低，0 的任务优先级最低，configMAX_PRIORITIES-1 的优先级最高。空闲任务的优先级最低，为 0。

（6）任务控制块

FreeRTOS 的每个任务都有一些属性需要存储，所有的信息将存储在一个结构体中，该结构体叫作任务控制块（Task Contrl Block，TCB），在使用 xTaskCreate（ ）创建任务时将会自动给每个任务分配一个任务控制块，此结构体在文件 task.c 中有定义。配置 Task 的各参数含义如图 9-3-3 所示。

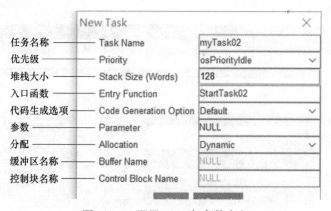

图 9-3-3　配置 Task 各参数含义

任务实施

任务实施前必须准备好表 9-3-2 所列设备和资源。

要完成本任务，可以将实施步骤分成以下 7 步：

● 修改任务 2 的 STM32CubeMX 工程配置。

● 在工程中添加代码包。

● 在源文件中添加代码程序。

- 编译代码。
- 硬件环境搭建。
- M3 核心模块固件下载。
- 结果验证。

表 9-3-2　设备清单表

序号	设备 / 资源名称	数量	是否准备到位（√）
1	M3 核心模块	1	
2	压电传感器模块	1	
3	红外传感器模块	1	
4	杜邦线	3	
5	配书资源	1	

具体实施步骤如下：

1. 修改任务 2 的 STM32CubeMX 工程配置

由于任务 2 已经编写了压电传感器检测的程序，现在只需要在原来的代码基础上进行修改即可。

复制 RTOS_LDT0 程序，将其改名为 STM32_RTOS_ALL，由于 PA0、PA1 和 PA2 已经配置，所以不再对文件内的 ioc 文件配置引脚，此处主要是进行多任务的配置。

1）选择"Middleware"→"FREERTOS"，选择"Configuration"→"Tasks and Queues"，选择"Tasks"→"defaultTask"，双击将 Task Name 改为"Task01"，将 Entry Function 改为"StartTask01"，单击"OK"按钮，然后单击"Add"添加新的任务，依次添加 Task02 和 Task03，如图 9-3-4 所示。

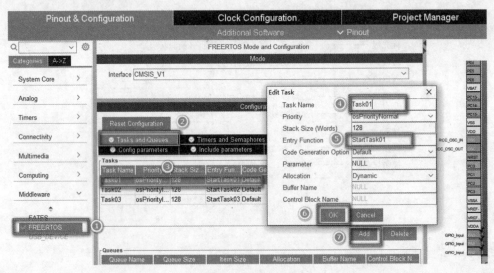

图 9-3-4　添加多个任务

2）最后单击右上角的 GENERATE CODE 生成初始化代码。

2. 在工程中添加代码包

本任务主要用到的代码包是 trace 和 delay，任务 2 已经添加过，本任务不再添加。如果进入 KEIL 编程时没有代码包，应按之前的步骤重新添加。

3. 在源文件中添加代码程序

单击 Application/User 前的"+"，然后双击 freertos.c，在添加头文件处添加头文件。在 void StartTask01（void const*argument）函数内添加压电警报信号程序，如下：

```
1.  /*USER CODE END Header_StartTask01*/
2.  void StartTask01(void const*argument)
3.  {
4.    /*USER CODE BEGIN StartTask01*/
5.    /*Infinite loop*/
6.    for(;;)
7.    {
8.        if(HAL_GPIO_ReadPin(GPIOA,GPIO_PIN_0)==1)
9.        {
10.           ul_printf("压电警报!\r\n");
11.       }
12.     osDelay(100);
13.   }
14.   /*USER CODE END StartTask01*/
15. }
```

在 void StartTask02（void const*argument）函数内添加红外对射警报信号程序，如下：

```
1.  /*USER CODE END Header_StartTask02*/
2.  void StartTask02(void const*argument)
3.  {
4.    /*USER CODE BEGIN StartTask02*/
5.    /*Infinite loop*/
6.    for(;;)
7.    {
8.        if(HAL_GPIO_ReadPin(GPIOA,GPIO_PIN_1)==1)
9.        {
10.          ul_printf("红外对射警报!\r\n");
11.       }
12.     osDelay(100);
13.   }
14.   /*USER CODE END StartTask02*/
15. }
```

在 void StartTask03（void const*argument）函数内添加红外反射警报信号程序，如下：

```
1.  /*USER CODE END Header_StartTask03*/
2.  void StartTask03(void const*argument)
3.  {
4.    /*USER CODE BEGIN StartTask03*/
5.    /*Infinite loop*/
6.    for(;;)
7.    {
8.        if(HAL_GPIO_ReadPin(GPIOA,GPIO_PIN_2)==0)
9.        {
10.            ul_printf("红外反射警报! \r\n");
11.        }
```

```
12.         osDelay(100);
13.     }
14.     /*USER CODE END StartTask03*/
15. }
```

4. 编译代码

代码添加完成后，单击"重新编译"按钮 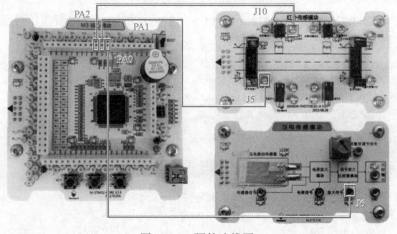 完成编译，确保编译准确无误。

5. 硬件环境搭建

图 9-3-5 所示是本任务的硬件连线图。STM32F103VET6 模块的 PA0 连接压电传感器模块，PA1 线连接红外传感器模块对射输出 1，PA2 连接红外传感器模块的反射输出 1，见表 9-3-3。

表 9-3-3　硬件连线引脚对应表

M3 核心模块	PA0	PA1	PA2
红外传感模块	—	J5	J10
压电传感模块	J6	—	—

图 9-3-5　硬件连线图

6. M3 核心模块固件下载

（1）烧写前的硬件准备

● 确保 NEWLab 接线正常，并将旋钮旋到通信模式。

● 将 M3 核心模块 JP1 从 NC 拨到 BOOT 端。

● 给设备上电，并按下复位键。

（2）烧写

● 打开 STMFlashLoader Demo 软件，将编译好的 HEX 文件进行烧录。

● 等待下载完毕。

（3）烧写后启动 M3 核心模块

将 M3 核心模块的 JP1 从 BOOT 切换到 NC，按下复位键。

7. 结果验证

打开串口调试工具，单片机上电，选择连接的串口，打开串口，然后就可以在调试助手上看到串口输出的数据，如图 9-3-6 所示。

- 当把手放在对射传感器之间时，会显示"红外警报对射警报"。
- 当把手放在反射传感器上时，会显示"红外反射警报"。
- 当把手放在压电传感器上时，会显示"压电警报"。

图 9-3-6　输出结果

任务检查与评价

完成任务实施后，进行任务检查与评价，任务检查与评价表存放在书籍配套资源中。

任务小结

通过本任务的学习，了解安防报警系统的功能，明白 FreeRTOS 操作系统的多任务原理以及任务状态，能够进行 RTOS 系统多任务的配置，能够在多任务模式下获取传感器的状态并进行报警显示（见图 9-3-7）。

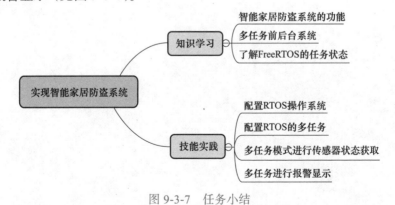

图 9-3-7　任务小结

任务拓展

尝试在源代码的基础上再添加一个任务，添加一个位移传感器，实现位移传感器的信号报警，通过串口显示。

参 考 文 献

[1] 刘黎明，王建波，赵纲领. 嵌入式系统基础与实践——基于 ARM Cortex-M3 内核的 STM32 微控制器 [M]. 北京：电子工业出版社，2020.

[2] 廖建尚，郑建红，杜恒. 基于 STM32 嵌入式接口与传感器应用开发 [M]. 北京：电子工业出版社，2018.

[3] 高显生. STM32F0 实战：基于 HAL 库开发 [M]. 北京：机械工业出版社，2018.

[4] 董磊，赵志刚. STM32F1 开发标准教程 [M]. 北京：电子工业出版社，2020.